食品配方精选

配制酒加工技术与配方

李祥睿　陈洪华　主编

中国纺织出版社

内容提要

本书系统介绍了配制酒的概念、分类、原料知识、制作工具和设备、制作与饮用，以及花类、果类、根茎类、坚果类、药用植物类、药用动物类、药用食用菌类、西式配制酒等 700 多个配制酒品种的配方案例。每个品种包括原料配方、制作工具和设备、制作过程、风味特点等。内容详实，可操作性强。

本书可供配制酒相关生产企业、调酒师以及配制酒爱好者阅读。

图书在版编目(CIP)数据

配制酒加工技术与配方 / 李祥睿，陈洪华主编. — 北京：中国纺织出版社，2016.4（2024.7重印）

（食品配方精选）

ISBN 978 – 7 – 5180 – 2175 – 8

Ⅰ.①配… Ⅱ.①李…②陈… Ⅲ.①配制酒—酿造②配制酒—配方 Ⅳ.①TS262.8

中国版本图书馆 CIP 数据核字(2015)第 275320 号

责任编辑：彭振雪　　责任设计：品欣排版　　责任印制：王艳丽

中国纺织出版社出版发行

地址：北京市朝阳区百子湾东里 A407 号楼　邮政编码：100124

销售电话：010—67004422　传真：010—87155801

http://www.c-textilep.com

E-mail：faxing@ c-textilep.com

中国纺织出版社天猫旗舰店

官方微博 http://weibo.com/2119887771

三河市宏盛印务有限公司印刷　各地新华书店经销

2016 年 4 月第 1 版　2024 年 7 月第 9 次印刷

开本：880 × 1230　1/32　印张：10.75　插页：12

字数：293 千字　定价：38.00 元

配制酒,它是指以蒸馏酒、发酵酒或食用酒精为酒基,以食用的动物、植物及食品添加剂为呈色、呈香、呈味物质,按浸泡和复蒸馏等生产工艺加工而成的饮料酒。在国内外都具有悠久的历史和文化,伴随着社会的进步、科学技术的发展,配制酒越来越展现出它的色、香、味、型等风味特点,销量也是逐年上升。

《配制酒加工技术与配方》分为十二章,在第一章中概述了配制酒的概念及分类;第二章介绍了配制酒的原料知识;第三章介绍了配制酒的制作工具和设备;第四章介绍了配制酒的制作与饮用;第五章介绍了花类配制酒配方案例;第六章介绍了果类配制酒配方案例;第七章介绍了药用根茎类配制酒配方案例;第八章介绍了坚果类配制酒配方案例;第九章介绍了药用植物类配制酒配方案例;第十章介绍了药用动物类配制酒配方案例;第十一章介绍了药用食用菌类配制酒配方案例;第十二章介绍了西式配制酒配方案例等。对每种配制酒案例都给出了原料配方、制作用具或设备、制作过程和风味特点等介绍。在编写过程中,本书力求浅显易懂,以实用为原则,理论与实践相结合,注重理论的实用性和技能的可操作性,便于读者掌握,是广大配制酒爱好者的必备读物,同时,本书也可作为食品相关企业从业人员及广大食品科技工作者的参考资料。

本书由扬州大学李祥睿、陈洪华主编,李佳琪、李治航、陈婕、陈辉、华寿红、陈艳兰、陈丽娟、高正祥、姚磊、张荣明等提供了部分配方素材。另外,本书在编写过程中,得到了扬州大学旅游烹饪学院(食品科学与工程学院)领导以及中国纺织出版社的大力支持,并提出了许多宝贵意见,在此,谨向他们一并表示衷心的感谢! 由于本书涉及的学科多,内容广,加之编者的水平和能力有限,书中难免有疏漏和不妥之处,敬请同行专家和广大读者批评指正。

李祥睿　陈洪华

2015.5.19

目录

第一章　配制酒概述

第一节　配制酒的概念

酒的种类很多,一般都可以归入以下三大类:发酵酒、蒸馏酒和配制酒。

发酵酒又称酿造酒、原汁酒,是借着酵母作用,把含淀粉和糖质原料的物质进行发酵,产生酒精成分而形成的酒。发酵酒主要有葡萄酒和谷物发酵酒(啤酒、黄酒和清酒等)。

蒸馏酒是指以糖质或淀粉质为原料,经糖化、发酵、蒸馏而成的酒。这类酒酒精含量较高,常在40%以上,所以又称之为烈酒(Liquor)。世界上蒸馏酒品种很多,较著名的有白兰地、威士忌、金酒、朗姆酒、伏特加酒、特基拉、中国白酒等。

而配制酒广义来讲,是指除了上述两种酒之外的其他酒都属于配制酒的范畴。配制酒是一个比较复杂的酒品系统,它的诞生晚于其他单一酒品,但发展却是很迅速。配制酒的生产最早是在酒与酒之间进行勾兑配制,一种是在酒与非酒精物质(包括液体、固体和气体)之间进行调兑配制的。配制酒的酒基可以是酿造酒,也可以是蒸馏酒,还可以两者兼而有之。例如,一些开胃酒和甜食酒常以酿造酒作为酒基;另一些开胃酒和利口酒的制作主要采用蒸馏酒作酒基。

所以,配制酒又称浸制酒、再制酒。凡是以蒸馏酒、发酵酒或食用酒精为酒基,加入香草、香料、果实、药材等,进行勾兑、浸制、混合等特定的工艺手法调制的各种酒类,统称为配制酒。

第二节 配制酒的分类

配制酒的诞生要比其他酒类要晚,但由于它更接近消费者的口味和爱好,因而发展较快。配制酒的种类繁多,风格迥异,因而很难将之分门别类。根据其特点和功能,目前世界上较为流行的方法是将以配制酒分为西式配制酒和中式配制酒两大类。西式配制酒的生产主要集中在欧洲,其中法国、意大利、匈牙利、希腊、瑞士、英国、德国、荷兰等国的产品最为有名,主要品种有开胃酒类(Aperitifs)、甜食酒类(Dessert Wines)、利口酒类(Liqueurs)和鸡尾酒类(Cocktails)。中式配制酒主要包括花类配制酒、果类配制酒、根茎类配制酒、坚果类配制酒、药用植物类配制酒、药用动物类配制酒、药用食用菌类配制酒等。

一、西式配制酒的分类

(一)开胃类配制酒

1. 味美思

2. 苦味酒

3. 茴香酒

(二)佐甜食类配制酒

1. 雪利酒

2. 波特酒

3. 马德拉酒

4. 马萨拉酒

(三)餐后用配制酒

1. 果料类利口酒

2. 草料类利口酒

3. 种料类利口酒

(四)鸡尾酒类

1. 以白兰地酒为基酒的鸡尾酒

2. 以威士忌酒为基酒的鸡尾酒

3. 以金酒为基酒的鸡尾酒

4. 以朗姆酒为基酒的鸡尾酒

5. 以特基拉酒为基酒的鸡尾酒

6. 以伏特加酒为基酒的鸡尾酒

7. 以啤酒为基酒的鸡尾酒

8. 以葡萄酒为基酒的鸡尾酒

9. 以清酒为基酒的鸡尾酒

10. 以利口酒为基酒的鸡尾酒

11. 以中国酒为基酒的鸡尾酒

二、中式配制酒的分类

1. 花类配制酒

2. 果类配制酒

3. 根茎类配制酒

4. 坚果类配制酒

5. 药用植物类配制酒

6. 药用动物类配制酒

7. 药用食用菌类配制酒

第二章　配制酒的原料知识

根据配制酒的概念阐述,用于制作配制酒的原料很繁杂,品种有很多,但限于书稿的篇幅,难以一一详细介绍,本章仅对配制酒的常见制作原料作简洁的介绍。

第一节　基酒类

一、白兰地酒

白兰地是一种蒸馏酒,以水果为原料,经过发酵、蒸馏、储藏后酿造而成。以葡萄为原料的馏酒叫葡萄白兰地,常讲的白兰地,都是指葡萄白兰地而言。以其他水果原料酿成的白兰地,应加上水果的名称,苹果白兰地、樱桃白兰地等,但它们的知名度远不如前者大。

国际上通行的白兰地,酒精体积分数在 40% 左右,色泽金黄晶亮,具有优雅细致的葡萄果香和浓郁的陈酿木香,口味甘洌,醇美无瑕,余香萦绕不散。

世界上生产白兰地的国家很多,但以法国出品的白兰地最为驰名。而在法国产的白兰地中,尤以干邑地区生产的最为优美,主要品牌有人头马、马爹利、轩尼诗、卡慕、路易十三等;其次为雅文邑(亚曼涅克)地区所产,主要品牌有卡斯塔浓、夏博、珍尼、索法尔等。除了法国白兰地以外,其他盛产葡萄酒的国家,如西班牙、意大利、葡萄牙、美国、秘鲁、德国、南非、希腊等国家,也都有生产一定数量风格各异的白兰地。俄罗斯等国家生产的白兰地,质量也很优异。中国也出产优秀的张裕白兰地和金奖白兰地等品牌。

二、威士忌酒

威士忌是将大麦等谷物原料,经发酵、蒸馏、陈酿而成。在橡木桶里储藏酝酿过程中,由于橡木本身的成分及透过橡木桶进入桶内的空气,会与威士忌发生作用,使酒液得以澄清,口味更加醇化,产生独一无二的酒香味,并且会使酒染上焦糖般的颜色,以及略带微妙的烟草味,酒精体积分数在40%～46%。

威士忌因原料不同和酿制方法的区别可分为纯麦芽威士忌、谷物威士忌、五谷威士忌、稞麦威士忌和混合威士忌五大类。掺杂法酿造威士忌的出现使世界各国的威士忌家族更加地壮大,许多国家和地区都有生产威士忌的酒厂,生产的威士忌酒更是种类齐全、花样繁多。其中最著名、最具代表性的威士忌分别是苏格兰威士忌、爱尔兰威士忌、美国威士忌和加拿大威士忌四大类。

苏格兰威士忌是用经过干燥,泥炭熏焙产生独特香味的大麦芽作酿造原料制成。其工艺流程为:将大麦浸水发芽、烘干、粉碎麦芽、入槽加水糖化、入桶加入酵母发酵、蒸馏两次、陈酿、混合。

苏格兰威士忌在使用的原料、蒸馏和陈年方式上各不相同可以分为四类:单麦芽威士忌(Single Malt)、纯麦芽威士忌(Pure Malt)、调和性威士忌(Blend)、谷物威士忌(Grain Whisky)。起码要在苏格兰储存3年以上,15～20年为最优质的成品酒,超过20年的质量会下降,色泽棕黄带红,清澈透亮,气味焦香,带有浓烈的烟味。

爱尔兰威士忌,用小麦、大麦、黑麦等的麦芽作原料酿造而成。经过3次蒸馏。然后入桶陈酿,一般需8～15年。爱尔兰威士忌的种类可以分为四类:壶式蒸馏威士忌(Whiskey Pot Still)、谷物威士忌(Grain Whiskey)、单麦芽威士忌(Whiskey Single Malt)、混合威士忌(Blended Whiskey)。装瓶时还要混和掺水稀释。因原料不用泥炭熏焙,所以没有焦香味,口味比较绵柔长润,适用于制作混合酒与其他饮料共饮。

美国威士忌以玉米和其他谷物为原料,原产美国南部,用加入了麦类的玉米作酿造原料,经发酵,蒸馏后放入内侧熏焦的橡木酒桶中酿制2~3年。其分类的主要方法有:按照基本生产工艺划分(纯威士忌、混合威士忌、清淡威士忌)、按照使用的谷物划分(波本威士忌、黑麦威士忌、玉米威士忌、小麦威士忌、麦芽威士忌)、按照发酵的过程划分(酸麦威士忌、甜麦威士忌)、按照过滤的过程划分(田纳西威士忌)、按照国家监管体系划分(保税威士忌)、按照个性特点划分(单桶威士忌、小批量波本威士忌、年份威士忌)。美国威士忌装瓶时加入一定数量蒸馏水稀释,美国威士忌没有苏格兰威士忌那样浓烈烟香味,但具有独特的橡树芳香。

加拿大威士忌主要由黑麦、玉米和大麦混合酿制,采用两次蒸馏,在木桶中储存4年、6年、7年、10年不等。出售前要进行勾兑掺和。加拿大威士忌气味清爽,口感轻快、爽适,不少北美人士都喜爱这种酒。

三、金酒

金酒是以大麦芽与裸麦等为主要原料,配以杜松子为调香材料,经发酵后蒸馏三次获得的谷物原酒,然后加入杜松子香料再蒸馏,最后将精馏而得的酒,储存于玻璃槽中待其成熟,包装时再稀释装瓶。

荷式金酒色泽透明清亮,酒香味突出,香料味浓重,辣中带甜,风格独特。

英式金酒的生产过程较荷式金酒简单。用食用酒槽和杜松子及其他香料共同蒸馏而得干金酒。由于干金酒酒液无色透明,气味奇异清香,口感醇美爽适,既可单饮,又可与其他酒混合配制或作为鸡尾酒的基酒,所以深受世人的喜爱。英式金酒又称伦敦干金酒,属淡体金酒,意思是指不甜,不带原体味,口味与其他酒相比,比较淡雅。

美国金酒为淡金黄色,因为与其他金酒相比,它要在橡木桶中陈年一段时间。美国金酒主要有蒸馏金酒(Distiledgin)和混合金酒(Mixedgin)两大类。通常情况下,美国的蒸馏金酒在瓶底部有"D"字,这是美国蒸馏金酒的特殊标志。混合金酒是用食用酒精和杜松子简单混合而成的,很少用于单饮,多用于调制鸡尾酒。

金酒的主要产地除荷兰、英国、美国以外还有德国、法国、比利时等国家。

四、朗姆酒

朗姆酒是以甘蔗糖料为原料,经原料处理、酒精发酵、蒸馏取酒、入像木桶陈酿后形成的具有特殊色、香、味的蒸馏酒。又译为兰姆酒、罗姆酒、甘蔗酒和海盗酒。

朗姆酒根据不同的原料和酿制方法可分为朗姆白酒、朗姆老酒、淡朗姆酒、传统朗姆酒和浓香朗姆酒五种。朗姆白酒是一种新鲜酒,酒体清澈透明,香味清新细腻,口味甘润醇厚,酒度55度左右;朗姆老酒需陈酿3年以上,呈橡木色,酒香醇浓优雅,口味醇厚圆正,酒度在40～43度之间;淡朗姆酒是在酿制过程中尽可能提取非酒精物质的朗姆酒,陈酿1年,呈淡黄棕色,香气淡雅,圆正,酒度40～43度,多作混合酒的基酒;传统朗姆酒陈年8～12年,呈琥珀色,在酿制过程中加焦糖调色,甘蔗香味突出,口味醇厚圆润,有时称为黑朗姆;浓香朗姆酒也叫强香朗姆酒,是用各种水果和香料串香而成的朗姆酒,其风格和干型利口酒相似,此酒香气浓郁,酒度为54度。主要生产地为加勒比海等国家或地区,诸如牙买加、古巴、波多黎各、维尔京群岛、巴巴多斯、海地、圭亚那等。

五、特基拉酒

特基拉酒是墨西哥的特产,被称为墨西哥的灵魂。特基拉是墨西哥的一个小镇,此酒以产地得名。特基拉酒有时也被称为"龙舌兰"烈酒,是因为此酒的原料很特别,以龙舌兰(Agave)为原料。龙舌兰是一种仙人掌科的植物,通常要生长12年,成熟后割下送至酒厂,再被割成两半后泡洗24小时。然后榨出汁来,汁水加糖送入发酵柜中发酵两天至两天半,然后经两次蒸馏,酒精纯度达52%～53%,此时的酒香气突出,口味凶烈。然后放入橡木桶陈酿,陈酿时间不同,颜色和口味差异很大,白色者未经陈酿,银白色储存期最多3年,金黄色酒储存至少2～4年,特级特基拉需要更长的储存期,装瓶时酒精纯度要稀释至40%～50%。特基拉酒的口味凶烈,香气很独特。

六、伏特加酒

伏特加又称俄得克,是以多种谷物(马铃薯、玉米)为原料,用重复蒸馏,精炼过滤的方法,除去酒精中所含毒素和其他异物的一种纯净、高酒精浓度的饮料。

12 世纪,沙皇俄国酿制出一种稞麦酿制的啤酒和蜂蜜酒蒸馏而成的"生命之水",可以认为它是现代伏特加酒的原型。之后不久,玉米、马铃薯等农作物引进俄国,成了制作伏特加酒新的原料。18 世纪,确立了用白桦木炭炭层过滤伏特加原酒的方法。19 世纪,随着连续工蒸馏机的应用,造就了今天无臭无味、清澄透明、口味凶烈、提神解暑的伏特加酒。

波兰伏特加的酿造工艺与俄罗斯相似,区别只是波兰人在酿造过程中,加入一些草卉、植物果实等调香原料,所以波兰伏特加比俄罗斯伏特加酒体丰富,更富韵味。

除了俄罗斯、波兰是生产伏特加酒的主要国家外,瑞典、德国、芬兰、美国、加拿大、法国、日本等国也都能酿制优质的伏特加酒。特别是在第二次世界大战开始时,由于俄罗斯制造伏特加酒的技术传到了美国,使美国也一跃成为生产伏特加酒的大国之一。

七、啤酒

啤酒是以麦芽为主要原料,以大米、玉米、酒花等为辅料,经酵母发酵为含二氧化碳而起泡沫的低酒精含量的酿造酒,素有"液体面包"的美称。

啤酒是历史最悠久的谷类酿造酒。啤酒起源于 9000 年前的中东和古埃及地区,后传入欧洲,19 世纪末传入亚洲。目前,除了伊斯兰教因宗教原因而不生产和不饮用啤酒外,啤酒几乎遍及世界各国。

啤酒的表现在多方面。在色泽方面,大致分为淡色、浓色和黑色3 种,不管色泽深浅,均应清亮、透明无浑浊现象;注入杯中时形成泡沫,应洁白、细腻、持久、挂杯;有独特的酒花香味和苦味,淡色啤酒较明显,且酒体爽而不淡,柔和适口,而浓色啤酒苦味较轻,具有浓郁的麦芽香味,酒体较醇厚;含有饱和溶解的 CO_2,有利于啤酒的起泡性,饮用后有一种舒适的刺激感觉;在规定的保存期内,应保持其光洁的透明度。

八、葡萄酒

葡萄酒是以新鲜成熟的葡萄或葡萄汁经酵母发酵酿制而成的酿造原酒。葡萄酒的酿造主要包括以下工序:选料、加工、发酵、澄清、陈酿、勾兑、装瓶等。葡萄酒的品种较多,按色泽分类主要有红葡萄酒、白葡萄酒、玫瑰红葡萄酒;按含糖量分类主要有干葡萄酒、半干葡萄酒、半甜葡萄酒、甜葡萄酒;按是否含二氧化碳分类主要有静止葡萄酒、起泡葡萄酒、加气起泡葡萄酒;按酿造方法分类主要有天然葡萄酒、强化葡萄酒、加香葡萄酒;按饮用时间及用途分类主要有餐前葡萄酒、佐餐葡萄酒、餐后葡萄酒;按照不同时间及条件下采摘葡萄作为酿造原料分类主要有常规葡萄酒、冰酒等。

医学研究表明:葡萄的营养很高,而以葡萄为原料的葡萄酒也蕴藏了多种氨基酸、矿物质和维生素,这些物质都是人体必须补充和吸收的营养品。已知的葡萄酒中含有的对人体有益的成分大约就有600种。葡萄酒的营养价值由此也得到了广泛的认可。

葡萄酒产地主要有法国、美国、德国、意大利、澳大利亚、西班牙、南非、中国等。

九、清酒

清酒日语读音为 Sake,是用大米酿制的一种粮食酒,制作方法和中国的糯米酒相似,先用熟米饭制曲,再加米饭和水发酵而成。清酒色泽呈淡黄色或无色,清亮透明,芳香宜人,口味纯正,绵柔爽口,其酸、甜、苦、涩、辣诸味谐调,酒精含量在15% ~17% 以上,含多种氨基酸、维生素,是营养丰富的饮料酒。清酒主要品牌有大关、日本盛、月桂冠、白雪、白鹿、白鹤、菊正宗、富贵、御代荣等。

十、利口酒

利口酒为英文 Liqueur 译音而得名，又译为"利口"或"利娇"。是以中性酒如白兰地、威士忌、朗姆、金酒、伏特加或葡萄酒为基酒，加入果汁和糖浆再浸泡各种水果或香料植物经过蒸馏、浸泡、熬煮等过程而制成。且至少含有 2.5% 的甜浆。甜浆可以是糖或蜂蜜，大部分的利口酒含甜浆量都超过 2.5%。利口酒在外观上呈现出包括红、黄、蓝、绿在内的纯正鲜艳的或复合的色彩，可谓色彩斑斓。

利口酒的种类较多，主要有以下几类：柑橘类利口酒、樱桃类利口酒、桃子类利口酒、奶油类利口酒、香草类利口酒、咖啡类利口酒。其主要生产国为法国、意大利、德国、西班牙等欧洲国家。

十一、中国酒

（一）中国白酒

在中国，白酒又被称为白干、烧酒，是以曲类、酒母等为糖化发酵剂，利用谷物为原料，经蒸煮、糖化、发酵、蒸馏、储存、勾兑而成的蒸馏酒。白酒是我国特有的一种蒸馏酒，它与白兰地、威士忌、伏特加、朗姆酒、金酒、特基拉酒并列为世界著名的蒸馏酒。

中国白酒在饮料酒中，独具风格，与世界其他国家的白酒相比，我国白酒具有特殊的不可比拟的风味。酒色洁白晶莹、无色透明；香气宜人，各种香型的酒各有特色，香气馥郁、纯净、溢香好，余香不尽；口味醇厚柔绵，甘润清洌，酒体谐调，回味悠久，爽口尾净。中国很多地方都有白酒出产。主要品牌有茅台、五粮液、剑南春、泸州老窖、古井贡、双沟大曲、洋河大曲、西凤、汾酒、董酒等。

（二）中国黄酒

黄酒是中国的特产，是世界谷物酿造酒中最古老、最具特色的酒类之一，它在中国国内乃至世界酒业中占有重要的位置。

黄酒因其色泽黄亮而得名，又称老酒、料酒、陈酒。在最新的国家标准中，黄酒的定义是：以稻米、黍米、黑米、玉米、小麦等为原料，经过蒸料，拌以麦曲、米曲或酒药，进行糖化和发酵酿制而成的各类低度酿造酒。黄酒的主要成分有糖、糊精、有机酸、氨基酸、酯类、甘油、微量的高级醇和一定数量的维生素等。黄酒风味独特，营养丰富，适应面广，成为佐餐或餐后的高级饮品。

中国黄酒的品种较多，具有不同的产地、不同的口味、不同的生产工艺、不同的季节等。黄酒主要品牌有古越龙山、会稽山、塔牌、女儿红、即墨、西塘、沙洲、善好等。

十二、食用酒精

酒精学名乙醇，可由微生物发酵和化学合成生产。其中化学合成法酒精往往夹杂异物高级醇类，对人体神经中枢有麻痹作用，不能食用，一般被称为工业酒精。而食用酒精必须以薯类、谷物，或废糖蜜为原料，通过发酵法酿造。除含乙醇外，酒中还有其他多种物质，主要包括：水分、总醇类、总醛类、总酯类、糖分、杂醇油、矿物质、微生物、酸类、酚类及氨基酸等物质。这些物质虽然在酒中所占比重甚小，但这些物质对酒的质量以及色、香、味、体等有很大的关联，决定了酒与酒之间千差万别的口味。

第二节　植物类

一、花类

1. 玫瑰

玫瑰为蔷薇科落叶灌木，枝茎密生直刺，花一至数朵生于枝端，花直径较小5～8厘米，紫红色（所谓的玫瑰红）较多，白色绿色也有，但比较少见。

玫瑰花含丰富的维生素 A、维生素 C、维生素 E、维生素 K、B 族维生素以及单宁酸，能改善内分泌失调，调气血，促进血液循环，调经、利尿，缓和肠胃不适，防皱纹，防冻伤，养颜美容，对缓解疲劳和伤口瘀合也有帮助。

玫瑰花蕾可提取玫瑰油，果实富含维生素可作天然饮料及食品。

2. 桂花

桂花又名"月桂""木犀"。种叶对生,多呈椭圆或长椭圆形,树叶叶面光滑,革质,叶边缘有锯齿。树冠圆球形。树干粗糙、灰白色。花簇生,3~5 朵生于叶腋,花期 9~10 月,多着生于当年春梢,二三年生枝上亦有着生,花冠分裂至基乳有乳白、黄、橙红等色,香气特浓。

桂花的品种很多,常见的有四种:金桂、银桂、丹桂和四季桂。

桂花味辛,可入药,有化痰、止咳、生津、止牙痛等功效。桂花味香,持久,可制糕点、糖果,并可酿酒。

3. 菊花

菊花,多年生草本植物,菊科菊属,是经长期人工选择培育出的名贵观赏花卉,也称艺菊,品种已达千余种。

菊花品种繁多,头状花序皆可入药,味甘苦,微寒,散风,清热解毒。菊花入食多用黄、白菊,尤以白菊花为佳,杭白菊,黄山贡菊,福山白菊等都是上品。

4. 桃花

药用桃花为蔷薇科植物桃的花。春季开花时采摘,晒干。桃花中含有多种维生素和微量元素,这些物质能疏通经络,扩张末梢毛血管,改善血液循环,促进皮肤营养和氧供给,滋润皮肤。

5. 栀子花

栀子花为四季常绿灌木,木本花卉,性寒,味甘苦,入肺、肝经,清肺止咳,凉血止血。栀子花含有三萜成分,栀子花酸 A、B 和子酸。另外,还含有碳水化合物、蛋白质、粗纤维及多种维生素。

6. 松花

松花粉又名松黄,是采自中国乡土树种松科植物马尾松和油松的纯净、干燥花粉,味甘,性温,无毒,主润心肺,益气,除风止血,也可以酿酒。

7. 槐花

槐花为豆科植物槐的干燥花及花蕾。夏季花开放或花蕾形成时采收,及时干燥,除去枝、梗及杂质。前者习称"槐花",后者习称"槐米"。其具有凉血止血,清肝泻火等功效。

8. 茉莉花

茉莉花叶色翠绿,花色洁白,香味浓厚。《中药大辞典》中记载茉莉花有"理气开郁、辟秽和中"的功效,并对痢疾、腹痛、结膜炎及疮毒等具有很好的消炎解毒的作用。常饮茉莉花茶,有清肝明目、生津止渴、益气力、辅助抗衰老之功效。

9. 金银花

金银花为忍冬科多年生半常绿缠绕性木质藤本植物忍冬的花蕾和初开的花。金银花味甘性寒,功能清热解毒,疏散风热。一般用量6～15克,水煎服,亦可入丸散。脾胃虚寒及气虚体弱者不宜食用。

10. 番红花

番红花为鸢尾科植物番红花的柱头,可用于食品调味和调色,具有活血化瘀,凉血解毒,解郁安神的功效。

二、果类

1. 山楂

山楂为蔷薇科植物山里红或山楂的干燥成熟果实。秋季果实成熟时采收,置沸水中略烫后干燥或直接干燥。果实酸甜可口,能生津止渴,具有很高的营养和药用价值。山楂除鲜食外,可制成山楂片、果丹皮、山楂糕、红果酱、果脯、山楂酒等,亦可入药,入药归脾、胃、肝经,有消食化积、活血散瘀的功效。

2. 荔枝

荔枝为无患子科植物荔枝的果实,原产于我国南部,以广东、广西、福建、四川、台湾、云南等地栽培最多。每年6～7月间果实成熟时采收,剥去外壳,取假种皮(荔枝肉)鲜用或干燥后备用。

果实心脏形或球形,果皮具多数鳞斑状突起,呈鲜红、紫红、青绿或青白色,假种皮新鲜时呈半透明凝脂状,多汁,味甘甜,含有丰富的糖分、蛋白质、多种维生素、脂肪、柠檬酸、果胶以及磷、铁等。

3. 李子

李子是蔷薇科植物李的果实。我国大部分地区均产。7～8月间采收成熟果实,洗净,去核鲜用,或晒干用。饱满圆润,玲珑剔透,形态美艳,口味甘甜,是人们喜食的传统果品之一。它既可鲜食,又可以制成罐头、果脯,是夏季的主要水果之一。

4. 枸杞

枸杞为双子叶植物药茄科植物枸杞的成熟果实。以粒大、肉厚、种子少、色红、质柔软者为佳。《本草纲目》记载:"枸杞,补肾生精,养肝,明目,坚精骨,去疲劳,易颜色,变白,明目安神,令人长寿。"

5. 桑葚

桑葚,为桑科落叶乔木桑树的成熟果实,成熟的桑葚质油润,酸甜适口,以个大、肉厚、色紫红、糖分足者为佳。每年4~6月果实成熟时采收,洗净,去杂质,晒干或略蒸后晒干食用。中医认为桑葚味甘酸,性微寒,入心、肝、肾经,为滋补强壮、养心益智佳果,具有补血滋阴,生津止渴,润肠燥等功效。

6. 酸枣

酸枣为鼠李科落叶灌木的果实。酸枣性平,味甘酸;有养心、安神、敛汗的功效。新鲜的酸枣中含有大量的维生素 C,其含量是红枣的 2~3 倍、柑橘的 20~30 倍,在人体中的利用率可达到 86.3%,是所有水果中的佼佼者。

7. 佛手

佛手属芸香科香橼的一个变种,与原种性能相似,形态不同之点为果实有裂纹如拳,或张开如指。果肉几完全退化。果皮和叶含有芳香油,有强烈的鲜果清香,为调香原料;果实及花朵均供药用。佛手具有芳香理气,健胃止呕,化痰止咳的功效。

8. 梅子

梅子为蔷薇科李属植物,亦称青梅、梅子、酸梅,原产我国,是亚热带特产果树。其营养丰富,含有多种有机酸、维生素、黄酮和碱性矿物质等人体所必需的保健物质。其中含的苏氨酸等 8 种氨基酸和黄酮等极有利于人体蛋白质构成与代谢功能的正常进行,可防止心血管等疾病的产生,因此,被誉为保健食品。

果实鲜食者少,主要用于食品加工。其加工品有咸梅干、话梅、糖青梅、清口梅、梅汁、梅酱、梅干、绿梅丝、梅醋、梅酒等。梅在医药上有多种用途,如咸梅有解热、防风寒的功效。

9. 橄榄

橄榄原产我国,可供鲜食或加工,果肉内含蛋白质、碳水化合物、脂肪、维生素 C 以及钙、磷、铁等矿物质,其中维生素 C 的含量是苹果的 10 倍,是梨、桃的 5 倍。其含钙量也很高,且易被人体吸收。中医认为,橄榄味甘、酸,性平,入脾、胃、肺经,有清热解毒,利咽化痰,生津止渴之功效。

10. 木瓜

番木瓜科番木瓜属,肉色橙黄或红橙,果肉厚实、香气浓郁、甜美可口、营养丰富,果实含有丰富的木瓜酶、维生素 C、钙、磷、钾及矿物质,营养高,易吸收,具有保健、美容、预防便秘等功效。它特有的木瓜酵素能清心润肺,还可以帮助消化、缓解胃不适。

11. 橘子

橘子为芸香科植物福橘或朱橘等多种橘类的成熟果实。橘子常与柑子一起被统称为柑橘,颜色鲜艳,酸甜可口,是日常生活中最常见的水果之一。橘子的营养丰富,性平,味甘酸,有生津止咳的作用,用于胃肠燥热之症,有和胃利尿的功效。

12. 金橘

金橘为芸香科金橘属植物,它不仅美观,而且其果实含有丰富的维生素 C、金橘苷等成分,对维护心血管功能有一定的作用。

13. 桃子

桃隶属梅属,蔷薇科,果味鲜美,营养丰富,是人们喜爱的鲜果之一。桃子除可鲜食外,还可加工成桃脯、桃酱、桃汁、桃干和桃罐头。桃树很多部分还具有药用价值,其根、叶、花、仁可以入药,具有止咳、活血、通便等功效。

14. 柚子

柚子是芸香科植物柚的成熟果实,产于我国福建、广东等南方地区,以广东梅县沙田柚为上品。它味道酸甜,略带苦味,含有丰富的维生素 C 及大量其他营养素,是医学界公认的食疗效益较好的水果之一。

现代药理学分析,柚子之肉与皮,均富含枳实、新橙皮和胡萝卜素、B族维生素、维生素C、矿物质、糖类及挥发油等,具有辅助降血糖、辅助降血脂、减肥、美肤养容等功效。

15. 樱桃

樱桃属于蔷薇科落叶乔木果树。樱桃成熟时颜色鲜红,玲珑剔透,味美形娇,营养丰富,医疗保健价值颇高,果实味甘性温,有调中补气、祛风湿等功能。

16. 苹果

苹果是蔷薇科苹果属植物的果实,含有多种维生素、矿物质、糖类、脂肪等;苹果味甘、酸,性凉,归脾、肺经;具有生津、润肺,除烦解暑,开胃、醒酒,止泻的功效。

17. 柠檬

柠檬属芸香科柑橘属常绿小乔木。它是世界上最有药用价值的水果之一,富含维生素C、柠檬酸、苹果酸、高量钠元素和低量钾元素等,对人体十分有益。

柠檬味酸甘、性平,入肝、胃经;有化痰止咳,生津,健脾的功效。

18. 杨梅

杨梅为杨梅科杨梅属的几种灌木和小乔木的统称。其果实营养价值高,是天然的绿色保健食品。据测定:优质杨梅果肉的含糖量为12%~13%,含酸量为0.5%~1.1%,富含纤维素、矿质元素、维生素和一定量的蛋白质、脂肪、果胶及8种对人体有益的氨基酸,其果实中钙、磷、铁含量要高出其他水果10多倍。

杨梅有生津止渴、健脾开胃之功效,多食不仅无伤脾胃,且有解毒祛寒之功效。《本草纲目》记载,"杨梅可止渴、和五脏、能涤肠胃、除烦愦恶气。"

19. 枇杷

枇杷为蔷薇科枇杷属常绿小乔木。其果实不但味道鲜美,营养丰富,而且有很高的保健价值。《本草纲目》记载"枇杷能润五脏,滋心肺"。中医传统认为,枇杷果有祛痰止咳、生津润肺、清热健胃之功效。而现代医学更证明,枇杷果中含有丰富的维生素、苦杏仁苷和白芦梨醇等防癌、抗癌物质。

20.香蕉

香蕉为芭蕉科植物甘蕉的果实,其营养丰富,鲜果肉质软滑、香甜可口,是广受欢迎的热带水果。从中医学角度去分析,香蕉味甘性寒,可清热润肠,促进肠胃蠕动,但脾虚泄泻者却不宜。

21.葡萄

葡萄属葡萄科植物葡萄的果实。葡萄品种很多,全世界约有60多种,葡萄的含糖量达8%～10%,且含有丰富的维生素 A、维生素 B_1、维生素 B_2、维生素 C,蛋白质,矿物质如钾、磷、铁等,此外它还含有多种具有生理功能的物质。

中医认为,葡萄味甘微酸、性平,具有补肝肾、益气血、开胃力、生津、利尿之功效。《神农本草经》载文说:葡萄主"筋骨湿痹,益气,倍力强志,令人肥健,耐饥,忍风寒。久食,轻身不老延年"。

22.龙眼

龙眼俗称"桂圆",是我国南亚热带名贵特产,龙眼营养丰富,是珍贵的滋养强化剂。果实除鲜食外,还可制成罐头、酒、膏、酱等,亦可加工成桂园干肉等。

龙眼有壮阳益气、补益心脾、养血安神、润肤美容等多种功效。

23.菠萝

菠萝属于凤梨科凤梨属多年生草本果树植物,其果实营养丰富,果肉中除含有还原糖、蔗糖、蛋白质、粗纤维和有机酸外,还含有人体必需的维生素 C、胡萝卜素、维生素 B_1、烟酸等维生素,以及易为人体吸收的钙、铁、镁等微量元素。菠萝果汁、果皮及茎所含有的蛋白酶,能帮助蛋白质的消化,增进食欲;菠萝味甘、微酸,性微寒,有清热解暑、生津止渴、利尿等功效。

24.草莓

草莓是蔷薇科植物草莓的果实。其果实色泽鲜艳,柔软多汁,香味浓郁,甜酸适口,营养丰富,深受国内外消费者的喜爱。

草莓富含氨基酸,果糖、蔗糖、葡萄糖、柠檬酸、苹果酸、果胶、胡萝卜素、维生素 B_1、维生素 B_2,烟酸及矿物质钙、镁、磷、铁等,非常适合老人、儿童食用。

25.西瓜

西瓜是一年生蔓性草本植物。果瓤脆嫩,味甜多汁,含有丰富的矿物盐和多种维生素,是夏季主要的消暑果品。

26.石榴

石榴的营养特别丰富,据分析,石榴果实中含碳水化合物17%,水分79%,糖13%~17%,其中维生素C的含量比苹果高1~2倍,而脂肪、蛋白质的含量较少,果实以品鲜为主。

石榴汁含有多种氨基酸和微量元素,有助消化、抗胃溃疡、软化血管等多种功效。

27.橙子

橙子又名"黄果""金环",为芸香科植物香橙的果实。橙子分甜橙和酸橙,酸橙又称缸橙,味酸带苦,不宜食用,多用于制取果汁,很少鲜食。鲜食以甜橙为主。

橙子味甘、酸,性凉,具有生津止渴、开胃下气的功效。饭后食橙子或饮橙汁,有解油腻、消积食、止渴、醒酒的作用。橙子营养极为丰富而全面,老幼皆宜。

28.雪梨

雪梨为梨属植物,味甘性寒,含苹果酸,柠檬酸,维生素 B_1、维生素 B_2、维生素C 等,具生津润燥、清热化痰之功效,特别适合秋天食用。《本草纲目》记载,梨者,利也,其性下行流利。它药用能润肺、凉心、消痰、降火、解毒。现代医学研究证明,梨确有润肺清燥、止咳化痰、养血生肌的作用。

29.杏子

杏子为蔷薇科植物杏或山杏的果实。其味酸而甜,性温,具有润肺定喘、生津止渴的功效。

30.猕猴桃

猕猴桃是猕猴桃科植物猕猴桃的果实,其营养丰富,美味可口。果实中含糖量13%左右,含酸量2%左右,而且每百克果肉含维生素

C400 毫克,比柑橘高近 9 倍。鲜果酸甜适度,清香爽口。

猕猴桃味甘酸而寒,有解热、止渴、通淋、健胃的功效,而且还有抗衰老的作用。

三、根茎类

1. 生姜

生姜是指姜属植物的块根茎,多年生宿根草本,根茎肉质,肥厚,扁平,有芳香和辛辣味。生姜有温暖、兴奋、发汗、止呕、解毒等作用,适用于外感风寒、头痛、痰饮、咳嗽、胃寒呕吐等症。

2. 山药

山药为薯蓣科植物薯蓣的干燥根茎。冬季茎叶枯萎后采挖,切去根头,洗净,除去外皮及须根,用硫黄熏后,干燥;也有选择肥大顺直的干燥山药,置清水中,浸至无干心,闷透,用硫黄熏后,切齐两端,用木板搓成圆柱状,晒干,打光,习称"光山药"。其具有补脾养胃,生津益肺,补肾涩精的功效。

3. 甘草

甘草,系豆科多年生草本植物。根呈圆柱形,表面红棕色或灰棕色,具显著的纵皱纹、沟纹、皮孔及稀疏的细根痕。质坚实,断面略显纤维性,黄白色,粉性,形成层环明显,射线放射状,有的有裂隙。

甘草性平,味甘而特殊,归十二经,有解毒、祛痰、止痛、解痉等药理作用。在中医上,甘草补脾益气,滋咳润肺,缓急解毒,调和百药。

4. 牛蒡

牛蒡为菊科草本直根类植物,是一种以肥大肉质根供食用的蔬菜,叶柄和嫩叶也可食用,牛蒡子和牛蒡根也可入药。西医认为它除了具有利尿、消积、祛痰止泄等药理作用外,还用于便秘、高血压、高胆固醇等症。中医认为它有疏风散热、宣肺透疹、解毒利咽等功效,可用于风热感冒、咳嗽痰多、麻疹风疹、咽喉肿痛。

5. 何首乌

何首乌为蓼科植物何首乌的干燥块根。秋、冬两季叶枯萎时采挖,削去两端,洗净,个大的切成块,干燥,称生首乌;若以黑豆煮汁拌蒸,晒后变为黑色,称为制首乌。其具有补肝肾,益精血,乌须发,生发,强筋骨之功效,主治精血亏虚,头晕眼花,须发早白,腰酸脚软,遗精,崩带等症。但是,肝功不全、肝病家族史者,不宜服用。

四、坚果类

1.杏仁

杏仁为蔷薇科植物杏的果仁,常规品种在 6~7 月果实成熟时采摘。《本草纲目》认为"杏仁能散能降,故解肌、散风、降气、润燥、消积,治伤损药中用之""治疮杀虫,用其毒也""治风寒肺病药中,亦有连皮尖用者,取其发散也"。

2.核桃

核桃属胡桃科植物,中医认为核桃性温、味甘、无毒,有健胃、补血、润肺、养神等功效。

3.银杏

银杏为银杏属落叶乔木,5 月开花,10 月成熟,果实为橙黄色的种实核果。明代李时珍曾曰:"入肺经、益脾气、定喘咳、缩小便。"清代张璐璐的《本经逢源》中载银杏有降痰、清毒、杀虫之功效。

4.槟榔

槟榔为棕榈科植物槟榔的干燥成熟种子,主产于印度尼西亚、马来西亚及中国的广东、海南、广西、云南等地。槟榔味苦、辛,性温,归胃、大肠经,有杀虫,消积,下气,行水的功效。槟榔主治虫积,如蛔虫、绦虫、蛲虫、姜片虫等,食积气滞,脘腹胀痛,水肿,脚气,疟疾等症。现代药理实验证明,槟榔有驱虫、抗病毒和真菌等作用。

5.松子

松子为松科植物红松、白皮松、华山松等多种松的种子,又名海松子。其性平,味甘,具有补肾益气、养血润肠、滑肠通便、润肺止咳等作用。

五、药用植物类

1.人参

来源为五加科植物人参的干燥根。其味甘、微苦,性微温、补气、生津安神、益气,含多种皂苷和多糖类成分。

2.五味子

五味子为木兰科植物五味子的果实,多年生落叶藤本,能益气生津、敛肺滋肾、止泻、涩精、安神,主治久咳虚喘、津少口干、遗精久泻、健忘失眠等症。

3.地黄

地黄为玄参科植物地黄的块根,因其地下块根为黄白色而得名。秋季采挖,除去芦头、须根,为鲜生地;根烘熔至八成干,并内部变黑,捏成团状,为生地黄;生地加黄酒蒸至黑润,为熟地黄。鲜生地性寒,味甘、苦。生地黄性寒,味甘。熟地黄性寒,味甘。三者均具有清热凉血,养阴生津的功效。

4.肉苁蓉

肉苁蓉也叫沙漠人参,多年生寄生草本,常常寄生于藜科植物梭梭(盐木)的根上。其味甘、咸,性温,归肾、大肠经,具有补肾阳,益精血,润肠通便的功效。

5.鸡血藤

鸡血藤为豆科植物密花豆的干燥藤茎。秋、冬两季采收,除去枝叶,切片,晒干。

鸡血藤的特别之处在于它的茎里面含有一种别的豆科植物所没有的物质。当它的茎被切断以后,其木质部就立即出现淡红棕色,不久慢慢变成鲜红色汁液流出来,很像鸡血,因此,人们称它为鸡血藤。除供观赏外,藤和根供药用,有散气、活血、舒筋、活络等功效。

6.西洋参

西洋参别名花旗参、洋参、美国人参等。五加科,人参属。多年生草本。原产于大西洋沿岸北美洲丛林中。均系栽培品,秋季采挖,洗净,晒干或低温干燥,去芦,润透,切薄片,干燥或用时捣碎。其具有补气养阴,清热生津的功效。

7. 党参

党参为桔梗科植物党参、素花党参或川党参的干燥根。其性平,味甘、微酸,归脾、肺经,具有补中益气,健脾益肺的功效。

8. 丹参

丹参为唇形科植物丹参的干燥根及根茎,味苦,微寒,归心、肝经,具有祛瘀止痛,活血通经,清心除烦的功效。

9. 菖蒲

菖蒲为多年水生草本植物,属单子叶类,株高 50~80 厘米,叶基生,剑状条形,无柄,绿色。稍耐寒,华东地区可露地越冬。可栽于浅水中,或作湿地植物。根茎供药用,8~9 月采挖根茎,除去茎叶及细根,晒干。能为辟秽开窍,宣气逐痰,解毒,杀虫。

10. 紫苏

紫苏为唇形科紫苏属植物紫苏的带叶嫩枝,以茎、叶及子实入药,具有散寒解表,理气宽中的功效。

11. 龙胆草

龙胆草为龙胆科植物条叶龙胆、龙胆、三花龙胆或坚龙胆的干燥根及根茎。前三种习称"龙胆",后一种习称"坚龙胆",春、秋两季采挖,洗净,干燥,具有清热燥湿,泻肝胆火的功效。

12. 鸢尾草根

鸢尾科鸢尾属植物鸢尾的根状茎,全年可采,挖出根状茎,除去茎叶及须根,洗净,晒干,切段药用,具有活血祛瘀,祛风利湿,解毒消积的功效。

13. 苦艾

苦艾为双子叶植物药菊科植物针叶火绒草的全草,具有辅助咽喉肿痛、瘀血肿痛、跌打损伤的功效。

14. 藿香

藿香为唇形科植物广藿香的干燥地上部分,具有芳香化浊,开胃止呕,发表解暑的功效。

15. 豆蔻

豆蔻为姜科植物白豆蔻或爪哇白豆蔻的干燥成熟果实,具有化湿消痞,行气温中,开胃消食的功效。

16. 白芷

白芷别名香白芷(福建、台湾、浙江等省)、库页白芷(四川)、祈白芷(河南、河北),为伞形科植物兴安白芷(祈白芷),库而白芷(川白芷)及杭白芷(香白芷),以根入药,有祛病除湿、排脓生肌、活血止痛等功能,主治风寒感冒、头痛、鼻炎、牙痛。

17. 肉桂

肉桂为樟科植物肉桂的树皮,呈浅槽状或卷筒状,外表面灰棕色,稍粗糙,有横向微突起的皮孔及细皱纹;内表面棕红色,平滑,有细纵纹,划之显油痕。质硬脆,断面颗粒性,外层棕色,内层红棕色而油润。肉桂气香浓烈,味甜、辣,具有补火助阳,引火归源,散寒止痛,活血通经的功效。

18. 丁香

丁香为桃金娘科蒲桃属植物丁香,以花蕾和其果实入药。花蕾称公丁香或雄丁香,果实称母丁香或雌丁香。在花蕾开始呈白色,渐次变绿色,最后呈鲜红色时可采集。将采得的花蕾除去花梗晒干即成。丁香温中、暖肾、降逆,主治呃逆、呕吐、反胃、痢疾、心腹冷痛、疝癖、疝气、癣症。

19. 麝香草

麝香草为唇形科植物麝香草的全草,又名"百里香",原产地中海沿岸,具有抗菌、驱虫等作用。

20. 茴香

茴香有大、小茴香之分。小茴香为伞形科,茴香属植物,性温,味辛,归肝、肾、脾、胃经,具有温肝肾、暖胃气、散塞结,散寒止痛,理气和胃的功效。

大茴香为木兰植物八角茴香的果实,性温,味辛,归肝、肾、脾、胃经,具有温阳散寒,理气止痛的功效。

21. 女贞子

女贞子为木犀科植物女贞的干燥成熟果实,具有补肝肾阴,乌须明目的功效。

22. 三七

五加科人参属多年生草本植物,有"南方人参"之称。由于一株一般有三条叶茎,每条有七片叶子,故称"三七"。其味甘微苦,性温,归肝、胃经,以根、根状茎入药。三七是名贵中药材,生用可止血化瘀、消肿止痛,也是云南白药主要成分,同棵植物的花叶也能入药,当茶饮。

23. 杜仲

杜仲为杜仲科植物杜仲的树皮,具有降压和利尿作用。

24. 当归

当归为伞形科植物当归的根。其味甘、辛,性温,归肝、心、脾经,具有补血活血,调经止痛,润肠通便的功效。

25. 白术

白术为菊科植物白术的干燥根茎。其味苦、甘,性温,归脾、胃经,具有健脾益气,燥湿利水,止汗,安胎的功效。

26. 五加皮

五加皮为五加科五加属植物的根和根状茎,具有补虚扶弱的功效。

27. 黄芪

黄芪是豆科植物,性微温,味甘,有补气固表、止汗脱毒、生肌、利尿、退肿之功效。

28. 防风

防风为伞形科植物防风的干燥根,味辛、甘,性温,归膀胱、肝、脾经,具有解表祛风,胜湿,止痉的功效,可用于感冒头痛,风湿痹痛,风疹瘙痒,破伤风。

29. 川芎

川芎为伞形科植物川芎的干燥根茎,味辛,性温,归肝、胆、心包经,具有活血行气,祛风止痛的功效。

30.菟丝子

菟丝子为旋花科一年生寄生草本,多寄生在豆科、菊科、蓼科等植物上;分布于华北、华东、中南、西北及西南各省。菟丝子有成片群居的特性,故在野外级易辨识。种子含脂肪油及淀粉;又可入药,为滋养性强壮收敛药,主治阳痿,遗精,遗尿等症。

第三节　动物类

1.鹿茸

雄鹿的嫩角没有长成硬骨时,带茸毛,含血液,叫作鹿茸,是一种贵重的中药,可滋补强身,补虚扶弱。

2.龟

龟属爬行纲,龟鳖目,龟科动物。龟为陆栖性动物,四肢粗壮,有坚硬的龟壳,头、尾和四肢都有鳞,头、尾和四肢都能缩进壳内。中国常见的种类为乌龟,龟壳可熬制成龟胶,是常用的中药。

3.蚂蚁

蚂蚁属节肢动物门,昆虫纲,膜翅目,蚁科,归肝、肾经,具有补肾益精,通经活络,解毒消肿的效果。

4.乌鸡

乌鸡又称武山鸡、乌骨鸡,是一种杂食家养鸟。它们不仅喙、眼、脚是乌黑的,而且皮肤、肌肉、骨头和大部分内脏也都是乌黑的。乌鸡是补虚劳、养身体的上好佳品,有提高生理机能、延缓衰老、强筋健骨的功效,可用于防治骨质疏松、佝偻病、妇女缺铁性贫血症等。

5.蛇

蛇属于爬行纲,蛇目,一般分无毒蛇和有毒蛇,其中部分可以用来泡制药酒。

6.海马

海马是鱼纲,海龙目,海马属动物的总称。海马因其头部酷似马头而得名。海马是一种经济价值较高的名贵中药,具有强身健体、补肾壮阳、舒筋活络、消炎止痛、镇静安神、止咳平喘等药用功能,特别适用于治疗神经系统的疾病。

7.地龙

地龙为环节动物门钜蚓科动物参环毛蚓、通俗环毛蚓、威廉环毛蚓或栉盲毛蚓的干燥体。前一种习称"广地龙",后三种习称"泸地龙",主产于广西、广东、福建;性寒,味咸,清热定惊,通络、平喘、利尿;用于高热神昏惊痫抽搐,关节麻痹,肢体麻木,半身不遂,肺热喘咳,尿少水肿,高血压症。

8.鹿筋

鹿筋为鹿科动物梅花鹿或马鹿四肢的筋,具有补肾阳,壮筋骨等功效。

第四节　食用菌类

1.灵芝

灵芝多为多菌科植物紫芝或赤芝的全株,味甘性平。科学研究表明,灵芝的药理成分非常丰富,其中有效成分可分为十大类,包括灵芝多糖、灵芝多肽、三萜类、16 种氨基酸(其中含有 7 种人体必需氨基酸)、蛋白质、甾类、甘露醇、香豆精苷、生物碱、有机酸(主含延胡索酸),以及微量元素 Ge、P、Fe、Ca、Mn、Zn 等。灵芝味甘,性平,归心、肺、肝、肾经,主治虚劳、咳嗽、气喘、失眠、消化不良、恶性肿瘤等。

2.虫草

冬虫夏草又称冬虫草、虫草,它是麦角菌科真菌冬虫夏草寄生在幼虫蛾科昆虫幼虫上的子座及幼虫尸体的复合体。冬虫夏草具有辅助抗癌、滋补、免疫调节、抗菌、镇静催眠等功效。传统医学《本草从新》记载:"味甘性温,秘精益气,专补命门。"现代医学研究证实,其成分含脂肪、精蛋白、精纤维、虫草酸、冬虫草素和维生素 B_{12} 等。

3.茯苓

茯苓为寄生在松树根上的菌类植物,形状像甘薯,外皮黑褐色,里面白色或粉红色。中医入药,有利尿、镇静作用。

4. 银耳

真菌类银耳科银耳属植物又称白木耳、雪耳、银耳子等,性平,味甘、淡、无毒,具有润肺生津、滋阴养胃、益气安神、强心健脑等作用。

5. 猴头

猴头又称为猴头菇、猴头蘑、菜花菌、刺猬菌、对脸蘑、山伏菌,日本称为山伏茸,隶属真菌门、担子菌亚门、非褶菌目、猴头菌科、猴头菌属。猴头菌有独特的药用价值,中医认为猴头性平、味甘,有助于消化,利心脏,主治消化不良、胃溃疡、胃窦炎、胃痛、胃胀及神经衰弱等疾病。

第三章　配制酒的制作工具和设备

第一节　配制酒的制作工具

配制酒的制作工具种类很多,现将其中主要种类进行介绍。

一、调酒壶

调酒壶分成盖子、过滤网、壶身三个部分。目前常用的调酒壶都是不锈钢制品。主要用来摇混果汁、奶油、蛋、不同酒类等,是鸡尾酒制作不可缺少的主要器具。

二、调酒杯

调酒杯是由平底玻璃大杯和不锈钢滤冰器组成,主要用于调制搅拌类鸡尾酒。

三、滤冰器

在投放冰块用调酒杯调酒时,必须用滤冰器过滤,留住冰粒后,将混合好的酒倒进载杯。滤冰器通常用不锈钢制造。

四、冰夹

冰夹用来夹冰块。

五、水果刀

水果刀主要用途是切水果。

六、碎冰锥

碎冰锥主要用途是插碎冰块。

七、量杯

量杯是由不同容量的上下两个杯子结合而成,有许多不同的组合,如45毫升与30毫升,30毫升与25毫升,25毫升与14毫升等,一般鸡尾酒的调制,以30毫升与45毫升的组合较为常用。

八、搅拌棒(调酒棒)

搅拌棒用来搅拌鸡尾酒,亦可用来弄碎杯内的砂糖、果肉等,有不锈钢制品、玻璃制品、木制品、塑胶制品等。

九、搅拌勺

搅拌勺也称为"吧匙"或"长柄匙",中间制成螺旋状,是为方便手指的旋转。勺的一端制成叉子状,用途是插取水果罐(或瓶)内的樱桃或橄榄等罐头水果。

十、开瓶器

开瓶器用来开启各类瓶盖。

十一、瓶塞钻

葡萄酒类的瓶口,常使用软木塞塞住,故必须使用专用的瓶塞钻来打开。瓶塞钻的种类与样式繁多。

十二、榨汁器

榨汁器主要用来榨取柠檬或橙等水果,榨汁器的种类也不少,一般以手动、不锈钢制品为主。

十三、小石臼

小石臼用来将少量的药材捣碎或研末,通常配合研杵棒使用。

第二节　配制酒的制作设备

配制酒的制作设备种类很多,现将其中主要种类进行介绍。

一、离心式果汁机

离心式果汁机是一种与众不同的榨汁机,它利用离心原理自动出渣,使果蔬汁和果蔬渣自动分离,连续高效地制作出营养丰富的纯天然果蔬汁。

二、电动搅拌机

调制鸡尾酒时用于较大分量搅拌或搅碎一些水果和药材。

三、冰箱

冰箱也称雪柜、冰柜,是酒吧中用于冷冻酒水饮料,保存适量酒品和其他调酒用品的设备,大小型号可根据酒吧规模、环境等条件选用。柜内温度要求保持在 4～8℃。冰箱内部分层、分隔以便存放不同种类的酒品和调酒用品。通常白葡萄酒、香槟、玫瑰红葡萄酒、啤酒需放入柜中冷藏。

四、制冰机

制冰机用于制作冰块的设备,可自行选用不同的型号。冰块型状也分为四方体、圆体、扁圆体和长方条等多种。

五、过滤机

过滤机种类繁多,主要用于配制酒的过滤,使酒液清亮、透明、稳定性好。

六、不锈钢夹层锅

不锈钢夹层锅又名夹层蒸汽锅,广泛应用于配制酒、糖果、制药、糕点、饮料等食品加工。

七、高温杀菌锅

高温杀菌锅种类很多,主要利于高温杀死和压破细菌的细胞壁,达到灭菌目的。

八、不锈钢罐

不锈钢罐种类也很多,用于冷却、储存配制酒等。

九、小石磨

用来将药材磨成浆或末,通常可以手工或电力带动。

第四章　配制酒的制作与饮用

第一节　配制酒的制作方法

配制酒的常见制作方法主要有以下几种。

一、浸泡法

将香料、果类、药材直接投入酒中,浸泡到一定的时间,取山浸泡液过滤装瓶或者将浸泡液加水稀释,调整酒度,再加糖和色素等,经过一定时间的储藏,过滤即成配制饮料酒。

二、煮出法

将需要的原料加水蒸煮,煮后去渣,取出原液加酒和水,调整到需要的酒度,加糖、色素等,搅拌均匀,储存 2~3 个月,过滤装瓶,即为配好的饮料酒。

三、蒸馏法

将鲜花或鲜果投入酒中,密闭浸泡一些时期后取出,加入一定量的白酒和水进行蒸馏,将馏出液加水调成需要的酒度,再加糖和色素等搅拌均匀,储藏一定时间过滤装瓶,即成配制酒。

四、配制法

白酒或脱臭酒精按一定比例加入糖、水、柠檬酸、香精、色素等,搅拌均匀后储存一定时间,过滤装瓶,即成配制酒。使用此法的工厂较多,但质量一般,尚须改进提高。

五、摇和法

摇和法也称摇晃法或摇荡法,其制作过程是先将冰块放入调酒壶,接着加入基酒,再加入各种辅料和配料,然后盖紧调酒壶,双手(或单手)执壶用力摇晃片刻(一般为 5 ~ 10s,至调酒壶外表起霜时停止)。摇匀后,立即打开调酒壶用滤冰器滤去残冰,将饮料倒入鸡尾酒杯中,用合适的装饰物加以点缀即为成品。值得注意的是有汽酒水不宜加入调酒壶摇晃,而且在基酒等材料摇混均匀后,再行加入。

六、调和法

调和法也称搅拌法,其制作过程是先将冰块或碎冰加入酒杯(载杯)或调酒杯,再加入基酒和辅料,用调酒棒或调酒匙沿一个方向轻轻搅拌,使各种原料充分混合后加装饰物点缀而为成品。如在调酒杯中调制的鸡尾酒,也须滤冰后倒入合适的载杯,然后加以装饰。

七、搅和法

搅和法的调制过程是将碎冰、基酒、辅料和配料放入电动搅拌机中,开动搅拌机运转十秒钟左右,使各种原料充分混合后倒入合适的载杯(勿需滤冰),用装饰物加以点缀。

八、漂浮法

漂浮法的调制过程是将配方中的酒水按其密度(含糖量)不同逐一慢慢地沿着调酒棒或调酒匙倒入酒杯,然后加以装饰点缀而成。漂浮法主要用于调制各款彩虹鸡尾酒。

第二节　配制酒的品种设计

配制酒的品种设计是配制酒的重点工作,因为品种设计的成功与否,关系到该产品的发展和兴衰,以及能否满足不同时期、不同生活条件、不同消费地区的人们对配制酒的需求。

一、配制酒的品种设计理念

1. 风味新颖、设计创新

一种好的配制酒需要独特的风味特征,即具有丰富的色泽、怡人的香气、多样的滋味、动人的造型、舒服的质感、令人放心的卫生等。所以,在创新配制酒的时候,要选用新的资源,如野花、野菜等;发掘新的营养滋补源,合理进行搭配,创新品种设计。

2. 继承传统、中西结合

在中式配制酒中,有很多传统的优秀的配制酒配方,它们秉承了中医药食同源、滋补强身、辅助治疗的特点。在设计新的配制酒品种的时候,应该本着继承传统、将之发扬光大的同时,开拓新的基酒,例如除了白酒之外,黄酒、葡萄酒、果酒、啤酒、乳酒、金酒、白兰地酒、威士忌酒、伏特加酒等都可以作为基酒,配制新的配制酒。

3. 功能突出、针对性强

随着人们生活水平的进一步提高,讲究营养滋补、食疗健身已经是一个流行趋势,因此,在配制酒设计过程中,适当添加营养成分或与中医结合利用中草药为原料设计针对某些疾病具有疗效或强身健身作用的滋补酒已经成为配制酒设计中的重要内容。

4. 迎合市场、适应面广

在社会主义市场经济条件下,配制酒的品种设计应搞好市场调研,适时利用本地资源,降低成本,开发配制酒新品种产品,满足人们日益增长的需求。

二、配制酒的品种设计途径

在配制酒的品种设计中,通常有以下途径定型配制酒的配方。

1. 以香定型

配制酒通常具有特定的香气,在确定了主要香味的基础上,合理选择材料的辅助香味。例如,国外配制酒通常选用葡萄酒作基酒,以葡萄酒的香气为主体香味,选择清淡优雅的辅助材料,演变出许多经典的配制酒品种;中式配制酒中花香型、果香型配制酒,常常选择清香型的白酒或无味的食用酒精作基酒,以突出材料本身的花香和果香。

2.以味定型

配制酒的味也是复杂多变的,因此,配制酒的配方设计时,通常在确定了主体口味的基础上,谨慎选择材料,以避免改变其主体风味,而且要注意不同材料之间味的协调。

3.以产品的功能定型

配制酒产品的功能不外乎营养、滋补、保健等方面,这类产品在上市之前通常要通过相关管理部门的认定。以产品的功能来定型,有利于完善酒体,形成特定的风味,更好地发挥配制酒的作用。

4.以目标人群定型

在现实生活中,配制酒具有不同的消费群体,有男性和女性的区别;男性又有青年、中年、老年之分;女性也有青年、中年、老年之别。应在广泛市场调研的基础上,根据不同人群的身体状况、不同口味需求、不同兴趣爱好等,设计配制酒的配方,以目标人群定型配制酒的品种。

5.以饮用场所定型

饮用场所不同,通常对配制酒的要求也有所不同。酒吧用酒通常要具有漂亮的色泽;情侣用酒通常要具有浪漫的口味;商业活动用酒要具有豪华的气派;家庭用酒要具有温馨滋补的特点等,应根据具体情况进行产品定位。

6.以资源特产定型

世界上用于生产配制酒资源特产较为丰富,无论是西式配制酒或是中式配制酒都可以遴选外国、本国、本地区的丰富的原料品种,合理设计具有地区特色的配制酒品种。例如,植物的花、果、皮、核、茎、叶、根,动物的骨、皮等(国外不用动物的体、物配酒)都可以选用。因此可以因地制宜,就地取材,以资源特产定型配制酒品种。

第三节　配制酒的质量标准

配制酒的卫生指标应符合国家标准。配制酒中的杂醇油、甲醇、氰化物、铅、锰等含量，以及食品添加剂含量都应符合我国国家标准《食品安全国家标准　蒸馏酒及其配制酒》，即 GB　2757—2012 规定指标。细菌等微生物含量及农药 DDT 等含量都应符合当地卫生部门的有关规定，要获得检验合格证。

配制酒的质量标准通常如下：

（1）大多数配制酒要求透明，不混浊，无悬浮杂物。

（2）大多数配制酒要求香气纯正，闻时香气明显，芳香扑鼻，但不是暴香，没有异香杂气，如霉臭、焦糊、香精、酒精气等。

（3）大多数配制酒要求口味纯正，入口协调，柔和爽口略甜，回味余味舒畅，不得有糠腥、苦涩、燥辣，霉烂或其他邪杂味。

（4）大多数配制酒香型准确，风格独特。

第四节　配制酒的饮用与服务

配制酒具有酒精含量低、营养丰富、功效众多；工艺简单，容易制作等特点，它的饮用与服务往往也别具一格。

一、配制酒的饮用

配制酒的种类繁多，就饮用而言，西式配制酒一般按照自己的兴趣和爱好加以选择饮用；而中式配制酒相对复杂，通常要根据医嘱对症选择饮用。一般原则如下。

1. 辨证选酒

西式配制酒可以根据个人的兴趣和爱好加以选择；中式配制酒应根据中医的辨证施治理论，进行辨证选酒服用。

2. 饮量适度

古今关于饮酒害利之所以有较多的争议，问题的关键即在于饮量的多少。少饮有益,多饮有害。有人根据大量病理资料研究了乙醇消耗量与肝损害的关系,发现每日饮酒量,以相当于每千克体重以1克乙醇量为预防肝损害的安全量上限。但为了安全起见,乙醇每日摄取量为:60千克体重限制在45克以下。

3. 饮酒时间

一般情况下,每天下午两点以后饮酒相对较安全。因为上午几个小时,胃中分解酒精的酶－醛脱氢酶浓度低,饮用等量的酒,较下午更易吸收,使血液中的酒精浓度升高。对肝、脑等器官造成较大伤害。此外,空腹、睡前、感冒或情绪激动时也不宜饮酒。

4. 饮酒温度

在这个问题上,一些人主张常温饮用,一些人主张冷饮,而也有一些人主张温饮。比较折中的观点是酒虽可冷饮、温饮或常温饮用,但不要热饮。至于冷饮、温饮或常温饮用何者适宜,这可随个体品种情况的不同而有所区别对待。例如,水果类利口酒的饮用温度由客人自定,但基本原则是果味越浓、甜味越大、香越烈者,饮用温度越低。杯具需冰镇,可以溜杯也可加冰或冰镇。而乳脂类利口酒饮用时,使用冰霜过的酒杯则有较佳效果。

5. 饮酒季节

大多数配制酒都适合四季饮用。但配制酒中补气药或补阳药组成的药酒,炎夏应少用为宜。

6. 饮用宜忌

大多数配制酒都不需要忌口。但一般来说,当饮用药酒时,凡属生冷、油腻、腥臭等不易消化及有特殊刺激性的食物都应避免。

7. 性别区别

大多数配制酒都没有性别区别。但一般妇女在怀孕期、哺乳期不宜饮用药酒;在行经期,如果月经正常,也不宜饮用活血功效较强的药酒。

8. 年龄差异

大多数配制酒都没有年龄差异的影响。但年龄越大,则新陈代谢越慢,服用药酒药减量。患有肝脏病、高血压、心脏病及酒精过敏者,也应予以禁用或慎用药酒。

二、配制酒的服务

1.酒杯选择

配制酒的用杯为利口酒杯或雪莉酒杯。

2.品种选择

西式配制酒一般按照自己的兴趣和爱好加以选择饮用;而中式配制酒相对复杂,通常要根据医嘱对症选择饮用。

3.推荐份量

西式配制酒饮用时用作餐后酒以助消化,每杯通常为 25 毫升。而中国配制酒的饮用标准份量为 40 毫升或根据医嘱酌量增减。

4.饮用温度

通常可以根据客人的需要进行服务,或者根据配制酒的具体要求进行推荐、征询客人意见。

第五章　花类配制酒配方案例

1.莲花白酒

原料配方:陈年纯正高粱大曲 500 毫升,黄芪 2 克,当归 3 克,制首乌 1 克,砂仁 3 克,牛膝 2 克,五加皮 2 克。

制作工具或设备:密闭玻璃容器。

制作过程:

(1)密闭玻璃容器洗净晾干,投入陈年纯正高粱大曲。

(2)加入黄芪、当归、制首乌、砂仁、牛膝、五加皮等。

(3)浸泡 1 个月左右。

风味特点:酒性柔和,口感醇厚,甜润柔和,芳香宜人。

2.桂花酒

原料配方:桂花 50 克,白酒 500 毫升。

制作工具或设备:密闭玻璃容器。

制作过程:

(1)密闭玻璃容器洗净晾干,投入白酒 500 毫升。

(2)加入稍稍晾干的桂花浸泡。

(3)浸泡 1 星期左右。

风味特点:香甜醇厚,桂花味浓。

3.蜂王花粉酒

原料配方:食用酒精 1000 毫升,蜂蛹 10 克,蜂蜜块壳 15 克,蜂蜜 15 克。

制作工具或设备:密闭玻璃容器。

制作过程:

(1)密闭玻璃容器 2 只洗净晾干,各投入白酒 500 毫升。

(2)第一个容器中放入蜂蛹、蜂蜜块壳等,不作任何加热,在常温下放置 3~6 个月,抽提出其中的有效成分。

（3）第二个容器中放入蜂蜜，在常温下放置 3～6 个月，抽提出有效成分及芳香成分。

（4）将两种有效成分均匀地兑和在一起即可。

风味特点：营养丰富、芳香醇厚。

4. 桂花甜酒酿

原料配方：上白糯米 1 千克，甜桂花 10 克，酒药 12 克。

制作工具或设备：蒸桶，盆，铝皮制的圆筒。

制作过程：

（1）将糯米淘净，于清水中浸泡约 12 小时（夏季 4 小时），然后捞入蒸桶内，置旺火沸上锅上，蒸熟成饭。

（2）将桶端下，用清水浇淋，当饭的温度降至微热时，沥去水。将饭倒入盆内，把饭粒拨至松散。将酒药碾成粉末，与糯米饭拌匀，然后把米饭平均装入钵内（钵高 15 厘米，直径 23 厘米）。

（3）钵内正中放一铝皮制的圆筒（直径 10 厘米，高 13 厘米），将圆筒周围的饭粒按平后，抽出圆筒，盖上木盖。将饭钵放在暖水钵上，钵的四周围用棉被围紧（夏天单被覆盖即可），静置发酵（温度一般保持在 34～38℃之间）24 小时即成。

（4）食前在钵内的酒酿中分放甜桂花。

风味特点：桂花芳香，甜黏醇郁，饭粒绵软，嫩滑爽口。

5. 蔷薇酒

原料配方：蔷薇花 15 克，白酒 500 毫升。

制作工具或设备：密闭玻璃容器。

制作过程：

（1）密闭玻璃容器洗净晾干，投入白酒 500 毫升。

（2）加入稍稍晾干的蔷薇花浸泡。

（3）浸泡 1 星期左右。

风味特点：色泽鲜艳，蔷薇花浓。

6. 玫瑰露酒

玫瑰露酒（一）

原料配方：新鲜玫瑰花 25 克，50 度白酒 500 毫升，65 度白酒 500

毫升,白糖 15 克,蒸馏水 100 毫升。

制作工具或设备:密闭玻璃容器。

制作过程:

(1)将新鲜玫瑰花浸泡于白酒中,搅拌,装入容器密封,在 10 ~ 25℃,浸泡发酵 10 ~ 14 个月,蒸馏。

(2)将由步骤(1)得到的蒸馏液、65 度白酒、白糖和水混合,在 1.5 ~ 2.5 个大气压,加热至 50 ~ 60℃,使之充分均匀溶合,获得玫瑰露酒。

风味特点:花香浓郁,口感柔和饱满,香甜可口。

玫瑰露酒(二)

原料配方:玫瑰花瓣 40 片,糖 350 克,水 300 克,95% 浓度的脱臭酒精 350 克。

制作工具或设备:密封玻璃瓶。

制作过程:

(1)先把玫瑰花瓣 40 片和 100 克糖搅在一起,加一点酒精,再用力搅和均匀。

(2)然后把玫瑰花瓣和其余的酒精一起倒进瓶子内,盖紧,不让酒精挥发出去,也不让空气进来。

(3)放置 10 天后,把其余的糖溶解在热水里,等冷却后倒进瓶内,盖紧,摇匀。

(4)再放置 1 个星期,在此期间要经常摇动瓶子,以利浸渍。

(5)1 个星期后,把初酒滤进深色玻璃瓶内,用木塞塞紧,用蜡外封,再储藏 8 个月后,即可开瓶饮用。

风味特点:色泽微红,口味微甜,芳香沁人心脾。

7. 白刺花酒

原料配方:白刺花 5 克,杭菊 5 克,生甘草 3 克,虎杖 1 克,食用橘子粉 10 克,白糖 50 克,柠檬酸(食用级)1 克,白酒 50 克,纯净水 1200 毫升。

制作工具或设备:密闭玻璃容器。

制作过程:

（1）除橘子粉、柠檬酸外，以纯净水 1200 毫升煮沸，保温 20~30 分钟，乘热过滤，去渣，后加入橘子粉、柠檬酸，拌匀加盖。

（2）加入白酒兑和，当天配制，当天饮用。

风味特点：清热解暑，润喉生津。

8. 柠檬桂花露

原料配方：桂花酒 50 毫升，柠檬汁 30 毫升，菊花酒 30 毫升，小苏打 0.5 克，柠檬 2 克，白砂糖 20 克，纯净水 100 毫升。

制作工具或设备：容器广口矮装玻璃水杯。

制作过程：

（1）将小苏打放入 100 克冷开水中，制成 0.5% 溶液。

（2）将柠檬用刀切成片状。

（3）将桂花酒、糖放入酒杯中，再加入柠檬汁充分搅拌，倒入菊花酒，最后倒入 0.5% 小苏打溶液至杯口，再以鲜柠檬片点缀。

风味特点：香甜爽口，花香宜人。

9. 玫瑰甜酒

原料配方：脱臭酒精 2.5 升，柠檬酸 3 克，玫瑰香料 0.5 克，白砂糖 25 克，纯净水 2.5 升，甘油 2 克。

制作工具或设备：容器广口矮装玻璃水杯。

制作过程：

（1）取干净锅，将糖放入，用纯净水溶解（可用热水先溶解后煮沸，也可化成糖浆），进行过滤，取糖液。

（2）将柠檬酸用少量的 60℃ 的温水溶化，然后加热至 75~80℃ 后，过滤冷却。

（3）取干净容器，将溶解糖液、酒精、玫瑰香料、柠檬酸、甘油放入，充分搅拌混合均匀。

（4）然后放入储存桶内储存 1~2 个月，过滤，去渣取酒液，即可饮用。

风味特点：清香微甜，具有玫瑰的香味。

10. 玫瑰酒

原料配方：脱臭酒精 2.5 升，柠檬酸 5 克，玫瑰香料 2 升，杨梅红

(或胭脂红)0.01 克,白砂糖 150 克,甘油 20 克,蒸馏水 8 升。

制作工具或设备:容器广口矮装玻璃水杯,玻璃密闭容器。

制作过程:

(1)先取干净玻璃容器,将脱臭酒精、甘油和玫瑰香料放入,加入2 升的热水,不断搅拌均匀,待用。

(2)将柠檬酸用 1 升的 60℃的温水溶化,然后加热至 75～80℃后,冷却过滤。

(3)取干净玻璃容器,将糖放入,用剩余的蒸馏水溶解,然后进行过滤,取糖液。

(4)另取干净玻璃容器,将糖液放入,再将酒精混合液倒入,搅拌、然后放入杨梅红和溶解柠檬酸液,不断搅拌均匀。

(5)然后放入储存桶内储存 2～3 个月,进行过滤,去渣取酒液,即可饮用。

风味特点:色泽浅红,口味微甜酸。

11.洛神花酒

原料配方:脱臭酒精 2.5 升,洛神花萼 50 克,蒸馏水 500 克,蜂蜜15 克,冰糖 25 克。

制作工具或设备:容器广口矮装玻璃水杯,玻璃密闭容器。

制作过程:

(1)精选洛神花萼,仔细清洗,然后用温水浸泡。

(2)将浸泡液过滤,加入脱臭酒精和蜂蜜和冰糖调配即可。

风味特点:宝石红色,晶莹清沏,味道清香。

12.桂花稠酒

原料配方:江米 5 千克,酒曲 50 克,白糖 500 克,桂花 50 克,纯净水 5 升。

制作工具或设备:盆,蒸笼,玻璃密闭容器,细筛。

制作过程:

(1)将江米放入盆中洗净注入清水,约泡 2 小时,将米倒入铺好屉布的笼屉上,摊匀。用旺火蒸约 1 小时。蒸好的米以不过烂又没有夹心为准。

(2)将米取出晾凉(或用冷水冲凉,再将水沥干)。倒在案子上或大盆里,加酒曲 50 克(酒曲要用擀面杖擀成面)搅拌均匀。然后装入玻璃密闭容器里,用手摊平。放在室温 15～20℃下发酵,经 2～3 天即可看是否出了酒,酒的味道是否甜酸适宜。要注意不要发酵过老,以免变得纯酸。

(3)将细筛放在桶口上,将发酵好的酒酿倒入细筛中,用纯净水淋在酒酿上,用手搓米,直到将酒酿搓下,剩下的米渣倒掉。5 千克米大约可出 10 千克滤好的稠酒。

(4)然后将滤好的稠酒倒入锅中烧开。再掏入瓷桶里,加放白糖和桂花,即为桂花稠酒。

风味特点:绵软醇香,营养丰富,桂花香浓。

13. 蜜酒冰水

原料配方:蜂蜜酒 60 毫升,水 200 毫升,糖浆 500 毫升。

制作工具或设备:大玻璃杯,冰箱。

制作过程:

(1)将蜂蜜酒与糖浆混合搅匀。

(2)然后加入 200 毫升水搅匀,即成蜜酒糖水。

(3)将蜜酒糖水倒入大玻璃杯内,放进冰箱冷冻室内冻结。当蜜糖水表面结成冰,即成蜜糖冰水。

风味特点:开胃健脾、醒脑提神,具有蜂蜜的甜香味。

14. 桂花柠檬露

原料配方:桂花酒 100 毫升,柠檬汁 15 毫升,菊花酒 50 毫升,小苏打 0.5 克,柠檬 2 克,白砂糖 20 克,纯净水 100 毫升。

制作工具或设备:广口矮装玻璃水杯,冰箱。

制作过程:

(1)将小苏打放入 100 克冷开水中,制成 0.5% 溶液。

(2)将柠檬切成片状。

(3)将桂花酒、糖放入酒杯中,再加入柠檬汁充分搅拌,倒入菊花酒,最后倒入 0.5% 小苏打溶液至杯口,再以鲜柠檬片点缀。

风味特点:香甜爽口,具有桂花和柠檬的清香味。

15. 龙眼桂花酒

原料配方:龙眼肉 50 克,桂花 15 克,白糖 25 克,白酒 250 毫升。

制作工具或设备:密封玻璃水杯,冰箱。

制作过程:

(1)将龙眼肉切碎,与桂花、白糖同放入酒中。

(2)密封浸泡 6 个月以上,越久越佳。取酒服用。

风味特点:色泽浅黄,悦颜香口。

16. 红蓝花酒

原料配方:红蓝花 20 克,白酒 250 毫升。

制作工具或设备:密封玻璃水杯,冰箱。

制作过程:

(1)将红蓝花与白酒一起放入密封玻璃水杯中。

(2)浸泡 1 个月后去渣,即可饮用。

风味特点:色泽微红,口味甜香。

17. 鸡冠花酒

原料配方:白鸡冠花(晒干为末)180 克,米酒 1000 毫升。

制作工具或设备:密封玻璃水杯,冰箱。

制作过程:

(1)将白鸡冠花末连同米酒一同放入杯中浸泡,封口。

(2)5~7 日后开启,过滤去渣,即可饮用。

风味特点:色泽浅黄,口味干洌。

18. 黄芪芍药酒

原料配方:白芍药 100 克,黄芪 100 克,生地黄 100 克,炒艾叶 30 克,黄酒 1000 毫升。

制作工具或设备:密封玻璃器皿,纱布袋。

制作过程:

(1)将上述 4 味药材一同捣成粗末,装入纱布袋内。

(2)放入干净的器皿中,用酒浸泡,封口。

(3)3 日后开启,去掉药袋,过滤去渣即饮用。

风味特点:色泽浅黄,滋阴养血。

19. 蜂蜜酒

原料配方:蜂蜜 120 克,糯米 120 克,干曲 150 克,冷开水 1500 毫升。

制作工具或设备:密封玻璃器皿,纱布袋。

制作过程:

(1)将糯米蒸煮至半熟,沥干;加入蜂蜜、曲和水,一同盛玻璃器皿内,密封。

(2)置温处 7～10 天;启封后,压渣取液,即可饮用。

风味特点:色泽浅黄,口味鲜甜,口感醇厚,还带着蜂蜜的幽香。

20. 桂花陈酒

原料配方:桂花 250 克,白糖 250 克,米酒 2000 毫升。

制作工具或设备:密封玻璃器皿,纱布袋。

制作过程:

(1)将将采来的桂花置于通风阴凉处摊开风干一夜,去掉垃圾成分。

(2)然后在桂花中加入(粉状冰糖最好)拌匀,放入容器内任其发酵 2～3 天。

(3)加上米酒 2000 毫升,浸泡 3 个月即可。

风味特点:酒色淡黄,桂花清香,入口甘甜醇绵。

21. 葡萄桂花酒

原料配方:白葡萄酒 1000 毫升,桂花 50 克,食用酒精 200 毫升。

制作工具或设备:密封玻璃器皿,简易蒸馏器。

制作过程:

(1)摘取含苞待放的新鲜桂花,用酒精浸泡,酒精与桂花的体积比为 2:1。

(2)常温密封浸泡 2～3 天。采用简单蒸馏的方式蒸出香料酒,储存 1 个月。

(3)将香料酒与葡萄酒兑和在一起即可。

风味特点:色泽浅黄,桂花飘香,口味微甜。

22. 槐花酒

原料配方:槐花 100 克,白酒 750 克,白砂糖 5 克。

制作工具或设备:密封玻璃器皿,纱布袋。

制作过程:

(1)摘取即将开放的槐花蕾,择去杂质,用清水洗净,沥干水。

(2)把槐花蕾装入纱布袋中,与白酒同装入容器内,加入适量白糖,密封,两个月后即可供饮用。

风味特点:营养丰富,甘醇清香。

23. 胡桃玫瑰露

原料配方:玫瑰花瓣 30 片,胡桃 5 个,丁香花 5 朵,玉桂片 10 克,柠檬皮 1 个,樱桃叶 4 片,半甜白酒 600 克,95% 浓度脱臭酒精 125 毫升。

制作工具或设备:密封玻璃瓶。

制作过程:

(1)先把新鲜青胡桃切片,和其他材料一起放进玻璃瓶内,盖紧,放置 40 天,此期间,常常摇下瓶子。

(2)40 天后,把初酒滤进深色玻璃瓶内,塞紧,密封,储藏 8 个月后,便可开瓶饮用。

风味特点:色泽微红,芳香可口。

24. 甘菊甜酒

原料配方:甘菊花 50 克,切碎的黄柠檬皮 15 克,柠檬肉 15 克,糖 350 克,水 350 克,95% 浓度的脱臭酒精 350 克。

制作工具或设备:密封玻璃瓶。

制作过程:

(1)先把甘菊花、柠檬皮、柠檬肉以及脱臭酒精放进玻璃瓶内,盖紧。

(2)2 个星期后,把糖溶解后再倒进去,再把瓶盖盖紧,摇匀。

(3)放置 4 个星期后,把初酒滤进深色玻璃瓶内,用木塞塞紧,以蜡外封。

(4)再储藏 3 个月后,便可开瓶饮用。

风味特点:色泽微黄,口味甜浓。

25. 芙蓉甘菊甜酒

原料配方:甘菊花25克,芙蓉花瓣15克,柠檬皮15克,薄荷叶8片,水550克,95%浓度的脱臭酒精350克,糖250克。

制作工具或设备:密封玻璃瓶。

制作过程:

(1)先将甘菊花和芙蓉花瓣放进热水里泡6分钟,然后把糖加进去搅匀。

(2)等水冷却之后,再把它们倒进玻璃瓶内,随同把薄荷叶和柠檬皮加进去,把瓶盖盖紧,不让空气进去。

(3)5个星期后,把初酒滤进深色玻璃瓶内用木塞塞紧,用蜡外封,储藏7个月后,便可开瓶饮用。

风味特点:色呈玫瑰红颜色,味道佳美。

26. 橘花甜酒

原料配方:橘花40瓣,玫瑰花20瓣,糖300克,水250克,95%浓度的脱臭酒精300克。

制作工具或设备:密封玻璃瓶。

制作过程:

(1)先把橘花、玫瑰花和酒精放进玻璃瓶内,盖紧,以防酒精挥发。

(2)5天后,把糖溶解在热水里,冷却后倒进玻璃瓶内,摇匀。

(3)再过5天,把初酒滤进棕色玻璃瓶内,用木塞塞紧,用蜡外封,再储藏6个月后,即可开瓶饮用。

风味特点:色泽微黄,气味芳香。

27. 桃花酒

原料配方:桃花(3月3日采)20克,白酒250毫升。

制作工具或设备:密封玻璃瓶。

制作过程:

(1)3月采摘刚开的桃花阴干。

(2)将阴干的桃花浸入盛酒的瓶中,浸泡15天后即可饮用。

风味特点:色泽微红,润肤美颜。

28. 白芷桃花酒

原料配方:桃花 250 克,白芷 30 克,白酒 1000 毫升。

制作工具或设备:密封玻璃瓶。

制作过程:

(1)农历 3 月 3 日或清明前后,采集花苞初放或开放不久的桃花,与白芷同浸于酒中,容器密封。

(2)1 个月后即可使用。

风味特点:色泽微红,活血养颜。

29. 菊花酒

菊花酒(一)

原料配方:菊花 250 克,生地黄 250 克,枸杞根 250 克,糯米 350 克,酒曲 50 克。

制作工具或设备:煮锅,密封玻璃瓶。

制作过程:

(1)前 3 味加水 500 克煮至减半,取汁备用。

(2)糯米浸泡、沥干、蒸饭,待温,同酒曲(先压细)、药汁同拌均匀,入瓮密封。

(3)熟后即可滤出。

风味特点:色泽微黄,口味清淡,口感浓稠。

菊花酒(二)

原料配方:甘菊花 50 克,生地黄 30 克,枸杞子 10 克,当归 10 克,糯米 500 克,酒曲 50 克。

制作工具或设备:煮锅,密封玻璃瓶。

制作过程:

(1)将前 4 味,加水 750 毫升煎 2 次,取药汁 500 毫升,备用。

(2)再将糯米,取药汁 500 毫升,浸湿、沥干、蒸饭,待凉后,与酒曲(压细)、药汁,拌匀,装入瓦坛中发酵。

(3)如常法酿酒,味甜后,去渣即成。

风味特点:色泽微黄,养肝明目,滋阴清热。

30.白菊花酒

原料配方:白菊花 150 克,白酒 1500 毫升。

制作工具或设备:密封玻璃容器。

制作过程:

(1)将菊花盛于洁净的纱布袋中,扎紧袋口。

(2)与白酒一起置入密封玻璃容器中,浸泡 7 天即可。

风味特点:色泽微黄,口感清爽。

31.青梅菊花酒

原料配方:青梅 150 克,白菊花 50 克,米酒 500 毫升。

制作工具或设备:密封玻璃酒瓶。

制作过程:

(1)取新鲜青梅洗净,与白菊花一同装酒瓶中,密封浸泡 7 天。

(2)过滤即可。

风味特点:色泽微黄,生津止渴。

32.松花酒

原料配方:松花粉 50 克,米酒 500 毫升。

制作工具或设备:密封玻璃酒瓶。

制作过程:

(1)取松花粉与米酒一同装酒瓶中,密封浸泡 7 天。

(2)即可饮用。

风味特点:色泽微黄,营养保健。

33.橘花酒

原料配方:橘花 150 克,米酒 1500 毫升。

制作工具或设备:密封玻璃酒瓶。

制作过程:

(1)新鲜橘花稍微阴干。

(2)取橘花与米酒一同装酒瓶中,密封浸泡 7 天,即可饮用。

风味特点:色泽微黄,口味清香。

34.金银花酒

原料配方:金银花 30 克,枸杞子 20 克,甘草 5 克,白酒 500 毫升。

制作工具或设备:密封玻璃酒瓶。

制作过程:

(1)将金银花、枸杞子、甘草等洗净晾干后切片。

(2)将(1)中经过加工的原料在常温下 55~65 度白酒中浸泡 25~50天。

(3)过滤去渣后,根据需要调配成不同度数的白酒。

风味特点:色泽微黄,清热解毒。

35.藏红花酒

原料配方:藏红花 4 克,白酒 500 毫升。

制作工具或设备:密封玻璃酒瓶。

制作过程:将藏红花放入密封玻璃酒瓶中,用白酒浸泡 1 周即可。

风味特点:色泽微红,活血养颜。

36.黄芪红花酒

原料配方:黄芪 15 克,党参 15 克,玉竹 15 克,枸杞子 15 克,红花 9 克,白酒 500 毫升。

制作工具或设备:密封玻璃酒瓶。

制作过程:

(1)将前 3 味切碎,与枸杞子、红花一同入布袋,置密封玻璃酒瓶中,加入白酒。

(2)浸泡 30 天后,过滤去渣,即成。

风味特点:色泽微红,补气健脾、和血益肾。

37.凤仙花酒

原料配方:凤仙花 90 克,红花 30 克,白矾 2 克,60 度白酒 1000 毫升。

制作工具或设备:密封玻璃酒瓶,纱布袋。

制作过程:

(1)将凤仙花切碎,与红花、白矾同装纱布袋内,扎紧口,浸于白酒中,密封 20 天。

(2)经常摇动,过滤去渣,装瓶备用。

风味特点:色泽微黄,活血化瘀,消肿止痛。

38.凌霄花酒

原料配方:凌霄花 15 克,黄酒 50 毫升,水 50 毫升。

制作工具或设备:密封玻璃酒瓶,煮锅。

制作过程:将原料按顺序放入碗内,调匀后隔水炖沸,候温饮服。

风味特点:色泽微黄,活血化瘀,通经止痛。

39.桂花葡萄酒

原料配方:干红葡萄酒 20 克,桂花陈酒 50 克。

制作工具或设备:密封玻璃酒瓶。

制作过程:将干红葡萄酒与桂花陈酒兑入密封玻璃酒瓶中,摇匀即可。

风味特点:圆润丰满,酒味香甜,香气协调,回味悠长。

40.芙蓉酒

原料配方:脱臭酒精 500 毫升,芙蓉花瓣 50 克,蜂蜜 25 克,柠檬酸 1 克,杨梅红 0.01 克。

制作工具或设备:密封玻璃酒瓶。

制作过程:

(1)将脱臭酒精装入密封玻璃酒瓶中,加入芙蓉花瓣、蜂蜜、柠檬酸、杨梅红等。

(2)浸泡 7 天后过滤即可。

风味特点:色泽微红,口味微甜,具有芙蓉的清香。

41.桂花香橙露

原料配方:桂花酒 120 毫升,鲜橙汁 120 毫升,绿薄荷酒 6 毫升,芫荽(香菜)1 株,冰块 30 克。

制作工具或设备:容器阔口矮型玻璃杯。

制作过程:

(1)将碎冰块堆成圆球形放入酒杯内,慢慢注入桂花酒、鲜橙汁,再取 1 支饮管插在冰堆中央,小心地注入绿薄荷酒。

(2)然后用芫荽 1 株插放酒内作为点缀。

风味特点:色泽微绿,口味微甜,酒味香醇浓郁。

42. 枸菊酒

原料配方：枸杞子 50 克，甘菊花 10 克，麦门冬 30 克，杜仲 15 克，白酒 1500 毫升。

制作工具或设备：容器阔口矮型玻璃杯。

制作过程：

（1）将前 4 味捣碎为粗末，置容器中，加入白酒，密封。

（2）浸泡 21 天后，过滤去渣，即成。

风味特点：色泽微黄，口味微苦，具有养肝明目、补肾益精的功效。

第六章　果类配制酒配方案例

1. 椰子汽酒

原料配方:脱臭酒精15克,椰子汁150克,牛奶150毫升,碳酸氢钠3克,柠檬酸0.01克,椰子香精0.05克,白砂糖50克,苯甲酸钠0.1克,冷开水1000毫升。

制作工具或设备:煮锅,密闭玻璃容器。

制作过程:

(1)取干净锅,将糖放入,加少量沸水,使其充分溶解,然后加入椰子汁、牛奶,搅拌均匀,再将柠檬酸放入,搅拌至混合均匀,即进行过滤,去渣取液,待用。

(2)取干净容器,将碳酸氢钠放入,加适量冷开水,搅拌均匀,呈碳酸水,待用。

(3)取干净容器,先将脱臭酒精放入,再将椰子混合液放入,搅拌至混合均匀,加入椰子香精,搅拌均匀,然后将苯甲酸钠放入,搅拌均匀,最后将冷开水放入,搅拌均匀,即进行过滤,去渣取液,待用。

(4)饮用前,慢慢地倒入碳酸水,搅拌均匀,即可饮用。

风味特点:色泽乳白,口味清凉。

2. 雪梨汽酒

原料配方:脱臭酒精15克,雪梨汁150克,碳酸氢钠3克,柠檬酸0.01克,梨香精0.05克,白砂糖50克,柠檬黄(食用色素)0.005克,苯甲酸钠0.1克,冷开水1000毫升。

制作工具或设备:煮锅,密闭玻璃容器。

制作过程:

(1)取干净锅,将糖放入,加少量沸水,使其充分溶解,然后加入雪梨汁,搅拌均匀,再将柠檬酸放入,搅拌至混合均匀,即进行过滤,去渣取液,待用。

（2）取干净容器,将碳酸氢钠放入,加适量冷开水,搅拌均匀,呈碳酸水,待用。

（3）取干净容器,先将脱臭酒精放入,再将雪梨混合液放入,搅拌至混合均匀,加入梨香精,搅拌均匀,然后将苯甲酸钠、柠檬黄放入,搅拌均匀,最后将冷开水放入,搅拌均匀,即进行过滤,去渣取液,待用。

（4）饮用前,慢慢地倒入碳酸水,搅拌均匀,即可饮用。

风味特点:色泽浅黄,口味清凉,具有雪梨的甜香味。

3. 木瓜汽酒

原料配方:脱臭酒精15克,木瓜汁150克,牛奶150毫升,碳酸氢钠3克,柠檬酸0.01克,木瓜香精0.05克,白砂糖50克,柠檬黄(食用色素)0.005克,苯甲酸钠0.1克,冷开水1000毫升。

制作工具或设备:煮锅,密闭玻璃容器。

制作过程:

（1）取干净锅,将糖放入,加少量沸水,使其充分溶解,然后加入木瓜汁和牛奶,搅拌均匀,再将柠檬酸放入,搅拌至混合均匀,即进行过滤,去渣取液,待用。

（2）取干净容器,将碳酸氢钠放入,加适量冷开水,搅拌均匀,呈碳酸水,待用。

（3）取干净容器,先将脱臭酒精放入,再将木瓜混合液放入,搅拌至混合均匀,加入木瓜香精,搅拌均匀,然后将苯甲酸钠、柠檬黄放入,搅拌均匀,最后将冷开水放入,搅拌均匀,即进行过滤,去渣取液,待用。

（4）饮用前,慢慢地倒入碳酸水,搅拌均匀,即可饮用。

风味特点:色泽奶黄,口味清凉,具有木瓜的甜香味。

4. 哈密瓜汽酒

原料配方:脱臭酒精15克,哈密瓜汁150克,牛奶150毫升,碳酸氢钠3克,柠檬酸0.01克,哈密瓜香精0.05克,白砂糖50克,柠檬黄(食用色素)0.005克,苯甲酸钠0.1克,冷开水1000毫升。

制作工具或设备:煮锅,密闭玻璃容器。

制作过程：

（1）取干净锅，将糖放入，加少量沸水，使其充分溶解，然后加入哈密瓜汁和牛奶，搅拌均匀，再将柠檬酸放入，搅拌至混合均匀，即进行过滤，去渣取液，待用。

（2）取干净容器，将碳酸氢钠放入，加适量冷开水，搅拌均匀，呈碳酸水，待用。

（3）取干净容器，先将脱臭酒精放入，再将哈密瓜混合液放入，搅拌至混合均匀，加入哈密瓜香精，搅拌均匀，然后将苯甲酸钠、柠檬黄放入，搅拌均匀，最后将冷开水放入，搅拌均匀，即进行过滤，去渣取液，待用。

（4）饮用前，慢慢地倒入碳酸水，搅拌均匀，即可饮用。

风味特点：色泽奶黄，口味清凉，具有哈密瓜的甜香味。

5. 胡萝卜汽酒

原料配方：脱臭酒精15克，胡萝卜汁150克，碳酸氢钠3克，柠檬酸0.01克，柠檬香精0.05克，白砂糖50克，柠檬黄（食用色素）0.005克，苯甲酸钠0.1克，冷开水1000毫升。

制作工具或设备：煮锅，密闭玻璃容器。

制作过程：

（1）取干净锅，将糖放入，加少量沸水，使其充分溶解，然后加入胡萝卜汁，搅拌均匀，再将柠檬酸放入，搅拌至混合均匀，即进行过滤，去渣取液，待用。

（2）取干净容器，将碳酸氢钠放入，加适量冷开水，搅拌均匀，呈碳酸水，待用。

（3）取干净容器，先将脱臭酒精放入，再将胡萝卜混合液放入，搅拌至混合均匀，加入柠檬香精，搅拌均匀，然后将苯甲酸钠、柠檬黄放入，搅拌均匀，最后将冷开水放入，搅拌均匀，即进行过滤，去渣取液，待用。

（4）饮用前，慢慢地倒入碳酸水，搅拌均匀，即可饮用。

风味特点：色泽奶黄，口味清凉，具有胡萝卜的味道。

6. 苹果汽酒

原料配方:脱臭酒精 15 克,苹果汁 150 克,碳酸氢钠 3 克,柠檬酸 3 克,苹果香精 0.5 克,白砂糖 50 克,苯甲酸钠 0.1 克,冷开水 1000 毫升。

制作工具或设备:煮锅,密闭玻璃容器。

制作过程:

(1)取干净锅,将糖放入,加少量沸水,使其充分溶解,然后加入苹果汁,搅拌均匀,再将柠檬酸放入,搅拌至混合均匀,即进行过滤,去渣取液,待用。

(2)取干净容器,将碳酸氢钠放入,加适量冷开水,搅拌均匀,呈碳酸水,待用。

(3)取干净容器,先将脱臭酒精放入,再将苹果混合液放入,搅拌至混合均匀,加入苹果香精,搅拌均匀,然后将苯甲酸钠放入,搅拌均匀,最后将冷开水放入,搅拌均匀,即进行过滤,去渣取液,待用。

(4)饮用前,慢慢地倒入碳酸水,搅拌均匀,即可饮用。

风味特点:色泽浅黄,口味清凉。

7. 菠萝汽酒

原料配方:脱臭酒精 15 克,菠萝汁 150 克,碳酸氢钠 3 克,白砂糖 50 克,菠萝香精 0.1 克,柠檬酸 4 克,苯甲酸钠 0.1 克,冷开水 1000 克。

制作工具或设备:煮锅,密闭玻璃容器。

制作过程:

(1)取干净煮锅,将糖放入,加少量沸水,使其充分溶解,然后加入菠萝汁,搅拌均匀,再将柠檬酸放入,搅拌至混合均匀,即进行过滤,去渣取液,待用。

(2)取干净容器,将碳酸氢钠放入,然后加少量冷开水,搅拌均匀,呈碳酸水,待用。

(3)取干净容器,先将脱臭酒精放入,再将菠萝混合液放入,搅拌均匀,加入菠萝香精,搅拌均匀,然后将苯甲酸钠放入,搅拌均匀,最后倒入冷开水,搅拌均匀,即进行过滤,去渣取液,待用。

(4)饮用前,慢慢地加入碳酸水,搅拌至混合均匀,即可。

风味特点:色泽浅黄,口味清凉。

8.山楂汽酒

原料配方:脱臭酒精 10 克,山楂汁 150 克,碳酸氢钠 3 克,桂花香精 0.1 克 苯甲酸钠 0.2 克,白砂糖 20 克,柠檬酸 5 克,葡萄糖 50 克,冷开水 1200 克。

制作工具或设备:煮锅,密闭玻璃容器。

制作过程:

(1)取干净锅,将糖放入,加少量沸水,使其充分溶解,然后加入山楂汁,搅拌均匀,再将柠檬酸放入,搅拌至混合均匀,即进行过滤,去渣取液,待用。

(2)取干净容器,将碳酸氢钠放入,然后加少量冷开水,搅拌均匀,呈碳酸水,待用。

(3)取干净容器,先将脱臭酒精放入,再将山楂混合液放入,搅拌均匀,加入桂花香精,搅拌均匀,然后将苯甲酸钠放入,搅拌均匀,最后加入冷开水,搅拌均匀,即进行过滤,却渣取液。

(4)饮用前,慢慢地加入碳酸水,搅拌至混合均匀,即可饮用。

风味特点:色泽褐红,口味清凉,具有山楂的香味。

9.橘子汽酒

原料配方:脱臭酒精 15 克,橘子汁 150 克,碳酸氢钠 3 克,白砂糖 50 克,橘子香精 0.1 克,柠檬酸 4 克,苯甲酸钠 0.1 克,柠檬黄(食用色素)0.05 克,冷开水 1000 克。

制作工具或设备:煮锅,密闭玻璃容器。

制作过程:

(1)取干净煮锅,将糖放入,加少量沸水,使其充分溶解,然后加入菠萝汁,搅拌均匀,再将柠檬酸放入,搅拌至混合均匀,即进行过滤,去渣取液,待用。

(2)取干净容器,将碳酸氢钠放入,然后加少量冷开水,搅拌均匀,呈碳酸水,待用。

(3)取干净容器,先将脱臭酒精放入,再将橘子混合液放入,搅拌均匀,加入橘子香精,搅拌均匀,然后将苯甲酸钠和柠檬黄放入,搅拌均匀,最后倒入冷开水,搅拌均匀,即进行过滤,去渣取液,待用。

(4)饮用前,慢慢地加入碳酸水,搅拌至混合均匀,即可。

风味特点:色泽浅黄,口味清凉,具有橘子的香味。

10. 柠檬汽酒

原料配方:脱臭酒精15克,柠檬汁100克,碳酸氢钠3克,白砂糖50克,柠檬香精0.05克,苯甲酸钠0.1克,柠檬黄(食用色素)0.05克,冷开水1000克。

制作工具或设备:煮锅,密闭玻璃容器。

制作过程:

(1)取干净煮锅,将糖放入,加少量沸水,使其充分溶解,然后加入柠檬汁,搅拌均匀,搅拌至混合均匀,即进行过滤,去渣取液,待用。

(2)取干净容器,将碳酸氢钠放入,然后加少量冷开水,搅拌均匀,呈碳酸水,待用。

(3)取干净容器,先将脱臭酒精放入,再将柠檬混合液放入,搅拌均匀,加入柠檬香精,搅拌均匀,然后将苯甲酸钠和柠檬黄放入,搅拌均匀,最后倒入冷开水,搅拌均匀,即进行过滤,去渣取液,待用。

(4)饮用前,慢慢地加入碳酸水,搅拌至混合均匀,即可。

风味特点:色泽浅黄,口味清凉,具有柠檬的香味。

11. 橙汁汽酒

原料配方:脱臭酒精15克,橙汁250克,碳酸氢钠3克,白砂糖50克,橙子香精0.1克,柠檬酸4克,苯甲酸钠0.1克,冷开水1000克。

制作工具或设备:煮锅,密闭玻璃容器。

制作过程:

(1)取干净煮锅,将糖放入,加少量沸水,使其充分溶解,然后加入橙汁,搅拌均匀,再将柠檬酸放入,搅拌至混合均匀,即进行过滤,去渣取液,待用。

(2)取干净容器,将碳酸氢钠放入,然后加少量冷开水,搅拌均匀,呈碳酸水,待用。

(3)取干净容器,先将脱臭酒精放入,再将橙汁混合液放入,搅拌均匀,加入橙子香精,搅拌均匀,然后将苯甲酸钠放入,搅拌均匀,最后倒入冷开水,搅拌均匀,即进行过滤,去渣取液,待用。

(4)饮用前,慢慢地加入碳酸水,搅拌至混合均匀,即可。

风味特点:色泽橙黄,口味清凉,具有橙汁的香味。

12.葡萄汽酒

原料配方:脱臭酒精15克,葡萄汁150克,碳酸氢钠3克,白砂糖50克,葡萄香精0.1克,柠檬酸4克,苯甲酸钠0.1克,靛蓝(食用色素)0.05克,冷开水1000克。

制作工具或设备:煮锅,密闭玻璃容器。

制作过程:

(1)取干净煮锅,将糖放入,加少量沸水,使其充分溶解,然后加入葡萄汁,搅拌均匀,再将柠檬酸放入,搅拌至混合均匀,即进行过滤,去渣取液,待用。

(2)取干净容器,将碳酸氢钠放入,然后加少量冷开水,搅拌均匀,呈碳酸水,待用。

(3)取干净容器,先将脱臭酒精放入,再将葡萄混合液放入,搅拌均匀,加入葡萄香精,搅拌均匀,然后将苯甲酸钠和靛蓝放入,搅拌均匀,最后倒入冷开水,搅拌均匀,即进行过滤,去渣取液,待用。

(4)饮用前,慢慢地加入碳酸水,搅拌至混合均匀,即可。

风味特点:色泽浅紫,口味清凉,具有葡萄的香味。

13.草莓汽酒

原料配方:脱臭酒精15克,草莓汁150克,碳酸氢钠3克,白砂糖50克,草莓香精0.1克,柠檬酸4克,苯甲酸钠0.1克,苋菜红(食用色素)0.05克,冷开水1000克。

制作工具或设备:煮锅,密闭玻璃容器。

制作过程:

(1)取干净煮锅,将糖放入,加少量沸水,使其充分溶解,然后加入草莓汁,搅拌均匀,再将柠檬酸放入,搅拌至混合均匀,即进行过滤,去渣取液,待用。

(2)取干净容器,将碳酸氢钠放入,然后加少量冷开水,搅拌均匀,呈碳酸水,待用。

(3)取干净容器,先将脱臭酒精放入,再将草莓混合液放入,搅拌均匀,加入草莓香精,搅拌均匀,然后将苯甲酸钠和苋菜红放入,搅拌均匀,最后倒入冷开水,搅拌均匀,即进行过滤,去渣取液,待用。

(4)饮用前,慢慢地加入碳酸水,搅拌至混合均匀,即可。

风味特点:色泽粉红,口味清凉,具有草莓的香味。

14. 猕猴桃汽酒

原料配方:脱臭酒精15克,猕猴桃汁150克,碳酸氢钠3克,白砂糖50克,猕猴桃香精0.1克,柠檬酸4克,苯甲酸钠0.1克,绿茶粉(食用色素)0.05克,冷开水1000克。

制作工具或设备:煮锅,密闭玻璃容器。

制作过程:

(1)取干净煮锅,将糖放入,加少量沸水,使其充分溶解,然后加入猕猴桃汁,搅拌均匀,再将柠檬酸放入,搅拌至混合均匀,即进行过滤,去渣取液,待用。

(2)取干净容器,将碳酸氢钠放入,然后加少量冷开水,搅拌均匀,呈碳酸水,待用。

(3)取干净容器,先将脱臭酒精放入,再将猕猴桃混合液放入,搅拌均匀,加入猕猴桃香精,搅拌均匀,然后将苯甲酸钠和绿茶粉放入,搅拌均匀,最后倒入冷开水,搅拌均匀,即进行过滤,去渣取液,待用。

(4)饮用前,慢慢地加入碳酸水,搅拌至混合均匀,即可。

风味特点:色泽碧绿,口味清凉,具有猕猴桃的香味。

15. 沙棘汽酒

原料配方:脱臭酒精15克,沙棘汁150克,碳酸氢钠3克,白砂糖50克,柠檬香精0.1克,柠檬酸4克,苯甲酸钠0.1克,苋菜红0.05克,柠檬黄(食用色素)0.05克,冷开水1000克。

制作工具或设备:煮锅,密闭玻璃容器。

制作过程:

(1)取干净煮锅,将糖放入,加少量沸水,使其充分溶解,然后加入沙棘汁,搅拌均匀,再将柠檬酸放入,搅拌至混合均匀,即进行过滤,去渣取液,待用。

(2)取干净容器,将碳酸氢钠放入,然后加少量冷开水,搅拌均匀,呈碳酸水,待用。

(3)取干净容器,先将脱臭酒精放入,再将沙棘混合液放入,搅拌均匀,加入柠檬香精,搅拌均匀,然后将苯甲酸钠和苋菜红、柠檬黄放入,搅拌均匀,最后倒入冷开水,搅拌均匀,即进行过滤,去渣取液,待用。

(4)饮用前,慢慢地加入碳酸水,搅拌至混合均匀,即可。

风味特点:色泽浅黄,口味清凉,具有沙棘的香味。

16.蜂蜜汽酒

原料配方:脱臭酒精15克,蜂蜜150克,碳酸氢钠3克,白砂糖25克,柠檬香精0.1克,柠檬酸4克,苯甲酸钠0.1克,柠檬黄(食用色素)0.05克,冷开水1000克。

制作工具或设备:煮锅,密闭玻璃容器。

制作过程:

(1)取干净煮锅,将糖放入,加少量沸水,使其充分溶解,然后加入蜂蜜,搅拌均匀,再将柠檬酸放入,搅拌至混合均匀,即进行过滤,去渣取液,待用。

(2)取干净容器,将碳酸氢钠放入,然后加少量冷开水,搅拌均匀,呈碳酸水,待用。

(3)取干净容器,先将脱臭酒精放入,再将蜂蜜混合液放入,搅拌均匀,加入柠檬香精,搅拌均匀,然后将苯甲酸钠和柠檬黄放入,搅拌均匀,最后倒入冷开水,搅拌均匀,即进行过滤,去渣取液,待用。

(4)饮用前,慢慢地加入碳酸水,搅拌至混合均匀,即可。

风味特点:色泽浅黄,口味清凉,鲜亮透明,泡沫多而细腻,具有蜂蜜的甜香味。

17.洋菇娘汽酒

原料配方:脱臭酒精15克,洋菇娘汁150克,碳酸氢钠3克,白砂糖50克,洋菇娘香精0.1克,柠檬酸4克,苯甲酸钠0.1克,柠檬黄(食用色素)0.05克,冷开水1000克。

制作工具或设备:煮锅,密闭玻璃容器。

制作过程:

(1)取干净煮锅,将糖放入,加少量沸水,使其充分溶解,然后加入洋菇娘汁,搅拌均匀,再将柠檬酸放入,搅拌至混合均匀,即进行过滤,去渣取液,待用。

(2)取干净容器,将碳酸氢钠放入,然后加少量冷开水,搅拌均匀,呈碳酸水,待用。

(3)取干净容器,先将脱臭酒精放入,再将洋菇娘混合液放入,搅拌均匀,加入洋菇娘香精,搅拌均匀,然后将苯甲酸钠和柠檬黄放入,搅拌均匀,最后倒入冷开水,搅拌均匀,即进行过滤,去渣取液,待用。

(4)饮用前,慢慢地加入碳酸水,搅拌至混合均匀,即可。

风味特点:色泽浅黄,口味清凉,具有洋菇娘的香味。

18.杨桃汽酒

原料配方:脱臭酒精15克,杨桃汁150克,碳酸氢钠3克,白砂糖50克,杨桃香精0.1克,柠檬酸4克,苯甲酸钠0.1克,绿茶粉(食用色素)0.005克,冷开水1000克。

制作工具或设备:煮锅,密闭玻璃容器。

制作过程:

(1)取干净煮锅,将糖放入,加少量沸水,使其充分溶解,然后加入杨桃汁,搅拌均匀,再将柠檬酸放入,搅拌至混合均匀,即进行过滤,去渣取液,待用。

(2)取干净容器,将碳酸氢钠放入,然后加少量冷开水,搅拌均匀,呈碳酸水,待用。

(3)取干净容器,先将脱臭酒精放入,再将杨桃混合液放入,搅拌均匀,加入杨桃香精,搅拌均匀,然后将苯甲酸钠和绿茶粉放入,搅拌均匀,最后倒入冷开水,搅拌均匀,即进行过滤,去渣取液,待用。

(4)饮用前,慢慢地加入碳酸水,搅拌至混合均匀,即可。

风味特点:色泽浅黄,口味清凉,具有杨桃的香味。

19.水蜜桃汽酒

原料配方:脱臭酒精15克,水蜜桃汁150克,碳酸氢钠3克,白砂糖50克,水蜜桃香精0.1克,柠檬酸4克,苯甲酸钠0.1克,柠檬黄(食用色素)0.005克,冷开水1000克。

制作工具或设备:煮锅,密闭玻璃容器。

制作过程:

(1)取干净煮锅,将糖放入,加少量沸水,使其充分溶解,然后加入水蜜桃汁,搅拌均匀,再将柠檬酸放入,搅拌至混合均匀,即进行过滤,去渣取液,待用。

(2)取干净容器,将碳酸氢钠放入,然后加少量冷开水,搅拌均匀,呈碳酸水,待用。

(3)取干净容器,先将脱臭酒精放入,再将水蜜桃混合液放入,搅拌均匀,加入水蜜桃香精,搅拌均匀,然后将苯甲酸钠和柠檬黄放入,搅拌均匀,最后倒入冷开水,搅拌均匀,即进行过滤,去渣取液,待用。

(4)饮用前,慢慢地加入碳酸水,搅拌至混合均匀,即可。

风味特点:色泽浅黄,口味清凉,具有水蜜桃的香味。

20.石榴汽酒

原料配方:脱臭酒精15克,石榴汁150克,碳酸氢钠3克,白砂糖50克,石榴香精0.1克,柠檬酸4克,苯甲酸钠0.1克,苋菜红(食用色素)0.005克,冷开水1000克。

制作工具或设备:煮锅,密闭玻璃容器。

制作过程:

(1)取干净煮锅,将糖放入,加少量沸水,使其充分溶解,然后加入石榴汁,搅拌均匀,再将柠檬酸放入,搅拌至混合均匀,即进行过滤,去渣取液,待用。

(2)取干净容器,将碳酸氢钠放入,然后加少量冷开水,搅拌均匀,呈碳酸水,待用。

(3)取干净容器,先将脱臭酒精放入,再将石榴混合液放入,搅拌均匀,加入石榴香精,搅拌均匀,然后将苯甲酸钠和苋菜红放入,搅拌均匀,最后倒入冷开水,搅拌均匀,即进行过滤,去渣取液,待用。

(4)饮用前,慢慢地加入碳酸水,搅拌至混合均匀,即可。

风味特点:色泽粉红,口味清凉,具有石榴的香味。

21. 西芹汽酒

原料配方:脱臭酒精 15 克,西芹汁 150 克,碳酸氢钠 3 克,白砂糖 50 克,西芹香精 0.1 克,柠檬酸 4 克,苯甲酸钠 0.1 克,绿茶粉(食用色素)0.005 克,冷开水 1000 克。

制作工具或设备:煮锅,密闭玻璃容器。

制作过程:

(1)取干净煮锅,将糖放入,加少量沸水,使其充分溶解,然后加入西芹汁,搅拌均匀,再将柠檬酸放入,搅拌至混合均匀,即进行过滤,去渣取液,待用。

(2)取干净容器,将碳酸氢钠放入,然后加少量冷开水,搅拌均匀,呈碳酸水,待用。

(3)取干净容器,先将脱臭酒精放入,再将西芹混合液放入,搅拌均匀,加入西芹香精,搅拌均匀,然后将苯甲酸钠和绿茶粉放入,搅拌均匀,最后倒入冷开水,搅拌均匀,即进行过滤,去渣取液,待用。

(4)饮用前,慢慢地加入碳酸水,搅拌至混合均匀,即可。

风味特点:色泽浅绿,口味清凉,具有西芹的香味。

22. 黄瓜汽酒

原料配方:脱臭酒精 15 克,黄瓜汁 150 克,碳酸氢钠 3 克,白砂糖 50 克,黄瓜香精 0.1 克,柠檬酸 4 克,苯甲酸钠 0.1 克,绿茶粉(食用色素)0.005 克,冷开水 1000 克。

制作工具或设备:煮锅,密闭玻璃容器。

制作过程:

(1)取干净煮锅,将糖放入,加少量沸水,使其充分溶解,然后加入黄瓜汁,搅拌均匀,再将柠檬酸放入,搅拌至混合均匀,即进行过滤,去渣取液,待用。

(2)取干净容器,将碳酸氢钠放入,然后加少量冷开水,搅拌均匀,呈碳酸水,待用。

(3)取干净容器,先将脱臭酒精放入,再将黄瓜混合液放入,搅拌均匀,加入黄瓜香精,搅拌均匀,然后将苯甲酸钠和绿茶粉放入,搅拌均匀,最后倒入冷开水,搅拌均匀,即进行过滤,去渣取液,待用。

(4)饮用前,慢慢地加入碳酸水,搅拌至混合均匀,即可。

风味特点:色泽浅绿,口味清凉,具有黄瓜的香味。

23. 刺梨酒

原料配方:刺梨果 250 克,糯米酒 1500 毫升。

制作工具或设备:密闭玻璃容器。

制作过程:

(1)将新鲜刺梨果晒干。

(2)酒盛于密闭玻璃容器中,再将刺梨果放进去浸泡。

(3)1 个月以后(时间泡的越长越好)即成。

风味特点:酒呈黄色,喷香可口。

24. 鲜核桃酒

原料配方:核桃(鲜果)250 克,刺梨根 100 克,白酒 1000 毫升。

制作工具或设备:研钵,密闭玻璃容器,纱布袋。

制作过程:

(1)将原料洗净,放入研钵捣碎,用白纱布袋盛之,置密闭玻璃容器中,加酒浸泡。

(2)浸渍 20 天后开启,去掉药袋,过滤,装瓶备用。

风味特点:色泽微黄,清香爽口。

25. 樱桃酒

樱桃酒(一)

原料配方:鲜樱桃 500 克,米酒 1000 毫升。

制作工具或设备:密闭玻璃容器。

制作过程:

(1)樱桃洗净置坛中,加米酒浸泡,密封,每 2~3 天搅动 1 次,15~20 天即成。

(2)每日早晚各饮 50 毫升(含樱桃 8~10 枚)。

风味特点:色泽微红,活血止痛。

樱桃酒(二)

原料配方:新鲜红樱桃 150 克,白酒 750 毫升,冰糖 50 克。

制作工具或设备:密闭玻璃容器。

制作过程:

(1)樱桃洗净去蒂。

(2)取一干净玻璃容器,加入冰糖和樱桃。

(3)倒入白酒,加盖密封后,放入冰箱

(4)1周后饮用,中途可取出稍稍搅拌一下,让冰糖和酒充分融合。

风味特点:色呈浅粉红色,酒香中散发出一阵淡淡的樱桃香。

26.金橘酒

原料配方:金橘1000克,褐色冰糖200克,白葡萄酒1800毫升。

制作工具或设备:密闭玻璃容器。

制作过程:

(1)玻璃容器用沸水烫过,并沥干水分。

(2)金橘洗净晾干,与褐色冰糖、白葡萄酒一起放入玻璃罐中,盖盖密封。

(3)2个月后便可饮用。一次饮用30~50毫升,金橘亦可吃。

风味特点:色泽微褐,菊香浓郁。

27.人参葡萄酒

原料配方:鲜人参200克,糖液200克,食用酒精200克,陈酿葡萄酒500克。

制作工具或设备:密闭玻璃容器。

制作过程:

(1)在发酵时,取一半鲜人参加糖液发酵半个月后取其酒液。

(2)在浸出时,是用精制酒精浸泡人参1个月以上,取其浸液。

(3)然后把二者混合,密封储藏1年以上;待酒熟后取出,再与陈酿葡萄酒以适当比例勾兑而成。

风味特点:色泽金黄,具有滋补强身、促进新陈代谢、提神补气等功效。

28.龙眼酒

原料配方:桂圆125克,白酒500克。

制作工具或设备:密闭玻璃容器。

制作过程:

(1)把洗净、干燥、研成粉的龙眼肉装入纱布袋内,扎紧袋口,放在玻璃容器内。

(2)加入白酒,密封坛口,每天摇晃1次。

(3)7天后改为每周摇晃一次,浸泡100天。

风味特点:色泽浅黄,具有滋阴补肾、养血安神的功效。

29. 椰子乳酒

原料配方:椰子酒500毫升,核桃乳200毫升。

制作工具或设备:玻璃杯。

制作过程:将椰子酒与核桃乳一起放入玻璃杯中搅拌均匀,即可。

风味特点:色泽奶白,口味甜香,具有抗疲劳和提高免疫的功效。

30. 茅梨乳酒

原料配方:茅梨500克,冰糖200克,白酒200克。

制作工具或设备:密封玻璃杯。

制作过程:

(1)将茅梨鲜果切片破碎、压榨取汁。

(2)加入冰糖200克,白酒15克,放入密封玻璃杯发酵。

(3)装杯后的发酵汁要连续摇晃7天,每天摇2~4次,每次20分钟,使梨汁、糖、酒配合均匀,促进发酵。

(4)之后除去坛口悬浮物,再密封45天左右,酒度可达12度,便形成了乳酒的重要半成品——前发酵汁。

(5)加入剩余的白酒进行勾兑即可。

风味特点:酒呈乳白带青玉色,浓稠如乳,口味香浓。

31. 柿子白酒

原料配方:柿子1000克,油曲40克,谷糠450克,白酒300毫升。

制作工具或设备:酒甑,发酵缸,密封玻璃杯。

制作过程:

(1)将柿子碾碎,按重量加入25%的谷糠,拌匀后装入甑内蒸20分钟,取出散冷,待温度降率35℃左右,按柿子的重量加入4%的酒曲,搅拌均匀,装入发酵缸,密封进行发酵。

（2）温度保持25～28℃，经7～10天，发酵完毕，便可蒸馏。

（3）蒸馏前再拌入20％的疏松材料（谷糠、高粱皮），使之不干不湿。太干出酒少，太湿蒸不上，会影响出酒的时间和度数，拌匀后装甑蒸馏。

（4）将蒸馏液加入白酒兑和均匀即可。

风味特点：色泽清澈透明，具有细微的柿子香味。

32．山楂白酒

原料配方：山楂果1000克，谷糠或花生皮500克，酵母液50克，白酒300毫升。

制作工具或设备：酒甑，发酵缸，密封玻璃杯。

制作过程：

（1）先将红山楂果、谷糠混合均匀，用石碾轧碎，放入酒甑蒸45～60分钟。

（2）取出，摊冷，当温度降到25℃左右时，就可加入酵母液，拌匀后装入发酵缸里。每装一层，随即压实，直到缸深的4/5为止。

（3）然后在上面铺3厘米厚的谷糠，再用泥抹3～6厘米厚，泥上再铺上10厘米厚谷糠。

（4）缸装好后，应经常检查温度，在春、秋季，温度上升情况一般是第2天为23℃，第3天30℃，第4天38℃，第6天41℃，第6天或第7天降至30℃，便可出缸蒸酒。

（5）将蒸馏液加入白酒兑和均匀即可。

风味特点：色泽清澈透明，具有细微的山楂香味。

33．山葡萄酒

原料配方：脱臭酒精500毫升，山葡萄250克，冰糖150克，柠檬酸0.5克。

制作工具或设备：密封玻璃杯。

制作过程：

（1）葡萄用冷开水洗净晾干。

（2）在密封玻璃杯中加入所有原料。

（3）15天后即可饮用。

风味特点:色泽紫红,酒味芬芳。

34. 滋补葡萄酒

原料配方:葡萄酒 50 克,朗姆酒 25 克,蛋黄 1 只,白糖 25 克,柠檬酸 0.5 克。

制作工具或设备:玻璃杯。

制作过程:

(1)将蛋黄与白糖搅打均匀。

(2)加入柠檬酸搅拌均匀。

(3)再加入葡萄酒和朗姆酒搅拌均匀,装入玻璃杯中即可。

风味特点:酒香醇浓,口感细腻。

35. 越橘酒

原料配方:越橘 250 克,白酒 450 毫升,冰糖 150 克,柠檬酸 0.5 克。

制作工具或设备:密封玻璃杯。

制作过程:

(1)将越橘洗净,去皮榨汁。

(2)把越橘汁、白酒、冰糖、柠檬酸等放入密封玻璃杯中摇匀即可。

风味特点:宝石红色,澄清透明,酒香谐调。

36. 酸枣酒

原料配方:酸枣 500 克,柠檬皮 5 克,冰糖 150 克,脱臭酒精 500 毫升。

制作工具或设备:密封玻璃杯。

制作过程:

(1)将酸枣、冰糖、柠檬皮丝等原料放入密封玻璃杯中。

(2)待冰糖溶化之后,加入脱臭酒精。

(3)放置 2 个月即可饮用。

风味特点:味道甜香,色泽红艳。

37. 沙棘酒

原料配方:沙棘果 200 克,白糖 50 克,白酒 500 毫升。

制作工具或设备:密封玻璃杯。

制作过程:

(1)将沙棘果除去破伤的,清洗干净,沥干水分。

(2)将沙棘果、白糖、白酒放入密封玻璃杯中。

(3)6个月后过滤出干物质即可。

风味特点:金黄色,清亮透明,甘润醇厚,酸甜爽口,具有沙棘果香和醇正的酒香。

38.野刺梅酒

原料配方:野刺梅100克,60%大曲酒500毫升,白糖25克。

制作工具或设备:密封玻璃杯。

制作过程:

(1)用60%的大曲酒浸泡野刺梅。

(2)室温下浸泡48小时左右。

(3)浸泡后过滤压榨,静置10天,再澄清过滤。

(4)最后用大曲酒和白糖调剂酒度和甜度。

风味特点:宝石红色,清亮透明,酒体谐调,醇厚丰满,爽口,味长,微苦,具有野果酒独特典型的风格。

39.金樱子酒

原料配方:金樱子100克,60%大曲酒500毫升,白糖25克。

制作工具或设备:密封玻璃杯。

制作过程:

(1)用60%的大曲酒浸泡金樱子。

(2)室温下浸泡48小时左右。

(3)浸泡后过滤压榨,静置10天,再澄清过滤。

(4)最后用大曲酒和白糖调剂酒度和甜度。

风味特点:色泽褐黄色,澄清透明,醇厚丰满,酸甜适中,具有金樱子酒独特的风格。

40.葡萄啤酒

原料配方:葡萄酒原酒500毫升,麦芽500克,酒花25克,水2000毫升。

制作工具或设备:密封玻璃杯。

制作过程:

(1)麦芽粉碎。喷小水雾湿润麦皮,使含水量6% ~8%。

(2)麦芽糖化。按1:4比例配温水入糖化锅。由麦芽本身的多种酶,将淀粉和蛋白质等物质分解成可溶性低分子糖类、糊精和氨基酸等。

(3)酒花浸提及麦汁煮沸。加热至沸腾,一般需90分钟。在煮沸中分4次加入酒花,总加量为麦汁的1.2% ~1.8%。第1次在初沸时加酒花总量的10%。第2次在煮沸到45分钟时,加入酒花总量的20%。第3次在煮沸到60分钟时,加酒花总量的40%。最后煮沸到85分钟时,加入剩余量的酒花。共煮沸90分钟后,可进行分离,再将麦汁冷却。

(4)加入50%的葡萄原酒,以调整麦芽汁的pH。葡萄酒中的单宁与麦汁中的蛋白质等生成络合物沉淀,需进行澄清处理5~6天。

(5)调配过滤后,用汽水混合机将酒液与二氧化碳混合,再用啤酒灌装机装瓶。瓶酒在65℃温度下灭菌20分钟。

风味特点:清亮透明,淡黄色,泡沫洁白细腻,有明显的葡萄酒香及酒花、麦芽香,口味纯正,酒体协调,苦味感适度,"杀口力"较强。

41. 广柑酒

原料配方:广柑200克,白糖50克,白酒500毫升。

制作工具或设备:密封玻璃杯。

制作过程:

(1)将广柑除去破伤的,清洗干净,沥干水分。

(2)将广柑、白糖、白酒放入密封玻璃杯中。

(3)6个月后过滤出干物质即可。

风味特点:淡黄色或橙黄色,澄清透明,具有广柑浓郁鲜果香和优美的酒香。

42. 猕猴桃乳酒

原料配方:猕猴桃滤汁1000克,白糖500克,57度白酒500克,醪精(酒度13度)500克。

制作工具或设备:密封玻璃杯。

制作过程:

(1)将猕猴桃果实堆放 20 厘米厚,经 10 天左右自然后熟。

(2)加工前,应剔出腐烂变质的烂果,把后熟变软的选出来洗净,进行切片、破碎、过滤取汁。

(3)将滤汁、白糖(或冰糖)和 57 度正品酒,配成发酵汁。

(4)将发酵汁、57 度白酒、醪精(酒度 13 度)和糖水(浓度 30% 左右)的比例分别为 40% ~ 50%、10%、12% ~ 14% 和 33% ~ 36%。酸度应控制在 0.4 ~ 0.7 范围内。

(5)勾兑的新酒,储满坛内,封闭 10 天左右以上,进行后发酵。装坛一定要满,排除空气,以防止氧化。每日要进行 1 次翻坛,抽出澄清酒液,再经清除沉淀,排出残余的二氧化碳气体。

(6)消毒和杀菌处理后即可。

风味特点:淡绿色,澄清透明,具有猕猴桃的果香。

43. 橄榄酒

原料配方:橄榄 25 克,冰糖 50 克,黄酒 1500 克。

制作工具或设备:密封玻璃杯。

制作过程:

(1)将橄榄敲碎,放入冰糖拌匀。

(2)放入黄酒,置于密封玻璃杯中浸泡 7 天。

(3)过滤即可。

风味特点:淡黄色。清亮透明,果香与酒香谐调,橄榄果清香突出。

44. 三棵针酒

原料配方:三棵针果 250 克,脱臭酒精 500 毫升,白糖 50 克。

制作工具或设备:密封玻璃杯。

制作过程:

(1)首先将果实进行清洗,然后破碎、过滤取汁。

(2)与脱臭酒精放入密封玻璃杯中混合。

(3)存储 7 天后再次过滤即可。

风味特点:宝石红色,清亮透明,醇厚丰满,酸甜适口,后味绵长。

45.黑加仑酒

原料配方:黑加仑 150 克,柠檬汁 25 克,白糖 40 克,白酒 650 毫升。

制作工具或设备:密封玻璃杯。

制作过程:

(1)将黑加仑洗净晾干。

(2)取密封玻璃杯放入黑加仑和柠檬汁,并加入白糖和白酒。

(3)1 个月后用纱布过滤。

风味特点:深宝石红色,澄清透明,酸甜适口,具有黑加仑子酒的典型风格。

46.龙葵酒

原料配方:野生龙葵果 500 克,柠檬 1 个,白糖 30 克,白酒 750 克。

制作工具或设备:密封玻璃杯。

制作过程:

(1)严格挑选龙葵果,剔除未成熟的青绿果。

(2)洗净榨汁。取汁过程中应注意果汁与空气接触的时间,越短越好,果实不宜破得过细,以免果汁中含果肉过多,过滤不清。

(3)将龙葵果汁、柠檬汁放入玻璃杯中,加入白糖、白酒密封。

(4)2 个月后用纱布过滤即可。

风味特点:微红带黄,澄清透明,丰满柔和,酸甜适口,具有龙葵果香和酒的醇香。

47.紫梅酒

原料配方:黑穗状醋栗 500 克,白糖 250 克,95% 的脱臭酒精 400 克。

制作工具或设备:密封玻璃杯。

制作过程:

(1)黑穗状醋栗原料要求新鲜,成熟,无生、青、腐烂的果实,当日采摘,当日进行加工。

（2）将黑穗状醋栗压榨取汁。

（3）把黑穗状醋栗汁放入玻璃杯中，加入白糖搅拌溶解，兑入95%的脱臭酒精。

（4）2个月后用纱布过滤即可。

风味特点：色泽紫红，澄清透明，醇和顺口，酸甜适中，有黑豆果香及陈酿的酒香。

48.荔枝酒

荔枝酒（一）

原料配方：乌叶荔枝果500克，白糖50克，95%的脱臭酒精400克。

制作工具或设备：密封玻璃杯。

制作过程：

（1）选择成熟度高的新鲜优质，无病虫害，无霉烂变质的荔枝果洗净沥干。

（2）剥去果壳，除去果核后，对果肉加纯净水，然后进行压榨。

（3）果汁中加入白砂糖和95%的脱臭酒精。

（4）2个月后用纱布过滤即可。

风味特点：色泽浅黄，清亮透明，醇和适口，酸甜适中，有荔枝的果香和酒香。

荔枝酒（二）

原料配方：荔枝2000克，糯米酒2500毫升，清水3000毫升，白糖100克。

制作工具或设备：煮锅，密封玻璃杯。

制作过程：

（1）荔枝去壳去核备用。

（2）将荔枝加上清水和白糖，在煮锅中煮制汁液稍微黏稠离火晾凉。

（3）加上糯米酒置于密封玻璃杯中，放置14天。

风味特点：色泽浅黄，酸甜适中，有荔枝的果香和酒香。

49. 橘皮酒

原料配方:干橘皮 500 克,40% 的食用酒精 1000 毫升,果糖 75 克。

制作工具或设备:密封玻璃杯。

制作过程:

(1)将干橘皮研成细粉,在 40% 的食用酒精中浸泡 10 分钟。

(2)过滤后,加入果糖调匀。

风味特点:天然的金黄色,不需添加色素,具有橘香味。

50. 金丝枣酒

原料配方:优质高粱酒 750 毫升,金丝枣 350 克,葡萄糖液 25 克。

制作工具或设备:密封玻璃杯。

制作过程:

(1)按配方称取处理好的干枣,冲洗后置于 500 毫升优质低度高粱酒中,浸渍数日,使果胶质充分分解,然后过滤,滤液储藏备用,滤渣进行二次浸渍,根据化验决定二次滤液的提取,然后把第一次和第二次滤液充分混合,调配酒度和糖度,备用。

(2)取以上第一、二次混合滤液调配酒度和糖度,用适应于生产需要的酵母进行发酵,发酵完毕后立即蒸馏。

(3)将蒸馏液用剩余的优质高粱酒调配即可。

风味特点:呈深红色,澄清透明,有光泽,香气浓郁,具有金丝小枣的独特香味。

51. 沙棘半甜酒

原料配方:沙棘果 350 克,60% 的脱臭酒精 750 毫升。

制作工具或设备:密封玻璃杯。

制作过程:

(1)将沙棘果洗净,沥干水分。

(2)把沙棘果与 60% 的脱臭酒精放入密封玻璃杯中。

(3)10 ~ 15 天后过滤即可。

风味特点:淡黄色、黄色或金黄色,清亮透明,具有清新的果香及纯正酒香。

52. 枇杷酒

原料配方:脱臭酒精 750 毫升,枇杷 500 克,丁香 1 克,香草豆 6 克,柠檬皮 10 克,白砂糖 450 克,冷开水 1000 毫升。

制作工具或设备:煮锅,密封玻璃杯。

制作过程:

(1)将枇杷挑拣洗干净,去皮,去核,待用。

(2)取干净锅,将糖放入,加少量沸水,使其充分溶解,然后加入枇杷,浸泡 2 小时,再将捣碎的香草豆放入,搅拌均匀,待用。

(3)将柠檬皮挑拣洗干净,然后放入温水中浸泡 30 分钟,用刀切成丝,待用。

(4)取干净密封玻璃杯,先将脱臭酒精放入,然后将柠檬丝放入,搅拌均匀,浸泡 30 分钟,待用。

(5)另取干净容器,将枇杷混合液放入,然后再将柠檬混合液放入,搅拌至混合均匀,最后倒入冷开水,搅拌均匀。

(6)静置储存 1~2 个月,即进行过滤,去渣取酒液,即可饮用。

风味特点:色泽淡黄,清亮透明,具有枇杷的果香及纯正酒香。

53. 青梅酒

青梅酒(一)

原料配方:脱臭酒精 1000 毫升,柠檬酸 2 克,青梅香料 1 克,白砂糖 200 克,青梅汁 500 克,甘油 30 克,蒸馏水 750 毫升。

制作工具或设备:煮锅,密封玻璃杯。

制作过程:

(1)先取干净锅,将脱臭酒精、甘油和青梅香料放入,加入适量的热水,不断搅拌均匀,过滤取汁,待用。

(2)将柠檬酸用少量的 60℃ 的温水溶化,然后加热至 75~80℃后,冷却过滤。

(3)取干净煮锅,将糖放入,用蒸馏水溶解,然后进行过滤,取糖液。

(4)取干净容器,将糖液放入,再将酒精混合液倒入,搅拌均匀,然后放入青梅汁、溶解柠檬酸液,不断搅拌均匀。

（5）然后放入储存桶内储存 2～3 个月，进行过滤，去渣取酒液，即可饮用。

风味特点：色泽淡绿，清亮透明，具有青梅的果香。

青梅酒（二）

原料配方：青梅 150 克，杏仁 10 克，米酒 500 毫升。

制作工具或设备：密封玻璃杯。

制作过程：取新鲜青梅洗净，与杏仁一同装酒瓶中，密封浸泡 30 天，取酒饮服。

风味特点：色泽青黄，生津止咳。

青梅酒（三）

原料配方：尚未熟透的青梅 150 克，50% 的白酒适量。

制作工具或设备：密封玻璃杯。

制作过程：

（1）将青梅洗净，放置大口瓶中，倒入 50 度好白酒，以浸没青梅，高出 3～5 厘米为度。

（2）加盖密封，浸泡 1 个月后，即可饮用。

风味特点：色泽浅绿，具有清热解暑、生津和胃、止痢止泻、止痛止呕的功效。

54. 银杏露酒

原料配方：银杏（白果，去壳）150 克，苋菜 100 克，砂糖 100 克，食用酒精 500 毫升，薄荷脑 1 克，杏仁香精 0.5 克。

制作工具或设备：密封玻璃杯。

制作过程：

（1）先将白果肉打碎，用 60% 食用酒精浸渍 24 小时后备用。

（2）苋菜加水煎煮两次，每次半小时，合并煮液，滤过。滤液浓缩成 1:2，冷却后加入等量乙醇搅拌均匀，放置沉清 24 小时，滤取上清液，回收乙醇至尽，与银杏提取液合并，搅匀，沉淀 3 天，滤过，滤液备用。

（3）取砂糖 100 克制成单糖浆，与薄荷脑、杏仁香精加入上述滤液搅匀，加纯净水 100 毫升，即可。

风味特点:色泽浅红,具有镇咳、化痰、定喘的功效。

55.苦艾橘子酒

原料配方:脱臭酒精 500 毫升,苦艾草 10 克,橘子 200 克,白砂糖 150 克,橘子汁 300 克,柠檬酸 4 克,冷开水 1500 毫升。

制作工具或设备:密封玻璃容器。

制作过程:

(1)将橘子剥去皮,剥出橘瓣,再将橘瓣上的白衣剥去,待用。

(2)将柠檬酸用少量的温水溶化,然后冷却过滤,待用。

(3)取干净玻璃容器,先加入橘子汁,然后倒入脱臭酒精,搅拌均匀。

(4)取干净玻璃容器,将糖放入,加少量沸水使其充分溶解,然后加入橘子瓣浸泡 1 小时,再将苦艾草放入,搅拌均匀,浸泡 2 小时。

(5)将橘子混合液、柠檬酸放入橘子瓣苦艾草浸泡液中,搅拌均匀,最后倒入冷开水,搅拌至混合均匀。

(6)静置后放入玻璃容器内密封储存 2~3 个月,即进行过滤,去渣取酒液,即可饮用。

风味特点:色泽麦秆黄,口味酸甜微苦,具有橘子的清香。

56.乌梅甜酒

原料配方:脱臭酒精 1000 毫升,乌梅 100 克,丁香 5 克,白砂糖 150 克,白葡萄酒 500 克,樱桃叶 4 克,柠檬汁 300 克,冷开水 1000 毫升。

制作工具或设备:煮锅,密封玻璃容器。

制作过程:

(1)先将乌梅挑拣洗干净,放入干净煮锅内,加适量水,置于火上煮沸,改用文火继续煮,直至煮出浓汁为止,离火冷却,待用。

(2)取干净玻璃容器,将糖放入,加少量沸水,使其充分溶解,然后将柠檬汁放入,搅拌均匀,待用。

(3)另取干净玻璃容器,将脱臭酒精放入,然后加入樱桃叶、丁香、搅拌均匀,浸泡 2 小时,待用。

(4)再取干净容器,将乌梅浓汁放入,然后加入白葡萄酒,搅拌均匀,浸泡 1 小时后,将樱桃混合液放入,搅拌均匀,再将柠檬糖液放入,搅拌至混合均匀,最后倒入冷开水,搅拌均匀。

(5)静置后,放入玻璃容器内密封储存 1～2 个月,即进行过滤,去渣取酒液,即可。

风味特点:色泽浅黄,澄清透明,具有葡萄和柠檬的香味。

57.石榴甜酒

原料配方:脱臭酒精 500 毫升,石榴汁 350 克,苋菜红 0.05 克,丁香 2 克,白砂糖 150 克,柠檬皮 10 克,冷开水 1000 毫升。

制作工具或设备:煮锅,密封玻璃容器。

制作过程:

(1)先将柠檬皮挑拣洗干净,然后放入温水中浸泡 30 分钟,用刀切成丝,待用。

(2)取干净玻璃容器,先将脱臭酒精放入。然后倒入石榴汁,搅拌均匀,待用。

(3)取干净煮锅,放入糖,加少量沸水使其充分溶解。

(4)取干净玻璃容器,将芙蓉花瓣、丁香、香菜子放入,加适量冷开水搅拌均匀,浸泡 2 小时后,将柠檬丝放入,拌和均匀,再将石榴混合液放入,搅拌均匀,然后加入糖液,搅拌均匀,最后倒入冷开水,搅拌均匀。

(5)静置后,放入玻璃容器内密封储存 2～3 个月,即进行过滤,去渣取酒液,即可饮用。

风味特点:色泽粉红,口味酸甜,具有石榴的香味。

58.红枣酒

原料配方:红枣 400 克,70% 的食用酒精 600 毫升,清水 400 毫升,白砂糖 100 克,柠檬酸 5 克,红枣香精 1 克。

制作工具或设备:煮锅,密封玻璃容器。

制作过程:

(1)将红枣一半洗净,浸泡于清水中,使红枣吸足水破碎,加 2 倍重量的清水,煮 1 小时,使枣中香气、糖分及营养物质充分溶出。然后过滤得枣液,冷却备用。

（2）另取一半红枣破碎，放在煮锅中炒至微焦，产生浓的焦甜香气。

（3）用70%的食用酒精浸泡。酒精与枣之比为3:1，浸泡10~15天，使焦甜的香气、糖分及风味提取出来，过滤得到原酒。

（4）将枣液加白砂糖煮沸配成30%的糖水。

（5）取500克枣香水加500克枣原酒，调入0.2%的柠檬酸。

（6）为增加枣酒香气，可适当调入红枣香精少许，储放20天进行过滤，即为枣酒。

风味特点：色泽金黄透明，具有红枣的香气和滋味，甜香爽口。

59. 酸枣蜜酒

原料配方：酸枣原汁1000克，酸枣原酒500克，蜂蜜90~120克。

制作工具或设备：煮锅，密封玻璃容器。

制作过程：

（1）一半酸枣破碎时可加不超过酸枣量3倍的水，然后倒入铝锅或不锈钢锅加热，浸泡12~14小时，过滤后调糖至可溶性固形物25%左右备用。

（2）另一半酸枣在不锈钢锅内炒至微焦后，用50%的食用酒精浸泡10~15天，酒精与酸枣的用量为3:1。

（3）将上述制得的酸枣原汁与原酒按重量比2:1的比例混合，加入总重量6%~8%经煮沸的蜂蜜搅拌，储存2~3个月即可。

风味特点：色泽浅黄透明，口味酸甜，具有酸枣的香气和滋味。

60. 樱桃甜酒

原料配方：60%的脱臭酒精1000毫升，樱桃500克，丁香6克，白砂糖200克，肉桂2克，柠檬皮10克，薄荷2克，柠檬酸4克，冷开水1000毫升。

制作工具或设备：煮锅，密封玻璃容器。

制作过程：

（1）先将樱桃挑拣干净，然后去核，用木棍将樱桃压碎，待用。

（2）取煮锅，加入糖、少量沸水，使其充分溶解后，将碎樱桃放入，浸泡2小时待用。

(3)将柠檬皮挑拣干净,然后放入温水中浸泡30分钟,用刀切成丝,待用。

(4)取玻璃容器,先将脱臭酒精放入,然后将柠檬丝放入,搅拌均匀,浸泡1小时,待用。

(5)将柠檬酸用少量温水溶化,然后冷却过滤。

(6)另取玻璃容器,将丁香、肉桂、薄荷放入,加适量冷开水,搅拌均匀,再将樱桃混合液放入,搅匀后浸泡1小时,将柠檬混合液放入,搅拌均匀,然后加入柠檬酸,搅拌均匀,最后倒入冷开水,搅拌至混合均匀。

(7)静置后,放入储存玻璃容器内密封储存2～3个月,即进行过滤,去渣取酒液,即可饮用。

风味特点:色泽浅红透明,口味酸甜,具有樱桃的香气。

61. 香蕉甜酒

原料配方:60%的脱臭酒精1000毫升,香蕉500克,丁香4克,肉桂6克,豆蔻2克,白砂糖300克,香蕉香精1克,冷开水1000毫升。

制作工具或设备:煮锅,密封玻璃容器。

制作过程:

(1)先将香蕉挑拣洗净,去皮,用刀切成片,待用。

(2)取玻璃容器,先将脱臭酒精放入,然后将香蕉片放入,搅拌均匀,浸泡1小时,待用。

(3)取煮锅,将糖放入,加少量沸水使其充分溶解,待用。

(4)另取玻璃容器,将丁香、肉桂、豆蔻放入,加适量冷开水搅拌均匀,浸泡1小时后,将香蕉混合液放入,搅拌至混合均匀,再将糖放入,搅拌均匀,最后倒入冷开水,搅拌至混合均匀。

(5)静置后,加入香蕉香精,搅拌均匀,放入玻璃容器内密封储存2～3个月,即进行过滤,去渣取酒液,即可饮用。

风味特点:色泽浅黄,具有香蕉的香气。

62. 番茄甜酒

原料配方:60%的脱臭酒精1000毫升,番茄酱250克,鼠尾草叶3克,白砂糖350克,迷迭香茎5克,樱桃叶3克,白兰地酒500毫升,肉桂 1 克,莱姆果叶 4 克,丁香 1 克,冷开水 1000 毫升。

制作工具或设备:煮锅,密封玻璃容器。

制作过程:

(1)取干净玻璃容器,将脱臭酒精放入,然后加入鼠尾草叶,迷迭香茎、樱桃叶、肉桂、丁香、莱姆果叶,搅拌至混合均匀,浸泡 4 小时待用。

(2)取干净煮锅,将糖放入,加少量沸水,使其充分溶解,然后将番茄酱放入,搅拌均匀,待用。

(3)取干净玻璃容器,将白兰地酒放入,然后加入鼠尾草混合液,搅拌均匀,再将番茄混合液放入,搅拌至混合均匀,浸泡 1 小时,将冷开水放入,搅拌均匀。

(4)静置后,放入玻璃容器内密封储存 1~2 个月,即进行过滤,去渣取酒液,即可饮用。

风味特点:色泽浅红,香气协调,具有番茄和香草的香味。

63. 可乐酒

原料配方:可乐果 30 克,白砂糖 35 克,60% 的脱臭酒精 150 毫升,柠檬汁 500 克,红葡萄酒 500 毫升,咖啡 15 克。

制作工具或设备:研钵,密封玻璃容器。

制作过程:

(1)将可乐果、咖啡放入研钵内,用小石杵将其捣碎或碾成粉状,待用。

(2)取玻璃容器,将脱臭酒精放入,然后将捣碎的可乐果等混合物料放入,密封浸泡 2~3 天后,进行过滤,去渣取液,待用。

(3)取玻璃容器,将糖放入,加少量沸水,使其充分溶化,然后加入红葡萄酒,搅拌至混合均匀,再将可乐果混合浸出液放入,搅拌均匀,最后将柠檬汁放入,搅拌均匀。

(4)将玻璃容器密封,放在阴凉处储存 15 天,然后启封进行过滤,去渣取酒液,即可饮用。

风味特点:色泽棕褐,具有咖啡的香味。

64. 葡萄白兰地

原料配方:绿茶 3 克,菩提花 10 克,芦荟 6 克,柠檬酸 2 克,肉豆蔻 3 克,葡萄汁 1000 克,60%的脱臭酒精 500 毫升。

制作工具或设备:煮锅,密封玻璃容器。

制作过程:

(1)取干净锅,将菩提花、绿茶、芦荟、肉豆蔻放入,加适量冷开水,置于火上煮沸,改用文火继续煮 10 分钟,离火冷却,待用。

(2)取干净容器,将上述原料带汁一起放入,加入柠檬酸,密封浸泡 8 天后,启封,将葡萄汁放入,搅拌至混合均匀,然后加入脱臭酒精,搅拌均匀。

(3)将玻璃容器密封,然后放在阴凉处储存 3 个月,启封进行过滤,去渣酒取液,即可饮用。

风味特点:色泽金黄,具有葡萄和各种植物的香味。

65. 柠檬白兰地

原料配方:白葡萄酒 500 毫升,柠檬皮 10 克,甘草 5 克,红茶 3 克,60%的脱臭酒精 150 克,葡萄糖 50 克,柠檬汁 50 克,柠檬酸 2 克。

制作工具或设备:研钵,煮锅,密封玻璃容器。

制作过程:

(1)先将甘草放入石磨内,用研钵将其捣碎,放入干净煮锅,加适量水,置于火上煮沸,然后将柠檬皮放入,继续用文火煮 10 分钟,即离火冷却,进行过滤,去渣取液,待用。

(2)取玻璃容器,将红茶放入,加少量沸水冲泡,密封浸渍 1 小时后,进行过滤,去渣取液,待用。

(3)将柠檬酸用少量热水调和溶解,待用。

(4)取玻璃容器,将葡萄糖放入,加入少量沸水,使其充分溶解,然后将白葡萄酒放入,搅拌至均匀,将柠檬皮等混合浸出液放入,搅拌均匀,再将红茶汁放入,搅拌均匀,将柠檬汁倒入,搅拌至混合均匀。再将柠檬酸放入,搅拌均匀,最后加入脱臭酒精,搅拌至混合均匀。

(5)将玻璃容器密封,放在阴凉处储存 20 天,然后启封进行过滤,去渣取酒液,即可饮用。

风味特点:色泽金黄,具有柠檬的香味。

66. 香草白兰地

原料配方:60%的脱臭酒精150毫升,深色朗姆酒500毫升,香草10克,甘草20克,柠檬酸2克,甘菊12克,白砂糖50克,葡萄汁150克。

制作工具或设备:研钵,煮锅,密封玻璃容器。

制作过程:

(1)取干净玻璃容器,将香草、糖、朗姆酒放入,搅拌均匀,密封浸泡2天后,进行过滤,去渣取液,待用。

(2)将甘草剪碎,放入干净煮锅内,加适量沸水,置于火上煮沸,改用文火继续煮5分钟,即离火冷却,进行过滤,去渣取液,待用。

(3)另取干净煮锅,将甘菊放入,加适量沸水,浸渍4小时后,进行过滤,去渣取液,待用。

(4)取干净容器,将60%的脱臭酒精放入,加入香草等混合液,搅拌均匀,再将甘草液放入,搅拌至混合均匀,将葡萄汁放入,搅拌均匀,然后将甘菊汁放入,搅拌均匀,最后加入柠檬酸,搅拌至混合均匀。

(5)将玻璃容器密封,放在阴凉处储存15天,然后启封进行过滤,去渣取酒液,即可饮用。

风味特点:色如琥珀,具有柠檬的香味。

67. 仿制白兰地酒

原料配方:60%的脱臭酒精100毫升,白葡萄酒500毫升,核桃15克,葡萄糖60克,覆盆子10克,红茶5克,柠檬汁150克,葡萄汁100克。

制作工具或设备:煮锅,密封玻璃容器。

制作过程:

(1)取干净玻璃容器,将脱臭酒精放入,然后加入复盆子、捣碎的核桃,密封浸泡20天后,进行过滤,去渣取液,待用。

(2)取干净玻璃容器,将红茶放入,加适量沸水,使其浸泡1小时,然后进行过滤,去渣取液,待用。

(3)取干净玻璃容器,将葡萄酒、葡萄汁放入,加少量沸水,使其充分溶化,然后加入白葡萄酒,搅拌均匀,再将核桃等混合浸出液放入,搅拌均匀,最后将红茶汁、柠檬汁放入,搅拌至混合均匀。

(4)将玻璃容器密封,放在阴凉处储存1个月,然后启封进行过滤,去渣取酒液,即可饮用。

风味特点:色泽金黄,透明清凉,具有水果的香味。

68.杨梅酒

原料配方:新鲜杨梅900克,60%的白酒1100毫升,冰糖200克,淡盐水1000毫升。

制作工具或设备:密封玻璃容器。

制作过程:

(1)将杨梅的梗和叶去掉(梗含有单宁,被酒浸泡以后会影响酒的口感),用水清洗干净,最好用淡盐水浸泡片刻,捞出沥干水分,晾干。

(2)将杨梅放入一个可密封的玻璃容器内,撒上冰糖,注入白酒,密封,放在阴凉地保存15天即可。

风味特点:色泽粉红,口味甜酸,酒香飘逸。

69.黑香槟

原料配方:白酒30毫升,葡萄汁10毫升,冰镇可口可乐100毫升,柠檬1片。

制作工具或设备:玻璃酒杯,调酒棒。

制作过程:

(1)在海波酒杯中加入3块冰块,将葡萄汁、白酒依次倒入,用调酒棒搅拌。

(2)然后加满冰镇的可口可乐,再将1片柠檬片或菠萝片放入杯中即可。

风味特点:色泽棕褐,具有气泡,口感清凉。

70.鲜果红酒露

原料配方:香蕉1根,猕猴桃1只,苹果1个,红酒350毫升,冰块25克,白糖35克。

制作工具或设备:搅拌机,玻璃酒杯,调酒棒。

制作过程:

(1)将香蕉、猕猴桃、苹果分别去皮切成块,一起放入搅拌机中。

(2)加入冰块、红酒、白糖打成汁即成。

风味特点:色泽浅红,口味微酸甜,消暑解渴。

71.冰镇咖啡白兰地

原料配方:白兰地酒150毫升,冷水500毫升,咖啡15克,白糖25克,冰块50克。

制作工具或设备:咖啡壶,玻璃酒杯,调酒棒。

制作过程:

(1)将咖啡放入壶中,加入冷水,用大火煮沸后,改用小火煮5~10分钟。

(2)煮好的咖啡经纱布过滤后,留汁去渣,倒入杯中,加白糖搅拌溶化后待用。

(3)晾凉后,倒入白兰地酒,搅匀,加冰即可饮用。

风味特点:咖啡芳香甘美,酒味甘醇。

72.樱桃糖酒汁

原料配方:樱桃1000克,糖400克,水500毫升,红葡萄酒500毫升。

制作工具或设备:煮锅,玻璃酒杯。

制作过程:

(1)樱桃洗净,去梗,去核待用。

(2)取煮锅,加水加糖煮烧。

(3)待糖液呈半透明状时,倒入红葡萄酒,继续煮烧两三分钟,使液汁稍稍变稠。

(4)加入樱桃,煮锅离火,冷却后再冰镇。

风味特点:色泽艳红,鲜香爽口,酒香四溢。

73.可口可乐酒

原料配方:红葡萄酒500克,可口可乐500克,白砂糖40克,白兰地酒10克,咖啡15克,柠檬汁100克。

制作工具或设备:煮锅,玻璃酒杯。

制作过程:

(1)取干净煮锅,将咖啡放入,加适量沸水,置于火上煮沸,继续用文火煮 10 分钟,离火冷却,进行过滤,去渣取汁,待用。

(2)取干净玻璃酒杯,将白兰地酒放入,然后加入咖啡汁,搅拌均匀,待用。

(3)再取干净玻璃酒杯,将糖放入,加少量沸水,使其充分溶解,然后倒入红葡萄酒,搅拌均匀,再将可口可乐液放入,搅拌均匀,最后将咖啡混合液、柠檬汁放入,搅拌至混合均匀。

(4)将制得的可口可乐酒倒入另一干净玻璃酒杯内,静置 1 小时后,然后进行过滤,去渣取酒液,即可饮用。

风味特点:色泽棕褐,口味清爽,酒味异香。

74. 芒果甜酒

原料配方:脱臭酒精 1000 毫升,芒果 500 克,丁香 1 克,肉桂 1 克,豆蔻 1 克,白砂糖 300 克,芒果香精 1 克,冷开水 1000 毫升。

制作工具或设备:煮锅,玻璃酒杯,密封玻璃容器。

制作过程:

(1)先将芒果挑拣洗净,去皮去核,用刀切成小块,待用。

(2)取干净玻璃酒杯,先将脱臭酒精放入,然后将芒果块放入,搅拌均匀,浸泡 1 小时,待用。

(3)另取干净玻璃酒杯,将糖放入,加少量沸水使其充分溶解,待用。

(4)取干净容器,将丁香、肉桂、豆蔻放入,加适量冷开水搅拌均匀,浸泡 1 小时后,将香蕉混合液放入,搅拌至混合均匀,再将糖放入,搅拌均匀,最后倒入冷开水,搅拌至混合均匀。

(5)静置后,加入芒果香精,搅拌均匀,放入密封玻璃容器储存 2~3 个月,即进行过滤,去渣取酒液,即可饮用。

风味特点:色泽浅黄,甘醇香浓。

75. 水蜜桃酒

原料配方:脱臭酒精 1000 毫升,水蜜桃 600 克,丁香 2 克,香草豆

5 克,柠檬皮 10 克,白砂糖 450 克,冷开水 1000 毫升。

制作工具或设备:玻璃酒杯,密封玻璃容器。

制作过程:

(1)将水蜜桃挑拣洗干净,去皮,去核,切块待用。

(2)取干净玻璃酒杯,将糖放入,加少量沸水,使其充分溶解,然后加入水蜜桃块,浸泡 2 小时,再将捣碎的香草豆放入,搅拌均匀,待用。

(3)将柠檬皮挑拣洗干净,然后放入温水中浸泡 30 分钟,用刀切成丝,待用。

(4)取干净玻璃酒杯,先将脱臭酒精放入,然后将柠檬丝放入,搅拌均匀,浸泡 30 分钟,待用。

(5)取干净玻璃酒杯,将水蜜桃混合液放入,然后再将柠檬混合液放入,搅拌至混合均匀,最后倒入冷开水,搅拌均匀。

(6)静置后放入密封玻璃容器内储存 1~2 个月,即进行过滤,去渣取酒液,即可饮用。

风味特点:色泽浅黄,味道芳香。

76.煮啤酒

原料配方:啤酒 2 罐,红枣 5 颗,枸杞 10 颗,姜 3 片,醪糟 25 克,水 200 毫升,冰糖 15 克,橙子 1 个。

制作工具或设备:煮锅,玻璃酒杯,密封玻璃容器。

制作过程:

(1)红枣撕开,去核。

(2)将除啤酒外所有原料放入煮锅中,搅匀,中火煮至沸腾离火晾凉。

(3)注入啤酒即可。

风味特点:色泽浅黄,酒香味浓。

77.水果白兰地

原料配方:白酒 500 毫升,脱臭酒精 100 毫升,白砂糖 50 克,绿茶 15 克,白鸢尾根 1 克,菩提花 10 克,丁香 1 克,柠檬酸 2 克,橘子皮干 10 克,苹果汁 50 克,香草豆 3 克。

制作工具或设备:煮锅,密封玻璃容器。

制作过程:

(1)取干净煮锅,将绿茶、菩提花放入,加适量沸水,置于火上煮沸,改用文火煮 5 分钟,离火冷却,进行过滤,去渣取液,待用。

(2)取干净玻璃容器,将白鸢尾根、橘子皮干、丁香、香草豆、糖、柠檬酸放入,加入白酒,不断搅拌均匀,密封浸渍 2 个月后进行过滤,去渣取液,待用。

(3)取干净玻璃容器,将苹果汁放入,然后加入绿茶混合液,搅拌至混合均匀,再将白鸢尾根等混合浸出液放入,搅拌均匀。

(4)将容器盖盖紧密封,放在阴凉处储存 3 个月,然后启封进行过滤,去渣取酒液,即可饮用。

风味特点:色如琥珀,具有各种水果的香味。

78. 新奇葡萄酒

原料配方:白葡萄酒 500 毫升,脱臭酒精 50 毫升,白砂糖 50 克,肉桂 0.5 克,白鸢尾根 1 克,核桃 10 克,柠檬汁 50 克。

制作工具或设备:研钵,密封玻璃容器。

制作过程:

(1)先将肉桂、白鸢尾根、核桃放入研钵内,将其捣碎或碾成粉状,待用。

(2)取干净玻璃容器,将脱臭酒精放入,然后将肉桂等混合物料放入,密封浸泡 10~15 天后,进行过滤,去渣取液,待用。

(3)另取干净玻璃容器,将糖放入,加少量沸水,使其充分溶解,然后加入白葡萄酒,搅拌均匀,再将肉桂等混合浸出液放入,搅拌至混合均匀,最后将柠檬汁放入,搅拌均匀。

(4)将玻璃容器盖盖紧,放在阴凉处储存 15 天,然后启封进行过滤,去渣取酒液,即可饮用。

风味特点:色泽棕黄,口味幽香。

79. 果冻红葡萄酒

原料配方:红葡萄酒 250 毫升,砂糖 50 克,水 150 克,鱼胶片 5 克。

制作工具或设备:煮锅,玻璃杯。

制作过程:

(1)将鱼胶片一片一片地加到搅动着的水中,泡涨15分钟左右。

(2)锅中放水和砂糖移到火上搅拌,砂糖溶解后离开火,利用余热的将鱼胶煮溶。

(3)待鱼胶完全溶化后将鱼胶液过滤(这是为了制作高度透明的果冻)。

(4)将红葡萄酒加到鱼胶液中充分搅拌混合,放入玻璃杯中晾凉。

(5)用冰箱冷却。

(6)果冻固化后将杯外侧置于温水中温一下,将果冻取出盛于盘碟中,浇上果汁并用水果装饰。

风味特点:色泽茶红,透明清凉。

80.美肤草莓酒

原料配方:糯米酒500毫升,草莓500克,冰糖150克,白酒50毫升。

制作工具或设备:煮锅,密封玻璃杯。

制作过程:

(1)草莓去蒂洗净,沥干备用。

(2)以一层草莓、一层冰糖的方式放入玻璃瓶中。

(3)最后倒入糯米酒和白酒,然后封紧杯口。

(4)放置于阴凉处,静置浸泡3个月后,即可开封滤渣饮用。

风味特点:色泽嫣红,口味酸甜,口感清凉。

81.柠檬葡萄酒

原料配方:白葡萄酒250毫升,开水250毫升,方糖2块,柠檬0.5个,柠檬皮15克。

制作工具或设备:搅拌机,玻璃杯。

制作过程:

(1)柠檬洗净后用榨汁机制成柠檬汁。

(2)将柠檬皮和葡萄酒一起入搅拌机搅打成泥。

（3）将柠檬汁、柠檬泥、方糖放在玻璃杯中,冲入开水,搅拌均匀后过滤。

（4）将过滤后的汁水冷却,即成柠檬葡萄酒。

风味特点:色泽浅黄,口味酸甜,具有柠檬的清香。

82. 苹果葡萄酒

原料配方:白葡萄酒 250 毫升,开水 250 毫升,方糖 2 块,苹果 1 个,柠檬汁 15 克。

制作工具或设备:搅拌机,玻璃杯。

制作过程:

（1）苹果洗净后去皮去籽用搅拌机制成苹果汁。

（2）将柠檬汁和葡萄酒一起拌匀。

（3）将苹果汁、柠檬葡萄酒液、方糖放在玻璃杯中,冲入开水,搅拌均匀后过滤。

（4）将过滤后的汁水冷却,即成苹果葡萄酒。

风味特点:色泽浅黄,口味酸甜,具有苹果的清香。

83. 哈密瓜葡萄酒

原料配方:白葡萄酒 250 毫升,开水 250 毫升,方糖 2 块,哈密瓜 500 克,柠檬汁 15 克。

制作工具或设备:搅拌机,玻璃杯。

制作过程:

（1）哈密瓜洗净后去皮去籽,用搅拌机制成哈密瓜汁。

（2）将柠檬汁和葡萄酒一起拌匀。

（3）将哈密瓜汁、柠檬葡萄酒液、方糖放在玻璃杯中,冲入开水,搅拌均匀后过滤。

（4）将过滤后的汁水冷却,即成哈密瓜葡萄酒。

风味特点:色泽浅黄,口味酸甜,具有哈密瓜的清香。

84. 黄桃葡萄酒

原料配方:白葡萄酒 250 毫升,开水 250 毫升,方糖 2 块,黄桃罐头 500 克,柠檬汁 15 克。

制作工具或设备:搅拌机,玻璃杯。

制作过程：

（1）黄桃罐头用搅拌机制成黄桃汁。

（2）将柠檬汁和葡萄酒一起拌匀。

（3）将黄桃汁、柠檬葡萄酒液、方糖放在玻璃杯中，冲入开水，搅拌均匀后过滤。

（4）将过滤后的汁水冷却，即成黄桃葡萄酒。

风味特点：色泽浅黄，口味酸甜，具有黄桃的清香。

85. 香蕉葡萄酒

原料配方：白葡萄酒 250 毫升，开水 250 毫升，方糖 2 块，香蕉 500 克，柠檬汁 15 克。

制作工具或设备：搅拌机，玻璃杯。

制作过程：

（1）香蕉去皮切成块，用搅拌机制成香蕉汁。

（2）将柠檬汁和葡萄酒一起拌匀。

（3）将香蕉汁、柠檬葡萄酒液、方糖放在玻璃杯中，冲入开水，搅拌均匀后过滤。

（4）将过滤后的汁水冷却，即成香蕉葡萄酒。

风味特点：色泽浅黄，口味酸甜，具有香蕉的清香。

86. 猕猴桃葡萄酒

原料配方：白葡萄酒 250 毫升，开水 250 毫升，方糖 2 块，猕猴桃 500 克，柠檬汁 15 克。

制作工具或设备：搅拌机，玻璃杯。

制作过程：

（1）猕猴桃去皮切成块，用搅拌机制成猕猴桃汁。

（2）将柠檬汁和葡萄酒一起拌匀。

（3）将猕猴桃汁、柠檬葡萄酒液、方糖放在玻璃杯中，冲入开水，搅拌均匀后过滤。

（4）将过滤后的汁水冷却，即成猕猴桃葡萄酒。

风味特点：色泽浅黄，口味酸甜，具有猕猴桃的清香。

87. 杨桃葡萄酒

原料配方:白葡萄酒 250 毫升,开水 250 毫升,方糖 2 块,杨桃 500 克,柠檬汁 15 克。

制作工具或设备:搅拌机,玻璃杯。

制作过程:

(1)杨桃去皮去籽切成块,用搅拌机制成杨桃汁。

(2)将柠檬汁和葡萄酒一起拌匀。

(3)将杨桃汁、柠檬葡萄酒液、方糖放在玻璃杯中,冲入开水,搅拌均匀后过滤。

(4)将过滤后的汁水冷却,即成杨桃葡萄酒。

风味特点:色泽浅黄,口味酸甜,具有杨桃的清香。

88. 梨葡萄酒

原料配方:白葡萄酒 250 毫升,开水 250 毫升,方糖 2 块,梨 500 克,柠檬汁 15 克。

制作工具或设备:搅拌机,玻璃杯。

制作过程:

(1)梨去皮去籽切成块,用搅拌机制成梨汁。

(2)将柠檬汁和葡萄酒一起拌匀。

(3)将梨汁、柠檬葡萄酒液、方糖放在玻璃杯中,冲入开水,搅拌均匀后过滤。

(4)将过滤后的汁水冷却,即成梨葡萄酒。

风味特点:色泽浅黄,口味酸甜,具有梨的清香。

89. 橘子葡萄酒

原料配方:白葡萄酒 250 毫升,开水 250 毫升,方糖 2 块,橘子 500 克,柠檬汁 15 克。

制作工具或设备:搅拌机,玻璃杯。

制作过程:

(1)橘子去皮去籽,用搅拌机制成橘汁。

(2)将柠檬汁和葡萄酒一起拌匀。

(3)将橘汁、柠檬葡萄酒液、方糖放在玻璃杯中,冲入开水,搅拌均匀后过滤。

(4)将过滤后的汁水冷却,即成橘子葡萄酒。

风味特点:色泽浅黄,口味酸甜,具有橘子的清香。

90. 柳橙葡萄酒

原料配方:白葡萄酒250毫升,开水250毫升,方糖2块,柳橙500克,柠檬汁15克。

制作工具或设备:搅拌机,玻璃杯。

制作过程:

(1)柳橙去皮去籽,用搅拌机制成橙汁。

(2)将柠檬汁和葡萄酒一起拌匀。

(3)将橙汁、柠檬葡萄酒液、方糖放在玻璃杯中,冲入开水,搅拌均匀后过滤。

(4)将过滤后的汁水冷却,即成柳橙葡萄酒。

风味特点:色泽浅黄,口味酸甜,具有柳橙的清香。

91. 菠萝葡萄酒

原料配方:白葡萄酒250毫升,开水250毫升,方糖2块,菠萝500克,柠檬汁15克。

制作工具或设备:搅拌机,玻璃杯。

制作过程:

(1)菠萝去皮去籽,用搅拌机制成菠萝汁。

(2)将柠檬汁和葡萄酒一起拌匀。

(3)将菠萝汁、柠檬葡萄酒液、方糖放在玻璃杯中,冲入开水,搅拌均匀后过滤。

(4)将过滤后的汁水冷却,即成菠萝葡萄酒。

风味特点:色泽浅黄,口味酸甜,具有菠萝的清香。

92. 番茄葡萄酒

原料配方:白葡萄酒250毫升,开水250毫升,方糖2块,番茄500克,柠檬汁15克。

制作工具或设备:搅拌机,玻璃杯。

制作过程:

（1）番茄去皮去籽,用搅拌机制成番茄汁。

（2）将柠檬汁和葡萄酒一起拌匀。

（3）将番茄汁、柠檬葡萄酒液、方糖放在玻璃杯中,冲入开水,搅拌均匀后过滤。

（4）将过滤后的汁水冷却,即成番茄葡萄酒。

风味特点:色泽浅红,口味酸甜,具有番茄的清香。

93. 人参果葡萄酒

原料配方:白葡萄酒250毫升,开水250毫升,方糖2块,人参果500克,柠檬汁15克。

制作工具或设备:搅拌机,玻璃杯。

制作过程:

（1）人参果去皮,用搅拌机制成西芹汁。

（2）将柠檬汁和葡萄酒一起拌匀。

（3）将人参果汁、柠檬葡萄酒液、方糖放在玻璃杯中,冲入开水,搅拌均匀后过滤。

（4）将过滤后的汁水冷却,即成人参果葡萄酒。

风味特点:色泽浅黄,口味酸甜,具有人参果的清香。

94. 提子葡萄酒

原料配方:白葡萄酒250毫升,开水250毫升,方糖2块,提子500克,柠檬汁15克。

制作工具或设备:搅拌机,玻璃杯。

制作过程:

（1）提子去皮去籽,用搅拌机制成西芹汁。

（2）将柠檬汁和葡萄酒一起拌匀。

（3）将提子汁、柠檬葡萄酒液、方糖放在玻璃杯中,冲入开水,搅拌均匀后过滤。

（4）将过滤后的汁水冷却,即成提子葡萄酒。

风味特点:色泽浅黄,口味酸甜,具有提子的清香。

95. 香瓜葡萄酒

原料配方:白葡萄酒250毫升,开水250毫升,方糖2块,香瓜500

克,柠檬汁 15 克。

制作工具或设备:搅拌机,玻璃杯。

制作过程:

(1)香瓜去皮去籽,用搅拌机制成香瓜汁。

(2)将柠檬汁和葡萄酒一起拌匀。

(3)将香瓜汁、柠檬葡萄酒液、方糖放在玻璃杯中,冲入开水,搅拌均匀后过滤。

(4)将过滤后的汁水冷却,即成香瓜葡萄酒。

风味特点:色泽浅黄,口味酸甜,具有香瓜的清香。

96.西瓜葡萄酒

原料配方:白葡萄酒250毫升,开水250毫升,方糖2块,西瓜500克,柠檬汁15克。

制作工具或设备:搅拌机,玻璃杯。

制作过程:

(1)西瓜去皮去籽,用搅拌机制成西瓜汁。

(2)将柠檬汁和葡萄酒一起拌匀。

(3)将西瓜汁、柠檬葡萄酒液、方糖放在玻璃杯中,冲入开水,搅拌均匀后过滤。

(4)将过滤后的汁水冷却,即成西瓜葡萄酒。

风味特点:色泽浅黄,口味酸甜,具有西瓜的清香。

97.草莓葡萄酒

原料配方:白葡萄酒250毫升,开水250毫升,方糖2块,草莓500克,柠檬汁15克。

制作工具或设备:搅拌机,玻璃杯。

制作过程:

(1)草莓去蒂,用搅拌机制成草莓汁。

(2)将柠檬汁和葡萄酒一起拌匀。

(3)将草莓汁、柠檬葡萄酒液、方糖放在玻璃杯中,冲入开水,搅拌均匀后过滤。

(4)将过滤后的汁水冷却,即成草莓葡萄酒。

风味特点:色泽浅红,口味酸甜,具有草莓的清香。

98. 枇杷葡萄酒

原料配方:白葡萄酒250毫升,开水250毫升,方糖2块,枇杷500克,柠檬汁15克。

制作工具或设备:搅拌机,玻璃杯。

制作过程:

(1)枇杷去皮去核,用搅拌机制成枇杷汁。

(2)将柠檬汁和葡萄酒一起拌匀。

(3)将枇杷汁、柠檬葡萄酒液、方糖放在玻璃杯中,冲入开水,搅拌均匀后过滤。

(4)将过滤后的汁水冷却,即成枇杷葡萄酒。

风味特点:色泽浅红,口味酸甜,具有枇杷的清香。

99. 石榴葡萄酒

原料配方:白葡萄酒250毫升,开水250毫升,方糖2块,石榴汁500克,柠檬汁15克。

制作工具或设备:搅拌机,玻璃杯。

制作过程:

(1)将柠檬汁和葡萄酒一起拌匀。

(2)将石榴汁、柠檬葡萄酒液、方糖放在玻璃杯中,冲入开水,搅拌均匀后过滤。

(3)将过滤后的汁水冷却,即成石榴葡萄酒。

风味特点:色泽浅红,口味酸甜,具有石榴的清香。

100. 芒果葡萄酒

原料配方:白葡萄酒250毫升,开水250毫升,方糖2块,芒果500克,柠檬汁15克。

制作工具或设备:搅拌机,玻璃杯。

制作过程:

(1)芒果去皮去核,用搅拌机制成芒果汁。

(2)将柠檬汁和葡萄酒一起拌匀。

(3)将芒果汁、柠檬葡萄酒液、方糖放在玻璃杯中,冲入开水,搅拌均匀后过滤。

(4)将过滤后的汁水冷却,即成芒果葡萄酒。

风味特点:色泽浅红,口味酸甜,具有芒果的清香。

101. 梅子酒

原料配方:青梅(七分熟)500 克,冰糖 300 克,麦芽糖 100 克,米酒 1000 毫升。

制作工具或设备:密封玻璃杯。

制作过程:

(1)青梅清洗干净,并充分晾干。

(2)消毒过之玻璃罐,放入青梅、冰糖,再倒入酒,加以密封。

(3)冰糖分 3 次按月添加,最后加入麦芽糖。

(4)经过 4 个月后即可打开饮用。

风味特点:兼容了水果酒的果香甜柔以及蒸馏酒的浓烈,两样风情相互交融。

102. 洋葱葡萄酒

原料配方:洋葱 2 个,红葡萄酒 400～500 毫升,蜂蜜 15 毫升。

制作工具或设备:密封玻璃瓶。

制作过程:

(1)将洋葱洗净,去表皮及根蒂,切成 8 等份的半月形。

(2)将洋葱装入玻璃瓶内,倒上红葡萄酒。

(3)将玻璃瓶盖好密封,放在阴凉的地方 2～8 天。

(4)将瓶内的洋葱片用滤网过滤后,将洋葱、汁分开装入瓶中,放进冰箱中冷藏。

风味特点:色泽茶红,口味鲜醇。

103. 红宝石酒

原料配方:咖啡液 150 毫升,苏打水 350 毫升,白糖约 30 克,柠檬酸 2 克,山楂汁 80 毫升,白兰地 50 毫升。

制作工具或设备:玻璃杯,调酒棒。

制作过程:

(1)取白糖约 30 克,柠檬酸约 2 克,放入一个容量为 750 克的玻璃大杯中。

(2)再加入咖啡液、山楂汁搅拌,使糖、酸溶解。

(3)再加入白兰地,最后倒入苏打水,搅拌均匀后即可饮用。

风味特点:红宝石色,晶莹透明,甜酸适口。

104.水晶酒

原料配方:橘子汁60毫升,干或半干葡萄酒10毫升,浓香型白酒90毫升,苏打水350毫升。

制作工具或设备:玻璃杯,调酒棒。

制作过程:

(1)取橘子汁60毫升,倒入容量为750毫升的大杯中。

(2)在大杯中再加入干或半干葡萄酒10毫升,搅拌均匀后再加入90毫升浓香型白酒。

(3)最后加入苏打水,补足500毫升,搅拌均匀后静置片刻即可饮用。

风味特点:色泽浅黄,透明清凉,口味微酸。

105.三仙酒

原料配方:桑葚100克,锁阳30克,蜂蜜50克,白酒1000毫升。

制作工具或设备:研钵,密封玻璃杯。

制作过程:

(1)将桑葚捣烂,锁阳捣碎,两药一起倒入干净的玻璃杯中。

(2)倒入白酒浸泡,密封。

(3)3～7日后开封,过滤去渣。

(4)将蜂蜜炼过,倒入药酒中,拌匀,储入瓶中,即可饮用。

风味特点:色泽微红,具有补肾养肝、益精血、润燥之功效。

106.石榴酒

原料配方:酸石榴6个,甜石榴6个,苍耳子30克,党参30克,苦参30克,丹参30克,羌活30克,白酒1500毫升。

制作工具或设备:研钵,密封瓷瓶。

制作过程:

(1)先将石榴连皮捣烂备用。

（2）其余 8 味药村也捣成细末,然后把石榴与药末一起放入瓷瓶中。

（3）倒入白酒浸泡,密封。

（4）春夏 7 日,秋冬 14 日开后,过滤丢渣,储瓶备用。

风味特点:色泽粉红,具有疏风消肿,清热解毒的功效。

107. 柠檬草莓酒

原料配方:新鲜草莓 400 克,柠檬 2 个,碎冰糖 225 克,白葡萄酒 500 毫升。

制作工具或设备:微波炉,密封瓷瓶。

制作过程:

（1）选择中等形状、大小一致的草莓,去蒂;用盐水清洗后,拭干水分。

（2）柠檬去皮,横切成柠檬片。

（3）将柠檬片、白葡萄酒、冰糖装入一大碗内,加盖高火加热 5 分钟。

（4）等冷却后倒入密封瓶内,再将草莓加入密封。

（5）3 日之后,将柠檬去除再密封,再经 2~3 日后可饮用。

风味特点:色泽粉红,具有柠檬和草莓的清香。

108. 金樱子蜜酒

原料配方:金樱子 500 克,蜂蜜 50 克,甜酒酿 500 克。

制作工具或设备:微波炉,密封瓷瓶。

制作过程:

（1）甜酒酿的制备:选取优质糯米,净水浸泡、沥水,蒸饭后拌曲发酵,经 7~8 天发酵即可得。

（2）将金樱子果实剔除虫蛀、病斑、变色果和果柄、枝叶等杂物,用布袋包裹后,拿木板轻压揉擦,除去果表皮刺,放入流水中冲洗表面尘埃和皮刺,置阴凉处沥干水;除籽、破碎、打浆,制得金樱子果浆。果浆压榨取汁得金樱子果汁。

（3）先在锅里添加一定量的水,边加热搅拌边将色浅、糖度高的优质柑橘蜜缓缓倒入热锅中,瓢去液面上浮沫。趁热过滤,迅速冷却。

（4）将甜酒酿、金樱子果汁、蜂蜜等进行调配，即成美味醇厚，又有果酒精淡雅风格的高营养保健酒。

风味特点：淡黄色，清亮透明，醇厚甘润，酒体丰满，回味悠长，具有金樱子蜜酒特有馥香，优雅自然。

109. 桑葚露酒

原料配方：桑葚果汁 200 毫升，冷开水 200 毫升，60 度白酒 200 毫升，糖精 0.1 克，柠檬酸 6 克。

制作工具或设备：密封玻璃容器。

制作过程：

（1）先将桑葚果汁放入锅闪煮至快沸时停火，冷却后过滤除杂质，将桑葚果汁倒入玻璃容器。

（2）柠檬酸和糖精应先溶于少量水中。

（3）然后加入冷开水、60 度白酒搅拌均匀。

（4）最后一起倒入桑葚果汁中，搅拌均匀即可。

风味特点：香甜可口、颜色鲜红。

110. 桑葚酒

原料配方：桑葚发酵原酒 500 毫升，桑葚 250 克，食用酒精 750 毫升，白砂糖 75 克。

制作工具或设备：粉碎机，密封玻璃容器。

制作过程：

（1）收集来的桑葚果除去霉烂果，装入筐内用流动的清水漂洗，然后取出淋干，放入高速组织粉碎机捣碎，得到浆体。

（2）取一部分浆体按 1:3 比例加入 25% 的脱臭食用酒精浸泡，8天后过滤，得到紫红色透明有光泽的滤液。

（3）用白砂糖调整糖度至 12% 左右。

（4）发酵原酒和浸泡原酒按 7:3 进行配比，用白砂糖和适量蜂蜜调整糖度，使桑果酒保持最佳风味。

（5）配制好的酒液，陈酿 1~2 个月，过滤得到桑果酒，然后包装得到成品。

风味特点：酒液澄清透明，有光泽，有悦人的玫瑰红色；具有桑果酒应有的芳香,口味柔和纯正。

111. 杜松子酒

原料配方:杜松子 15 克,大麦 10 克,玉米 10 克,冰糖 50 克,脱臭酒精 40 毫升,白兰地 50 毫升,白葡萄酒 500 毫升,肉桂 3 克,杏仁 5 克,柠檬汁 100 克。

制作工具或设备:粉碎机,密封玻璃容器。

制作过程:

(1)先将杜松子、小麦、玉米、肉桂、杏仁挑拣干净,然后放入粉碎机内,搅打成粉状,待用。

(2)取干净玻璃容器,将脱臭酒精放入,然后将杜松子等混合物料放入,密封浸泡 15～20 天后,进行过滤,去渣取液,待用。

(3)取干净玻璃容器,将冰糖放入,加少量沸水,使其充分溶化,然后加入白葡萄酒,搅拌均匀,再将杜松子等混合浸出液放入,搅拌至混合均匀。

(4)最后加入白兰地、柠檬汁,搅拌均匀。

(5)将容器盖盖紧,放在阴凉处储存 1～2 个月,然后启封过滤,去渣取酒液,即可饮用。

风味特点:色泽浅黄,具有杜松子的香味。

112. 绿茶白兰地

原料配方:绿茶汁 1000 毫升,儿茶 5 克,菩提花 10 克,大黄 0.5 克,柠檬酸 2 克,肉豆蔻 3 克,脱臭酒精 100 克。

制作工具或设备:密封玻璃水杯,冰箱。

制作过程:

(1)取干净煮锅,将儿茶、菩提花、大黄、肉豆蔻放入,加适量冷开水,置于火上煮沸,改用文火继续煮 10 分钟,离火冷却,待用。

(2)取干净密封玻璃水杯,将上述物料带汁一起放入,加入柠檬酸,密封浸泡 8 天后,启封,将绿茶汁放入,搅拌至混合均匀,然后加入脱臭酒精,搅拌均匀。

(3)将水杯密封,然后放在阴凉处储存。

(4)3 个月后,启封进行过滤,去渣酒取液,即可饮用。

风味特点:色泽金黄,口味清淡,具有协调的香味。

113. 苹果甜酒

原料配方:酸苹果 6 个,白糖 500 克,黄柠檬皮 1 个,玫瑰花 10 朵,丁香 2 粒,95% 的脱臭酒精 200 毫升。

制作工具或设备:密封玻璃水杯,冰箱。

制作过程:

(1)先把苹果心去掉,切成碎块。

(2)黄柠檬皮切碎;玫瑰花洗净沥干。

(3)把苹果和其他材料放进玻璃瓶内,把瓶盖封严,放在太阳下晒,一直到糖全部溶化为止。

(4)然后把瓶盖打开,过滤,滤液放进深色(棕色)玻璃瓶内,用木塞塞紧,放在阴凉地方 2 个月之后就可以开瓶饮用了。

风味特点:色泽浅黄,美味芳香,心爽神怡。

114. 苹果茶甜酒

原料配方:茶叶 3 克,甘菊花 5 克,芙蓉花瓣 5 克,苹果 1 个,柠檬 0.5 个,95% 的优级酒精或脱臭精制酒精 450 毫升,纯净水 450 毫升,白糖 350 克。

制作工具或设备:密封玻璃瓶,冰箱。

制作过程:

(1)苹果去皮去核切碎成块,柠檬切块备用。

(2)把茶叶,甘菊花和芙蓉花瓣放在 250 克沸开水中泡 6 分钟,同时把糖放在另外 200 克开水里溶化,然后把所有材料倒进玻璃瓶里密封。

(3)在密封期间,最好经常摇动瓶子,使瓶子内的材料溶化或被浸出,过了 15 天之后,用过滤器把瓶内的渣滓过滤掉。

(4)使液体流到另一个深色(棕色)玻璃瓶内,再用木塞把瓶子塞紧用蜡密封(或用胶套密封),放在阴暗的地方。

(5)5 个月之后,就可以开瓶饮用。

风味特点:色泽浅黄,口味甜浓,香味突出。

115. 酥梨甜酒

原料配方:酥梨 500 克,去皮苹果 1 个,丁香花 2 朵,胡荽子 3 颗,玉桂 1 克,豆蔻屑 1 克,95% 浓度的脱臭酒精 350 毫升。

制作工具或设备:密封玻璃瓶,冰箱。

制作过程:

(1)先把梨切成细块,然后和所有的材料以及一半脱臭酒精放进玻璃瓶内,盖紧,不让空气进去。

(2)放置 2 星期,这个期间,每天摇动一次,有利于材料的浸出。

(3)2 星期后,把初酒滤进深色玻璃瓶内,再把余下的一半酒精加进去,用木塞塞紧。

(4)放在阴凉的地方 1 个星期,然后再过滤到深色玻璃瓶内,用木塞塞紧并以蜡外封,或用封口胶封口。

(5)大约 6 个月后就可开瓶饮用。

风味特点:色泽浅黄,口味清淡,具有协调的香气。

116. 菠萝甜酒

原料配方:新鲜熟菠萝 500 克,糖 250 克,香草 1 克,95% 浓度的脱臭酒精 350 毫升。

制作工具或设备:密封玻璃瓶,冰箱。

制作过程:

(1)先把菠萝切成小方块,然后把菠萝和其他材料一起放进玻璃瓶内,盖紧,不让空气进去。

(2)放在阴凉处一个星期,在这期间每天摇动两次,使所有材料能均匀浸出。

(3)1 个星期后,把初酒滤进深色玻璃瓶内,用木塞塞紧,并以蜡外封,或封口胶密封。

(4)再储藏 8 个月之后即可开瓶饮用。

风味特点:色泽浅黄,香味甜浓,具有浓郁的菠萝味以及水果的芳香。

117. 菠萝朗姆甜酒

原料配方:新鲜菠萝半个,牙买加朗姆酒 750 克。

制作工具或设备:密封玻璃瓶,冰箱。

制作过程:

(1)先把菠萝削皮切成小块,然后和朗姆酒一起放进玻璃瓶内,盖紧,不让空气进去。

(2)3 个星期后,把初酒滤进棕色玻璃瓶内,用木塞塞紧,再储藏 2 个月后,便可开瓶饮用。

风味特点:清新可口,具有菠萝的清香味。

118. 水果混合甜酒

原料配方:梨 2 个,橘子 2 个,橙子 1 个,糖 150 克,95% 的脱臭酒精 250 克。

制作工具或设备:密封玻璃瓶,冰箱。

制作过程:

(1)梨去皮并挖去果核;橘子、橙子去皮,备用。

(2)先把梨切成小块,和糖一起放进玻璃瓶里,盖紧,不让空气进去,然后放在太阳下晒 1 个星期,这期间每天摇动 1~2 次,以利溶化。

(3)1 个星期后,把橘子、橙子切片,和酒精一起加进瓶内。

(4)4 个星期后,把初酒滤进棕色玻璃瓶内,用木塞塞紧,储藏 5 个月,即可开瓶饮用。

风味特点:色泽浅黄,口味清醇,具有各种水果的香味。

119. 橘子甜酒

原料配方:新鲜橘子汁 500 克,柠檬皮 25 克,柠檬汁 15 克,香菜 15 克,糖 250 克,95% 浓度的脱臭酒精 220 毫升。

制作工具或设备:密封玻璃瓶,冰箱。

制作过程:

(1)先把所有的材料一起放进玻璃瓶内,盖紧,不让空气进去。

(2)储藏 5 个月,在此期间,经常摇动。

(3)5 个月后,把初酒滤进棕色玻璃瓶内,盖紧,用蜡封或封口胶密封。

(4)再放置 5 个月后,便可以开瓶饮用了。

风味特点:色泽浅黄,口味酸甜,具有橘子的香味。

120. 橙子甜酒

原料配方:新鲜橙汁 500 克,柠檬皮 15 克,柠檬汁 10 克,香菜 15 克,糖 300 克,95% 浓度的脱臭酒精 250 毫升。

制作工具或设备:密封玻璃瓶,冰箱。

制作过程:

(1)先把所有的材料一起放进玻璃瓶内,盖紧,不让空气进去。

(2)储藏 5 个月,在此期间,经常摇动。

(3)5 个月后,把初酒滤进棕色玻璃瓶内,盖紧,用蜡封或封口胶密封。

(4)再放置 5 个月后,便可以开瓶饮用了。

风味特点:色泽浅黄,口味酸甜,具有橙子的香味。

121. 柠檬酒

原料配方:新鲜柠檬汁 500 毫升,橘子 1 个,柠檬皮 2 个,丁香 4 朵,玉桂 1 克,广柑 1 个,糖 250 克,95% 浓度的脱臭酒精 400 毫升。

制作工具或设备:密封玻璃瓶,冰箱。

制作过程:

(1)橘子剥皮,柠檬皮切成细丝,广柑切块,备用。

(2)把所有材料放进玻璃瓶里,盖紧,放在阴暗的地方 2 个月,在这期间,每天要摇动 1～2 次,以后可以不摇动。

(3)5 个月后,把初酒滤进深色玻璃瓶内,用木塞塞紧,并以蜡外封或用封口胶密封。

(4)再储藏 5 个月,就可以开瓶饮用。

风味特点:色泽浅黄,具有柠檬的清香。

122. 仿制君度酒

原料配方:新鲜橘子汁 500 毫升,橘子 1 个,柠檬皮 2 个,丁香 3 朵,玉桂 2 克,广柑 1 个,糖 250 克,95% 浓度的脱臭酒精 450 毫升。

制作工具或设备:密封玻璃瓶,冰箱。

制作过程:

(1)橘子剥皮,柠檬皮切成细丝,广柑切块,备用。

(2)把所有材料放进玻璃瓶里,盖紧,放在阴暗的地方 2 个月,在这期间,每天要摇动 1~2 次,以后可以不摇动。

(3)5 个月后,把初酒滤进深色玻璃瓶内,用木塞塞紧,并以蜡外封或用封口胶密封。

(4)再储藏 5 个月,就可以开瓶饮用。

风味特点:色泽浅黄,具有橘子的清香。

123. 橘子白兰地

原料配方:橘子 4 个,白兰地酒 750 毫升。

制作工具或设备:密封玻璃瓶,冰箱。

制作过程:

(1)先把橘子切块,然后和白兰地一起放进玻璃瓶内,盖紧,不让空气进去。

(2)放置 40 天后,把初酒滤进深色玻璃瓶内,用木塞塞紧,并以蜡外封,或用封口胶密封。

(3)大约 8 个月后便可开瓶饮用。

风味特点:味美芳香,极具消化功能。

124. 橙子白兰地

原料配方:橙子 3 个,白兰地酒 750 毫升。

制作工具或设备:密封玻璃瓶,冰箱。

制作过程:

(1)先把橙子切块,然后和白兰地一起放进玻璃瓶内,盖紧,不让空气进去。

(2)放置 40 天后,把初酒滤进深色玻璃瓶内,用木塞塞紧,并以蜡外封,或用封口胶密封。

(3)大约 8 个月后便可开瓶饮用。

风味特点:色泽金黄,味美芳香。

125. 柠檬白兰地

原料配方:柠檬 2 个,白兰地酒 750 毫升。

制作工具或设备:密封玻璃瓶,冰箱。

制作过程:

(1)先把柠檬切块,然后和白兰地一起放进玻璃瓶内,盖紧,不让空气进去。

(2)放置40天后,把初酒滤进深色玻璃瓶内,用木塞塞紧,并以蜡外封,或用封口胶密封。

(3)大约8个月后便可开瓶饮用。

风味特点:色泽金黄,具有柠檬的芳香。

126. 苹果白兰地

原料配方:苹果2个,白兰地酒1000毫升。

制作工具或设备:密封玻璃瓶,冰箱。

制作过程:

(1)先把苹果去皮去核切块,然后和白兰地一起放进玻璃瓶内,盖紧,不让空气进去。

(2)放置40天后,把初酒滤进深色玻璃瓶内,用木塞塞紧,并以蜡外封,或用封口胶密封。

(3)大约8个月后便可开瓶饮用。

风味特点:色泽金黄,具有苹果的芳香。

127. 梨白兰地

原料配方:梨2个,白兰地酒1000毫升。

制作工具或设备:密封玻璃瓶,冰箱。

制作过程:

(1)先把梨去皮去核切块,然后和白兰地一起放进玻璃瓶内,盖紧,不让空气进去。

(2)放置40天后,把初酒滤进深色玻璃瓶内,用木塞塞紧,并以蜡外封,或用封口胶密封。

(3)大约8个月后便可开瓶饮用。

风味特点:色泽金黄,具有梨的芳香。

128. 油桃白兰地

原料配方:油桃6个,白兰地酒1000毫升。

制作工具或设备:密封玻璃瓶,冰箱。

制作过程:

(1)先把油桃去皮去核切块,然后和白兰地一起放进玻璃瓶内,盖紧,不让空气进去。

(2)放置 40 天后,把初酒滤进深色玻璃瓶内,用木塞塞紧,并以蜡外封,或用封口胶密封。

(3)大约 8 个月后便可开瓶饮用。

风味特点:色泽金黄,具有油桃的芳香。

129.杨桃白兰地

原料配方:杨桃 6 个,白兰地酒 1000 毫升。

制作工具或设备:密封玻璃瓶,冰箱。

制作过程:

(1)先把杨桃切块,然后和白兰地一起放进玻璃瓶内,盖紧,不让空气进去。

(2)放置 40 天后,把初酒滤进深色玻璃瓶内,用木塞塞紧,并以蜡外封,或用封口胶密封。

(3)大约 8 个月后便可开瓶饮用。

风味特点:色泽金黄,具有杨桃的芳香。

130.橘子莱姆甜酒

原料配方:橘子皮 4 个,莱姆皮 2 个,切块广柑 1 个,糖 350 克,纯净水 350 毫升,95% 浓度的脱臭酒精 350 毫升。

制作工具或设备:密封玻璃瓶,冰箱。

制作过程:

(1)先把糖溶在热水里,等糖水冷却之后,把所有材料一起放进玻璃瓶内,盖紧,不让空气进去。

(2)放置 10 天,每天摇动两次,10 天过后,把初酒滤进棕色玻璃瓶内,用木塞塞紧,并以蜡外封或用封口胶密封。

(3)储藏 6 个月后可以开瓶饮用。

风味特点:酒呈金黄色,口味酸甜,具有橘子和莱姆的清香。

131.柠檬橘子酒

原料配方:橘子皮 4 个,柠檬皮 4 个,糖 175 克,白兰地酒 1000 毫升,君度酒 250 毫升,95% 浓度的脱臭酒精 250 毫升。

制作工具或设备:密封玻璃瓶,冰箱。

制作过程:

(1)橘子皮、柠檬皮切碎,备用。

(2)把所有材料放进玻璃瓶内,盖紧,不让空气进去。

(3)3个月后,把初酒滤进深色玻璃瓶内,用木塞塞,用蜡外封或封口胶密封。

(4)7个月后便可开瓶饮用。

风味特点:酒呈金黄色,具有柠檬和橘子的清香。

132. 橘子苦艾酒

原料配方:橘子4个,意大利白苦艾酒1000毫升。

制作工具或设备:密封玻璃瓶,冰箱。

制作过程:

(1)橘子切块和苦艾酒一起放进玻璃瓶内,盖紧,不让空气进去。

(2)放置6个月后,把初酒滤进深色玻璃瓶内,用木塞塞紧,并用蜡外封,或用封口胶密封。

(3)再储藏2个月后即可开瓶饮用。

风味特点:酒呈麦秆色,具有橘子的清香。

133. 苦艾甜酒

原料配方:苦艾草15克,菖蒲茎根10克,玉桂2克,豆蔻屑2克,丁香2粒,胡荽子2克,香菜子2克,黄柠檬皮1个,95%的脱臭酒精350毫升,糖350克,水300毫升,红色甜苦艾酒150毫升。

制作工具或设备:密封玻璃瓶,冰箱。

制作过程:

(1)苦艾草连同叶和花洗净沥干;菖蒲茎根捣碎;黄柠檬皮切碎,备用。

(2)把以上材料(糖和水除外),一起放进玻璃瓶内,然后盖紧,不让空气进去。

(3)等到浸渍3天之后,把糖溶在开水里,等到冷却后再倒进瓶子里。

(4)密封4天后,把酒滤进深色瓶子里,用木塞塞紧,用蜡外封或用封口胶密封。

(5)储放在黑暗和较凉爽的地方,8个月后便可开瓶饮用。

风味特点:色泽微红,具有苦艾的香味。

134.艾叶酒

原料配方:新鲜艾叶25片,糖350克,水350毫升,95%的脱臭酒精300毫升。

制作工具或设备:密封玻璃瓶,冰箱。

制作过程:

(1)先把艾叶和酒精倒进玻璃瓶内,4个星期后滤进深色玻璃瓶内。

(2)把糖溶在开水里,冷却后加进去,搅匀,用木塞塞紧,以蜡外封或用封口胶密封。

(3)8个月后便可开瓶饮用。

风味特点:色泽微黄,美味芳甜。

135.枣子甜酒

原料配方:枣子500克,香草5克,柠檬皮10克,糖250克,95%的脱臭酒精350毫升。

制作工具或设备:密封玻璃瓶,冰箱。

制作过程:

(1)把枣子,糖,切成丝的柠檬皮、香草和1/4的酒精放进玻璃瓶中,盖紧,不让空气进去,放在太阳下晒,并不时摇匀瓶内的材料。

(2)等到瓶内的糖全部溶解之后,再把所剩的酒精加进去,摇匀,密封。

(3)放置2个月后,滤进深色玻璃瓶内,用木塞塞紧,蜡封或封口胶密封。

(4)储藏6个月后,便可开瓶饮用。

风味特点:色泽棕黄,口味甜浓,气味浓香。

136.芙蓉石榴酒

原料配方:石榴汁500毫升,芙蓉花瓣15克,香菜子1克,柠檬皮1/4个,糖175克,95%浓度的脱臭酒精250毫升。

制作工具或设备:密封玻璃瓶,冰箱。

制作过程：

(1)把石榴汁和其他材料一起放进玻璃瓶内,盖紧,不让空气进去,放置1个月,此期间,要经常摇动瓶子,使材料调和。

(2)1个月后,把初酒滤进深色玻璃瓶内,用木塞塞紧,蜡封或用封口胶密封。

(3)5个月后可开瓶饮用。

风味特点:色如芙蓉,口味微甜,具有石榴的清甜味。

137. 甜香蕉酒

原料配方:香蕉5根,丁香花3朵,肉桂片2克,甜红苦艾酒225克,糖550克,95%浓度的脱臭酒精450毫升。

制作工具或设备:密封玻璃瓶,冰箱。

制作过程：

(1)先把香蕉切成片,然后和糖、甜红苦艾酒一起放进玻璃瓶内封紧。

(2)10天后,把其他材料加进去,放在阴暗的地方1个月,把初酒滤进棕色玻璃瓶内,用木塞或塑料内外塞塞紧,用蜡外封或用封口胶密封。

(3)储藏2~3个月后,就可开瓶饮用。

风味特点:色泽浅黄,口味甜浓。

138. 桃子甜酒

原料配方:桃叶70片,柠檬皮0.5个,君度酒500毫升,糖150克,95%的脱臭酒精500毫升。

制作工具或设备:密封玻璃瓶,冰箱。

制作过程：

(1)把所有的材料一起放进玻璃瓶内,盖紧,不让空气进去。

(2)放置6个星期,放置期间,要经常摇动。

(3)6个星期后,把初酒滤进深色玻璃瓶内,用木塞塞紧,蜡封或用封口胶密封。

(4)9个月后即可开瓶饮用。

风味特点:色泽浅黄,口味甜浓,具有桃子的香味。

139. 杏果甜酒

原料配方:新鲜杏果 500 克,杏仁 5 个,糖 300 克,玉桂枝 1 个,95% 的脱臭酒精 400 毫升。

制作工具或设备:密封玻璃瓶,冰箱。

制作过程:

(1)玉枝切成小段备用。

(2)先把杏果的核取出来,把核敲碎,与杏肉一起放进玻璃瓶子里。

(3)把其他材料一起放进瓶内,浸渍 3 个星期,此期间,要经常摇动,有利于浸泡有效成分。

(4)3 个星期后,把初酒滤进深色玻璃瓶内,用木塞或内外胶塞塞紧,用蜡外封,或用封口胶密封。

(5)储藏 7 个月后,便可开瓶饮用。

风味特点:色泽浅黄,口味甜醇,具有杏果的香味。

140. 杏仁甜酒

原料配方:杏仁牛奶 500 克,黄柠檬皮 1 个,丁香 4 朵,玉桂 15 克,香菜子 2 克,糖 300 克,水 300 毫升,95% 浓度的脱臭酒精 300 毫升。

制作工具或设备:密封玻璃瓶,冰箱。

制作过程:

(1)黄柠檬皮切碎;玉桂捣碎,备用。

(2)把柠檬皮,丁香,玉挂、香菜籽和酒精放进玻璃瓶子里,盖紧,不让空气进去。

(3)5 天后,把糖溶解于开水中,冷却后倒进瓶子里,搅匀。

(4)再过 2 天,倒进杏仁牛奶,搅匀。

(5)储放在阴暗的地方 15 天后,滤进深色玻璃瓶内,用木塞或胶塞塞紧,蜡封或封口胶密封。

(6)储藏 2 个月后,便可开瓶饮用。

风味特点:色泽浅黄,酒味浓香,具有杏仁的香味。

141. 酸樱桃甜酒

原料配方:酸樱桃 500 克,丁香花 6 朵,玉桂片 10 克,薄荷叶 2 片,糖 125 克,95% 浓度的脱臭酒精 350 毫升。

制作工具或设备:密封玻璃瓶,冰箱。

制作过程:

(1)先把酸樱桃洗干净,然后去核,弄碎和糖一起放进玻璃瓶内,把瓶盖打开,放在太阳光下晒 1 天。

(2)随后,把其余材料放进去,盖紧,不让空气进去,放置 1 个星期。

(3)此期间,每天小心地摇动 2 次,1 个星期后移到阴凉地方或冰箱冷藏。

(4)1 个月后把初酒滤进深色玻璃瓶内,塞紧,密封,8 个月后,便可开瓶饮用。

风味特点:色泽浅红,口味甜浓,樱桃香味非常浓郁。

142. 红樱桃甜酒

原料配方:去核樱桃 500 克,碎樱桃核 10 颗,丁香花 3 朵,玉桂片 10 克,柠檬皮 1 个,樱桃叶 10 片,糖 250 克,95% 浓度的脱臭酒精 500 毫升。

制作工具或设备:密封玻璃瓶,冰箱。

制作过程:

(1)柠檬皮切成碎片备用。

(2)把樱桃切碎,把果肉和其他材料一起放进玻璃瓶内,封紧。

(3)放在有阳光的地方 1 个星期,此期间,要经常摇动瓶子。

(4)然后把瓶子移到阴凉的地方,5 个星期后,把初酒滤进深色玻璃瓶内,用木塞或内外塑料塞塞紧,用蜡或封口胶密封。

(5)储藏 8 个月后,便可开瓶饮用。

风味特点:色呈樱桃红,味道芬芳,具有熟透红樱桃的香味。

143. 樱桃叶甜酒

原料配方:樱桃叶 75 片,柠檬皮 0.5 个,甜白酒 750 毫升,糖 100 克,95% 的脱臭酒精 300 毫升。

制作工具或设备:密封玻璃瓶,冰箱。

制作过程:

(1)柠檬皮切碎,备用。

(2)先把樱桃叶、糖、白酒和柠檬皮放进玻璃瓶里,盖紧,放置45天,此期间要经常摇动。

(3)45天后,把初酒滤进深色玻璃瓶内,塞紧,蜡封。

(4)6个月后可开瓶饮用。

风味特点:酒呈浅黄色,口味清香。

144.牛奶樱桃甜酒

原料配方:牛奶550毫升,去核甜樱桃100克,糖350克,黄柠檬1个,香草5克,95%浓度的脱臭酒精550毫升。

制作工具或设备:密封玻璃瓶,冰箱。

制作过程:

(1)先把柠檬切成两半,一半切成薄片,另一半去肉,把皮切成细丝,然后把其他材料和柠檬全部放在玻璃瓶内,封紧,不让空气进去。

(2)放置3个星期,在此期间,每天摇动2次,使材料均匀地浸出。

(3)3个星期后,把初酒滤进深色玻璃瓶内,塞紧,密封。

(4)放在阴暗的地方或冰箱冷藏7个月后,便可开瓶饮用。

风味特点:色泽乳白,口味甜香,具有牛奶和樱桃的香味。

145.蛋黄甜酒

原料配方:鸡蛋黄5个,牛奶250毫升,糖350克,白葡萄酒250克,香草豆10克,95%浓度的脱臭酒精250毫升。

制作工具或设备:平底锅,密封玻璃瓶,冰箱。

制作过程:

(1)先把蛋黄和糖搅匀,放在陶瓷做的平底锅内,慢慢地把牛奶、白葡萄酒和香草豆倒进平底锅内,一面倒一面搅匀,切忌倒得太快,然后把平底锅放在炉上热5分钟,在烧的时候,也要不断地搅动,以避免烧焦。

(2)5分钟后,灭火,继续搅拌。同时把其余的白葡萄酒和酒精加进去,最后把香草豆去掉,稍微晾凉后滤进深色玻璃瓶内,盖紧,不让空气进去,2个月后可开瓶饮用。

风味特点:色泽浅黄,口味微甜,口感醇厚,具有浓郁的奶香味。

146.胡桃酒

原料配方:胡桃20个,丁香花15朵,肉桂1小片,去肉柠檬皮1个,糖400克,君度酒450毫升,95%的脱臭酒精1000毫升。

制作工具或设备:密封玻璃瓶,冰箱。

制作过程:

(1)如果是用新鲜青胡桃的话,先把10个胡桃连皮带肉切成一半,另10个切成碎块(新鲜末成熟的胡桃很好切),如果用干胡桃的话,要把壳敲碎,只用里面的肉,但味道相前者不一样,不过还是很可口。

(2)先把胡桃、丁香花、肉桂、柠檬皮和酒精一起放进玻璃瓶内,盖紧,不让空气进去。

(3)放置5个星期,在此期间,要经常搅动。

(4)5个星期后,把酒滤进深色玻璃瓶内,然后把糖和白酒和在一起,等糖溶解之后,倒进酒瓶内,塞紧,密封。

(5)再储藏6个月,便可开瓶饮用。

风味特点:色泽浅黄,口味微甜,具有胡桃的香味。

147.香草枇杷酒

原料配方:枇杷350克,香草豆15克,去肉柠檬皮1个,糖350克,酒精浓度为95%的脱臭酒精500毫升。

制作工具或设备:密封玻璃瓶,冰箱。

制作过程:

(1)枇杷剥皮去核;香草豆捣碎,备用。

(2)把枇杷和糖放在热水内,搅匀,等到糖全部溶化后加香草豆,继续搅拌,等到水全部冷却后,把它倒进玻璃瓶内。

(3)同时加进酒精和切成丝的柠檬皮,最后把玻璃瓶盖紧,不让空气进去,放置1个月,此期间,要经常摇动。

(4)1个月后,把初酒滤进深色玻璃瓶内,用木塞或内外塑料塞塞紧,用蜡外封或用封口胶密封。

（5）再储藏 4 个月后,便可开瓶饮用了。

风味特点:色泽浅黄,具有枇杷和香草的香味。

148. 薄荷枇杷甜酒

原料配方:香油薄荷叶 6 片,枇杷核 50 克,香草豆 15 克,玫瑰花瓣 6 片,95% 浓度的脱臭酒精 450 毫升,水 350 毫升,糖 350 克。

制作工具或设备:密封玻璃瓶,冰箱。

制作过程:

（1）先把枇杷核捣碎,然后用纸包好,放在太阳下晒 10 天;香草豆捣碎,备用。

（2）将晒干的枇杷核和香草豆、玫瑰花瓣、香油薄荷叶和热酒一起放在玻璃瓶内,随后把糖溶在水里再倒进玻璃瓶里,盖紧,不让空气进去。

（3）放在太阳光下晒 1 个月,此期间要经常摇动。

（4）1 个月后把初酒滤进深色玻璃瓶内,用塞塞紧,以蜡外封。

（5）大约 3 个月后,便可开瓶饮用。

风味特点:色泽浅黄,口味清甜,具有薄荷和枇杷的香味。

149. 青葡萄酒

原料配方:青葡萄 550 克或青葡萄汁 450 毫升,丁香花 4 朵,胡荽子 10 克,玉桂 2 克,白兰地酒 450 毫升,糖 220 克,95% 的脱臭酒精 250 毫升。

制作工具或设备:密封玻璃瓶,微波炉。

制作过程:

（1）先把酒精、丁香花,玉桂和胡荽子一起放进玻璃瓶内,盖紧,不让空气进去,放置 2 个星期。

（2）用微波炉慢火把葡萄烧热,等到表皮全脱之后,把葡萄挤成汁,把糖放进葡萄汁内,冷却之后,和其他材料一起倒进玻璃瓶内,再浸渍。

（3）5 个星期后,把初酒滤进深色玻璃瓶内,用塞塞紧,用蜡外封。

（4）再储藏 9 个月后,便可开瓶饮用。

风味特点:色泽浅黄,具有浓郁的葡萄香味。

150. 杨梅甜酒

原料配方:杨梅 500 克,柠檬皮 1 个,樱桃叶 4 片,丁香叶 4 片,糖 250 克,95% 浓度的脱臭酒精 500 毫升。

制作工具或设备:密封玻璃瓶。

制作过程:

(1)柠檬皮切碎备用。

(2)把柠檬皮和樱桃叶切成细丝,然后和其他材料一起放进玻璃瓶内,密封。

(3)放置 2 个星期,此期间内,每天摇动 1~2 次。

(4)再过 2 个星期后,把初酒滤进玻璃瓶(深色)内,塞紧,密封。

(5)再储藏 6 个月后便可开瓶饮用。

风味特点:酒呈杨梅色,口味清甜,具有杨梅的甜香味。

151. 梅子甜酒

原料配方:新鲜甜梅子 550 克,丁香花 3 朵,樱桃叶 3 片,白葡萄酒 300 毫升,糖 550 克,95% 浓度的脱臭酒精 500 克。

制作工具或设备:密封玻璃瓶。

制作过程:

(1)先把新鲜梅子,糖,白葡萄酒和一半酒精放进玻璃瓶内,盖紧,不让空气进去,放在太阳下晒 2 天,晒时,要常常摇动摇动,让糖溶解。

(2)2 天后,再把另一半酒精、丁香花和樱桃叶放进瓶内,把瓶盖紧,放在阴凉的地方 2 个月,并且要时常摇动瓶子。

(3)2 个月过去后,把初酒滤进棕色玻璃瓶内,用木塞或内,外塑料塞塞紧,用蜡外封或用封口胶密封。

(4)再储藏 2 个月后便可开瓶饮用。

风味特点:色泽浅红,口味微酸甜,酒香沁远。

152. 酸梅子酒

原料配方:新鲜的酸梅子 500 克,糖 300 克,95% 浓度的脱臭酒精 500 毫升,丁香花 5 朵,玉桂 10 克。

制作工具或设备：密封玻璃瓶。

制作过程：

（1）先把新鲜的酸梅子洗干净，放在太阳下晒1天，然后把酸梅子和其他材料一起放进玻璃瓶内，盖紧，不让空气进去，放在太阳下晒1个星期，晒时，要经常摇动瓶子，以便糖的溶解。

（2）1个星期后，把瓶子移到阴暗的地方，放置6个星期，然后把初酒滤到深色玻璃瓶内，用木塞塞紧，以蜡外封，或用塑料内外盖盖严，以封口胶密封。

（3）6个月后，就可以开瓶饮用了。

风味特点：色泽浅红，口味甜酸，具有梅子的清香味。

153. 青蕃茄酒

原料配方：青蕃茄500克，蕃茄叶4片，鼠尾草叶6片，迷迭香茎（长7~8厘米）1条，美人樱叶6片，莱姆果叶4片，白兰地酒250毫升，95%浓度的脱臭酒精250毫升，水150毫升，糖500克。

制作工具或设备：密封玻璃瓶。

制作过程：

（1）先把青蕃茄切成薄片，然后放到大盆里，和250克糖混在一起，捣碎，随即把这些材料和白兰地酒，以及其他植物一起放在玻璃瓶内，盖紧，不让空气进去。

（2）放在没有光亮的地方4天，在这4天里，要经常搅动，让各种材料有效成分均完全被浸出。

（3）4天后，把其余的糖溶解在开水里，与酒精一起加到玻璃瓶内，放在阴暗的地方10天。

（4）然后初酒过滤，滤液放进深色的玻璃瓶内，用木塞塞紧，以蜡外封。

（5）储存3个月后，便可开瓶饮用。

风味特点：色泽微黄，口味甜浓，具有各种香草的香味。

154. 桑葚甜酒

原料配方：桑葚500克，糖250克，95%的脱臭酒精500毫升。

制作工具或设备：密封玻璃瓶。

制作过程：

（1）先把糖，桑葚和 200 克脱臭酒精放进玻璃瓶内，盖紧，不让空气进去，把玻璃瓶放在太阳光下晒，一直到糖全部溶解为止。

（2）然后把瓶子放在阴暗的地方 1～2 个小时，打开瓶盖，把另外剩余的酒精倒进去，再把瓶盖封紧，重新放在太阳光下晒 1 天，然后把酒瓶移到阴凉的地方，放置 1 个月。

（3）在这 1 个月内，每天要把瓶子摇 2～3 次，1 个月后，把初酒滤进深色玻璃瓶内，用木塞塞紧，用蜡外封。

（4）再储藏 1 个月后，便可开瓶饮用。

风味特点：色泽呈深红色，口味甜浓，具有浓郁的水果香味。

155. 月桂叶甜酒

原料配方：月桂叶 30 片，糖 400 克，水 400 毫升，95% 浓度的脱臭酒精 500 毫升。

制作工具或设备：密封玻璃瓶。

制作过程：

（1）先把糖放在开水里溶解，等糖水冷却之后，把糖水和其他材料放进玻璃瓶内，盖紧，放置 1 个月，此期间，要经常摇动。

（2）1 个月后，把酒滤进深色玻璃瓶内，用木塞塞紧，用蜡外封，储藏 4 个月后，便可开瓶饮用。

风味特点：色泽浅黄，口味清淡，具有月桂的淡淡香味。

156. 山楂酒

原料配方：山楂 250 克，桂圆 250 克，红枣 30 克，红糖 30 克，米酒 1000 毫升。

制作工具或设备：密封玻璃瓶。

制作过程：

（1）将新鲜山楂洗净，挖去核，切片；红枣去核，捣碎，与桂圆肉一同装入酒瓶中。

（2）倒入米酒和红糖，加盖密封浸泡，每天摇晃 1 次，经 2 周后，开封即成。

风味特点：酒色泽红艳、透明晶亮，突出红果香气，醇厚丰满、甜酸适度、柔和爽口、略有微涩。

157. 苹果酒

原料配方:苹果 1 个克,山楂 5 克,白酒 250 毫升。

制作工具或设备:密封玻璃瓶。

制作过程:

(1)将苹果洗净去皮去核;山楂洗净去核置玻璃瓶中,加入白酒。

(2)密封,浸泡 7～10 天后过滤去渣即得。

风味特点:色泽浅黄,口味清甜。

158. 梨子甜酒

原料配方:熟梨 500 克,去皮苹果 1 个,丁香花 2 朵,胡荽子 3 颗,玉桂 3 克,豆蔻屑 1 克,95% 浓度的脱臭酒精 350 毫升。

制作工具或设备:密封玻璃瓶。

制作过程:

(1)先把梨和苹果切成细块,然后和所有的材料以及一半脱臭酒精放进玻璃瓶内,盖紧,不让空气进去。

(2)放置 2 个星期,这个期间,每天摇动 1 次,有利于材料的浸出。

(3)2 个星期后,把初酒滤进深色玻璃瓶内,再把余下的一半酒精加进去,用木塞塞紧。

(4)放在阴凉的地方 1 个星期,然后再过滤到深色玻璃瓶内,用木塞塞紧并以蜡外封,或用封口胶封口。

(5)大约 6 个月后就可开瓶饮用。

风味特点:馥郁芬芳,酸甜适口,清香醇厚,风味优美。

159. 桂园红枣米酒

原料配方:桂园肉 250 克,红枣 150 克,红糖 75 克,白酒 1000 克。

制作工具或设备:密封玻璃瓶。

制作过程:

(1)先将桂园肉、红枣洗净去核沥干,然后加工成粗碎状。

(2)将果料倒入干净瓷坛中,加米酒和红糖搅匀,加盖密封,浸泡 10 天。

（3）10 天后开封,过滤澄清即可服用。

风味特点:色泽棕黄,口味甜香,补助脾胃、促进消化。

160.红果酒

原料配方:鲜山楂果 200 克,白糖 300 克,白酒 500 毫升。

制作工具或设备:密封玻璃瓶。

制作过程:

（1）将鲜山楂果洗净晾干、破碎,放入大口瓶内,加白糖适量,封盖。

（2）以后时常搅拌使之均匀,经 1～2 个月即发酵,以纱布榨,过滤去渣。

（3）加上白酒掺兑即可。

风味特点:色泽浅红,口味甜酸。

161.木瓜酒

原料配方:木瓜 600 克,冰糖 200 克,米酒 600 毫升。

制作工具或设备:密封玻璃瓶。

制作过程:

（1）木瓜洗净,完全晾干。

（2）木瓜切去头尾,切开后去籽,再切成小片(果皮保留)。

（3）以一层木瓜片、一层冰糖的方式放入广口玻璃瓶中。

（4）放置于阴凉处,静置浸泡 3 个月后,即可开封滤渣装瓶饮用。

风味特点:色泽浅黄,香气浓郁。

162.草莓酒

原料配方:草莓 200 克,白酒 100 毫升,白糖 50 克,柠檬酸 1 克,冷开水 200 毫升。

制作工具或设备:密封玻璃瓶。

制作过程:

（1）选择充分成熟的浆果冲洗干净,备用。

（2）将干净草莓果按 2:1 的比例浸泡于白酒中,15 天后滤渣。

（3）加糖、凉开水和微量柠檬酸调匀即可。

风味特点:色泽嫣红,口味清甜。

163. 桃子酒

原料配方:桃子汁200毫升,香槟300毫升。

制作工具或设备:玻璃酒杯,调酒棒。

制作过程:

将桃子汁放入玻璃酒杯中,均匀注入香槟即可。

风味特点:色泽浅黄,口味甜酸,口感清凉。

164. 樱桃柠檬酒

原料配方:樱桃600克,冰糖210克,高粱酒600毫升。

制作工具或设备:广口玻璃瓶。

制作过程:

(1)樱桃洗净,完全晾干后,去除蒂头,用刀子在樱桃上割划数刀。

(2)以一层樱桃、一层冰糖的方式放入广口玻璃瓶中。

(3)再倒入高粱酒,然后封紧瓶口。

(4)放置于阴凉处,静置浸泡3个月后,即可开封滤渣装瓶饮用。

风味特点:色泽微红,口味甜酸。

165. 李子酒

原料配方:红肉李子250克,砂糖200克,白酒300毫升。

制作工具或设备:广口玻璃瓶。

制作过程:

(1)将红肉李子洗净,晾干,每粒果实用刀深划7~10刀,置入广口玻璃瓶。

(2)放一层李子铺一层砂糖,存放40~45天,加入白酒掺兑均匀即可。

风味特点:色泽微红,口味甜酸,具有李子的香味。

166. 梅杏茶酒

原料配方:青梅15克,杏仁5克,茶汁350毫升,清酒酵母2克,白糖50毫升,白酒200毫升。

制作工具或设备:广口玻璃瓶。

制作过程:

（1）茶汁加上白糖制成茶糖混合液。应边加温边调制,当达到一定浓度后立即冷却到室温。

（2）添加清酒酵母发酵成酒。

（3）加入青梅和杏仁、白酒等浸泡1周后即可。

风味特点:色泽茶黄,香甜可口,风味独特。

167. 橘子酒

原料配方:脱臭酒精500毫升,橘子250克,白砂糖150克,橘子汁350克,柠檬酸4克,冷开水1000毫升。

制作工具或设备:密封玻璃容器。

制作过程:

（1）将橘子剥去皮,剥出橘瓣,再将橘瓣上的白衣剥去,待用。

（2）将柠檬酸用少量的温水溶化,然后冷却过滤,待用。

（3）取干净玻璃容器,先加入橘子汁,然后倒入脱臭酒精,搅拌均匀。

（4）取干净玻璃容器,将糖放入,加少量沸水使其充分溶解,然后加入橘子瓣浸泡1小时。

（5）将橘子混合液、柠檬酸放入橘子瓣浸泡液中,搅拌均匀,最后倒入冷开水,搅拌至混合均匀。

（6）静置后放入玻璃容器内密封储存2~3个月,即进行过滤,去渣取酒液,即可饮用。

风味特点:色泽浅黄,口味酸甜,具有橘子的清香。

168. 金橘酒

原料配方:金橘600克,蜂蜜120克,白酒1500毫升。

制作工具或设备:广口玻璃瓶。

制作过程:

（1）将金橘洗净,晾干,切片或捣碎,与蜂蜜一起置广口玻璃瓶中。

（2）加入白酒,密封,浸泡2个月后即可饮用。

风味特点:色泽浅黄,口味酸甜,具有金橘的清香。

169. 蜜柑酒

原料配方:芦柑 600 克,蜂蜜 120 克,白酒 1500 毫升。

制作工具或设备:广口玻璃瓶。

制作过程:

(1)将芦柑洗净,晾干,切片,与蜂蜜一起置广口玻璃瓶中。

(2)加入白酒,密封,浸泡 2 个月后即可饮用。

风味特点:色泽浅黄,口味酸甜,具有蜜柑的清香。

170. 柑皮酒

原料配方:新鲜柑橘皮 1000 克,果糖(或饴糖)150 克,40 度白酒 1000 毫升。

制作工具或设备:广口玻璃瓶。

制作过程:

(1)将柑皮洗净,切碎,用烘箱(或慢火)烘焙,至变硬变干为止。

(2)然后将烘烤干的柑皮研成细末,放入 40 度白酒中浸泡 5 ~ 10 分钟,加压过滤。

(3)过滤后的滤液经再次过滤,去除残渣,加入果糖(或饴糖)调匀,即可饮用。

风味特点:色泽浅黄,口味清香。

171. 橙酒

原料配方:甜橙 1 个,鲜佛手 10 克,米酒 500 毫升。

制作工具或设备:广口玻璃瓶。

制作过程:

(1)将甜橙去皮、核,用干净纱布绞汁,加入佛手(切片)。

(2)加入米酒浸泡 1 周后饮用。

风味特点:色泽浅黄,口味甜香。

172. 柚子酒

原料配方:柚子 1 个,白糖 50 克,白酒 750 毫升。

制作工具或设备:广口玻璃瓶。

制作过程:

(1)把柚子放水中浸泡半小时洗净,去皮取瓤。

（2）将柚瓤放入广口玻璃瓶中,加入白糖腌渍,加入白酒浸泡1周。

风味特点:色泽浅黄,口味清香。

173. 猕猴桃酒

原料配方:猕猴桃 250 克,白酒 1000 毫升。

制作工具或设备:广口玻璃瓶。

制作过程:

（1）将猕猴桃去皮、置广口玻璃瓶中,加入白酒,密封。

（2）每日振摇 3 次,浸泡 30 天后,去渣,备用。

风味特点:色泽浅绿,口味清淡。

174. 无花果酒

原料配方:无花果 500 克,蜂蜜 150 克,白酒 1000 毫升。

制作工具或设备:广口玻璃瓶。

制作过程:

（1）挑选成熟新鲜的无花果,拣去过熟而开裂者,洗干净,切去果蒂,略捣。

（2）装入广口玻璃瓶中,倒入白酒和蜂蜜,搅拌后,密封浸泡 1 个月左右,每 3 天摇动 1 次。

（3）开封后,过滤去渣,即可饮用。

风味特点:色泽浅红,口味清香。

175. 西瓜酒

原料配方:西瓜 1 个,白糖 150 克,白酒 500 毫升。

制作工具或设备:广口玻璃瓶。

制作过程:

（1）选充分成熟、含糖量较高的新鲜西瓜为原料。

（2）将西瓜用清水冲洗干净并沥干水分,然后去皮捣烂榨汁。榨出的西瓜汁用纱布过滤,滤出的西瓜汁倒入瓷缸或铝锅内,加热至 70~75℃,保持 20 分钟左右备用。注意瓜汁不能用铁锅存放和加热,以免发生反应,影响酒的品质和色泽。

（3）待西瓜汁冷却澄清后,加入白糖搅拌溶解。

（4）最后加入白酒混合均匀即可。

风味特点:色泽浅红,口味清甜。

176. 香瓜酒

原料配方:香瓜 1 个,白糖 150 克,白酒 500 毫升。

制作工具或设备:搅拌机,广口玻璃瓶。

制作过程:

（1）将香瓜去皮去瓤,切成块。

（2）将香瓜块放入搅拌机搅打成汁。

（3）待香瓜汁冷却澄清后,加入白糖搅拌溶解。

（4）最后加入白酒混合均匀即可。

风味特点:色泽浅黄,香味浓郁。

177. 雪梨酒

原料配方:雪梨 500 克,白酒 1000 毫升。

制作工具或设备:广口玻璃瓶。

制作过程:

（1）先将雪梨洗净,去皮核,切小块,放入酒坛内,加入白酒,密封。

（2）每隔 2 天搅拌 1 次,浸泡 7 天后即成。

风味特点:色泽浅黄,口味微甜,具有生津润燥、清热化痰的功效。

178. 养心安神酒

原料配方:香橼 20 克,枸杞子 45 克,酸枣仁 30 克,五味子 25 克,何首乌 18 克,红枣 15 枚,白酒 1000 毫升。

制作工具或设备:广口玻璃瓶。

制作过程:

（1）将前 6 味粗碎,入纱布袋,置广口玻璃瓶中,加入白酒,密封。

（2）浸泡 7 天后。过滤去渣,即成。

风味特点:色泽浅黄,口味微苦,具有养心和血、养肝安神的功效。

179. 桂圆和气酒

原料配方:桂圆肉 25 克,枸杞子 12 克,当归 3 克,菊花 3 克,白酒 500 毫升。

制作工具或设备:广口玻璃瓶。

制作过程:

(1)将前4味,入布袋,置容器中,加入白酒,密封。

(2)浸泡30天后,过滤去渣,即成。

风味特点:色泽浅黄,口味微苦,具有养血润肤、滋补肝肾的功效。

第七章　根茎类配制酒配方案例

1. 制首乌酒

制首乌酒(一)

原料配方:制首乌 200 克,甘味料 25 克,白酒 1000 毫升。

制作工具或设备:密闭玻璃容器。

制作过程:

(1)制首乌切片,浸入白酒中,浸制时避免水分浸入,储存 2 个月左右便可启封饮用,味略涩。

(2)如启封后将药酒更换容器后,再储存两周,则其味甘美。

风味特点:色泽浅黄,补血养精。

制首乌酒(二)

原料配方:制首乌 100 克,当归 50 克,枸杞 50 克,菟丝子 50 克,莲肉 100 克,白酒 1000 毫升。

制作工具或设备:密闭玻璃容器。

制作过程:

(1)制首乌及当归切片,莲肉捣碎,备用。

(2)所有原料一起放入白酒中浸制,存于阴凉处,储存 2 个月以上为佳。

(3)因酒味苦涩,可在浸制时加放甘味料 25 克左右,亦可于饮用时调和其他饮料中饮用。

风味特点:色泽浅黄,口味微苦。

2. 红薯酿甜酒

原料配方:红薯 1000 克,酒药 15 克,纯净水 200 毫升,米酒 50 毫升。

制作工具或设备:煮锅,密闭玻璃容器。

制作过程:

（1）选取没有腐烂的红薯,洗净,然后放入锅内蒸熟。

（2）蒸熟后,把热气腾腾的红薯摊开晾半小时,待红薯只剩下一点余热,就可将酒药和红薯一起搅拌。

（3）搅拌以后,立即把红薯盛入小瓦缸内,再用谷糠把缸窝好,保证一定的湿度,这样3~4天就可以出酒。

（4）滤出酒液,兑入纯净水、米酒即可。

风味特点:色泽浅黄,口味清甜。

3.青竹酒

原料配方:白葡萄酒1000毫升,嫩毛竹杆1个,砂糖15克。

制作工具或设备:抽酒泵。

制作过程:

（1）将直径10厘米,长3米的嫩毛竹杆,在各竹节处打孔,在最下一节上安装上旋塞,在竹杆上端装入导向闸,用泵将白葡萄酒慢慢地打入竹节上部,在保持液面一定的条件下,调节旋塞,以慢速进行流洗。

（2）反复操作2次,加入砂糖溶解,即制得含浸出物的青竹白葡萄酒。

风味特点:色泽麦秆黄,口味微甜。

4.升麻酒

原料配方:升麻100克,清酒1000毫升。

制作工具或设备:煮锅,密封玻璃容器。

制作过程:

（1）把升麻与清酒一同放入锅内,大火煮沸,文火煎至一半。

（2）过滤去渣,装入密封玻璃容器备用。

风味特点:色泽浅黄,口味微甜,具有升阳、发表、透疹、解毒的功效。

5.竹茹酒

原料配方:青竹茹60克,阿胶20克,黄酒400毫升。

制作工具或设备:煮锅,密封玻璃容器。

制作过程:

(1)将青竹茹切碎与阿胶一同放入黄酒中。

(2)上火煮数 10 沸至阿胶溶化,去渣冷却,装密封玻璃容器备用。

风味特点:色泽浅黄,口味清洌,有清热补虚、止血安胎的功效。

6. 巴戟天酒

原料配方:巴戟天 15 克,牛膝 15 克,石斛 15 克,羌活 25 克,当归 25 克,生姜 25 克,黑椒 2 克,白酒 1000 毫升。

制作工具或设备:煮锅,研钵,密封玻璃容器。

制作过程:

(1)将上述药材捣细,放入干净的玻璃容器中。

(2)倒入酒浸泡,密封,隔水蒸煮 1 小时。

(3)取下冷却,过滤后装瓶备用。

风味特点:色泽浅黄,口味微苦,具有内补肝肾筋骨、外祛风寒湿邪的功效。

7. 仙灵脾酒

原料配方:仙灵脾 60 克,白酒 500 毫升。

制作工具或设备:密封玻璃容器。

制作过程:

(1)将仙灵脾洗净,装入纱布袋中。

(2)放入酒中浸泡,3 日后取出。

风味特点:色泽浅黄,具有缓解腰膝发凉、麻木、酸软疼痛的功效。

8. 仙茅酒

原料配方:仙茅 120 克,白酒 500 毫升。

制作工具或设备:煮锅,密封玻璃容器。

制作过程:

(1)将仙茅九蒸九晒后,放入干净的玻璃容器中。

(2)倒入酒浸泡,密封。

(3)7 日后开启,过滤去渣,装瓶备用。

风味特点:色泽浅黄,具有改善阳痿滑精、腰膝冷痛的功效。

9. 仙灵酒

原料配方:仙灵脾 12 克,菟丝子 6 克,金樱子 50 克,小茴香 3 克,巴戟天 3 克,川芎 3 克,牛膝 3 克,当归 6 克,肉桂 3 克,沉香 1.5 克,杜仲 3 克,白酒 1000 毫升。

制作工具或设备:煮锅,密封玻璃容器。

制作过程:

(1)将上述药材打研成粗末,装入纱布袋内,放入干净的容器中。

(2)倒入白酒浸泡,加盖。

(3)将容器放入煮锅中,隔水加热约 1 小时。

(4)取出容器,密封。

(5)7 日后开封,过滤装瓶备用。

风味特点:色泽浅黄,口味微苦,具有补肾壮阳、固精、养血、强筋骨的功效。

10. 白前酒

原料配方:白前 100 克,白酒 500 毫升。

制作工具或设备:密封玻璃容器。

制作过程:

(1)将白前捣成粗末,装入纱布袋中,放入干净的容器中。

(2)倒入白酒浸泡,封口。

(3)7 日后开启,去掉药袋,澄清备用。

风味特点:色泽浅黄,具有止咳祛痰的功效。

11. 百部酒

原料配方:百部根 100 克,白酒 500 毫升。

制作工具或设备:密封玻璃容器。

制作过程:

(1)将百部根炒后捣碎,放入干净的玻璃容器中。

(2)倒入白酒浸泡,密封。

(3)7 日后开启,过滤去渣,装瓶备用。

风味特点:色泽浅黄,具有润肺下气、止咳杀虫的功效。

12.天冬紫菀酒

原料配方:天门冬 200 克,紫菀 10 克,饴糖 10 克,白酒 1000 毫升。

制作工具或设备:密封玻璃容器。

制作过程:

(1)将药洗净捣碎,装入纱布袋内,与饴糖一起放入玻璃容器中。

(2)倒入白酒浸泡,密封。

(3)7~10 天后开启,去掉药袋,过滤装瓶备用。

风味特点:色泽浅黄,口味微苦,具有润肺止咳的功效。

13.天门冬酒

原料配方:天门冬 40 克,高粱酒 500 毫升。

制作工具或设备:砂锅,密封玻璃容器。

制作过程:

(1)将天门冬用竹刀剖去心,备用。

(2)与水同入砂锅煎煮。

(3)煮约 40 分钟后,去渣取液,兑入高粱酒中,装瓶密封待用。

风味特点:色泽浅黄,有助于润肺滋肾、调整血脉。

14.天麻酒

原料配方:天麻 72 克,制首乌 36 克,丹参 48 克,黄芪 12 克,杜仲 16 克,淫羊藿 16 克,白酒 1000 毫升。

制作工具或设备:密封玻璃容器。

制作过程:

(1)将上述各味切碎,纳入纱布袋内,扎紧袋口,放入玻璃容器内。

(2)倒入白酒密封浸泡半个月以上,每天振摇 1 次,即成。

风味特点:色泽浅黄,有助于补养肝肾、活血祛风。

15.苦参天麻酒

原料配方:白藓皮 200 克,露蜂房 75 克,天麻 80 克,苦参 500,黄米 5000 克,细曲 750 克。

制作工具或设备:煮锅,药缸。

制作过程：

（1）将上述4味药材捣碎，装入纱布袋内。

（2）同入锅中，加水7500毫升，煮取一半，去掉药袋，备用。

（3）细曲研细粉备用，然后将药液和细曲同置入缸中，搅匀，经3天3夜。

（4）将黍煮半熟，沥半干，冷却后倒入药缸中，和匀，加盖密封，置保温处。

（5）14日后开启，压去糟渣，过滤装瓶备用。

风味特点：色泽浅黄，有助于清热祛风、解毒疗疮。

16.柳根酒

原料配方：柳根（近水露出者）750克，糯米750克，细曲50克。

制作工具或设备：煮锅，药缸。

制作过程：

（1）把柳根与2500毫升水同入锅内，煎取一半，备用。

（2）将糯米洗净，上笼蒸半熟，沥半干，备用。

（3）细曲研细末，备用。

（4）将3者同置入缸内，搅拌匀，封口，置保温处。

（5）21日后开启，压去糟渣，即成。

风味特点：色泽浅黄，口味微苦。

17.内消浸酒

原料配方：鲜仙人掌250克，羌活30克，炒杏仁30克，白酒1000毫升。

制作工具或设备：玻璃容器。

制作过程：

（1）将上述3味药材捣成粗末，装入纱布袋中，放入干净的玻璃容器内。

（2）倒入酒浸泡，密封。

（3）7日后开封，去掉药袋，过滤备用。

风味特点：色泽浅黄，清热解毒。

18.枸杞山药酒

枸杞山药酒(一)

原料配方:山药50克,枸杞100克,甘味料25克,白酒1000毫升。

制作工具或设备:玻璃容器。

制作过程:

(1)将上述3味药材捣成粗末,装入纱布袋中,放入干净的玻璃容器内。

(2)倒入酒浸泡,密封。

(3)7日后开封,去掉药袋,过滤备用。

风味特点:色泽浅黄,清热解暑。

枸杞山药酒(二)

原料配方:枸杞1500克,山药500克,黄精200克,生地300克,麦冬200克,细曲300克,糯米2000克。

制作工具或设备:煮锅,药坛。

制作过程:

(1)先将上药加工成粗末,装入净坛中,加水3升,加盖,置文火上煮数百沸,取下候冷备用。

(2)再将细曲研成细末备用。

(3)然后将糯米加水适量,置煮锅中蒸熟,待冷后倒入药坛中,加入酒曲拌匀,加盖后密封,置保温处。

(4)14日后开启,压榨去糟渣,再用细纱布过滤后,装瓶备用。

风味特点:色泽浅黄,有助于滋补肝肾、益气生津。

19.鹿茸山药酒

原料配方:鹿茸15克,山药60克,白酒1000毫升。

制作工具或设备:玻璃容器。

制作过程:

(1)将鹿茸、山药与白酒共置入容器中。

(2)密封浸泡7天以上便可饮用。

风味特点:色泽浅黄,补肾壮阳。

20. 姜酒

原料配方:干姜15克,生姜15克,白酒(或黄酒)50毫升。

制作工具或设备:玻璃容器。

制作过程:

(1)将前2味捣碎,置容器中,加入白酒,密封。

(2)浸泡7天后,去渣,即成。或加红糖矫味。

风味特点:色泽浅黄,温中止呕。

21. 山药酒

山药酒(一)

原料配方:生山药250克,黄酒1500克,蜂蜜50克。

制作工具或设备:酒坛。

制作过程:

(1)将山药去皮,洗净切块。

(2)先用黄酒500克放坛内,用水浴煮沸,放入山药,并继续添酒,至酒添尽山药熟。

(3)山药煮熟后,取出。

(4)酒汁中加入蜂蜜,搅拌,煮沸即成。

(5)待凉后,盛入酒坛备用。

风味特点:色泽浅黄,具有益精髓,壮脾胃的功效。

山药酒(二)

原料配方:怀山药15克,山萸肉15克,五味子15克,灵芝15克,白酒1000毫升。

制作工具或设备:酒坛。

制作过程:

(1)将前4味置容器中,加入白酒,密封。

(2)浸泡1个月后,过滤去渣,即成。

风味特点:色泽浅黄,有助于生津养阴、滋补肝肾。

22. 石斛山药酒

原料配方:山茱萸60克,怀牛膝30克,石斛120克,山药60克,熟地60克,白术30克,白酒3000毫升。

制作工具或设备:玻璃容器。

制作过程:

(1)将上述药材捣成碎末,装入纱布袋内。

(2)放入干净的玻璃容器中,倒入白酒浸泡,加盖密封。

(3)14日后开启,去掉药袋,过滤后即可饮用。

风味特点:色泽浅黄,有助于补肾、养阴、健脾。

23.海狗肾人参山药酒

原料配方:海狗肾2只,人参100克,山药100克,95%的白酒500毫升。

制作工具或设备:玻璃瓶。

制作过程:

(1)海狗肾洗净,切成片;人参、山药洗净,切成片备用。

(2)同置瓶中,加白酒,密封1月,即可饮用。

风味特点:色泽浅黄,温肾壮阳。

24.灵芝山药酒

原料配方:野生平盖灵芝15克,山药15克,吴茱萸15克,五味子15克,白酒1500毫升。

制作工具或设备:玻璃瓶。

制作过程:

(1)野生平盖灵芝切片,山药、吴茱萸、五味子等切碎备用。

(2)装入纱布袋中,置于玻璃瓶内,倒入白酒,密封,置阴凉处,每日摇动1次,30天后即可饮用。

风味特点:色泽浅黄,具有滋阴生津等功效。

25.姜糖酒

原料配方:生姜100克,砂糖(红糖)100克,黄酒1000毫升。

制作工具或设备:玻璃瓶。

制作过程:

(1)将生姜切碎,置容器中,加入红糖和黄酒,密封。

(2)浸泡7天后,过滤去渣即成。

风味特点:色泽浅黄,有助于益脾温经、发表散寒。

26.大蒜酒

原料配方:大蒜头400克,白砂糖250克,白酒1000毫升。

制作工具或设备:玻璃瓶。

制作过程:

(1)将大蒜头剥去外皮和薄膜,洗净,沥干水分,拍裂,颗粒大者可切2～3片。

(2)将剥去皮的大蒜头装入酒瓶中,倒进白酒和白糖,加盖密封。

(3)放置于阴凉处,经过2～3个月即成。

(4)饮用时取上清酒液。

风味特点:色泽浅黄,有助于防病健体、抗菌健胃。

27.芹菜酒

原料配方:芹菜200克,砂糖120克,白酒1500毫升。

制作工具或设备:玻璃广口瓶。

制作过程:

(1)将新鲜芹菜连茎带叶洗净,晾干表面水分,切成2～3厘米长条。

(2)放入容量为3000毫升广口瓶中,加入白酒和砂糖,密封。

(3)浸泡2个月,过滤去渣,即成。

风味特点:色泽浅绿,口味清淡,有助于健胃安神。

28.光慈菇酒

原料配方:光慈菇50克,62度白酒500毫升。

制作工具或设备:玻璃广口瓶。

制作过程:

(1)光慈菇洗净沥干切片备用。

(2)置于玻璃广口瓶中浸泡。

(3)2个月后,过滤去渣,即成。

风味特点:色泽浅黄,口味清淡,有助于清热解毒。

29.姜黄甜酒

原料配方:鲜姜黄20克,鸡蛋2个,甜酒500毫升。

制作工具或设备:玻璃广口瓶。

制作过程:

(1)先将鸡蛋加水适量煮熟,剥去壳,加入姜黄和甜酒。

(2)继续煎煮 20 分钟,去药渣即可。

风味特点:色泽浅黄,口味微辣,有助于行气活血、通经止痛。

30. 荸荠酒

原料配方:荸荠 100 克,白酒 500 毫升。

制作工具或设备:玻璃广口瓶。

制作过程:

(1)荸荠去皮洗净,切成片备用。

(2)置于玻璃广口瓶中,加入烈性白酒浸泡。

(3)1 月后即可饮用。

风味特点:色泽浅黄,口感清洌。

31. 洋葱红酒

原料配方:新鲜洋葱 1~2 头,葡萄酒 500 毫升。

制作工具或设备:玻璃广口瓶。

制作过程:

(1)将大小适中的洋葱 1~2 个洗净后切成薄片装入玻璃瓶中。

(2)倒入红葡萄酒 400~500 毫升,密封后放在阴凉处 2~3 天。

(3)再用纱网滤去洋葱,放在冰箱中保存,即可。

风味特点:色泽浅红,口味微辣。

32. 洋葱牛奶酒

原料配方:鲜洋葱 200 克,曲酒 500 毫升,苹果 100 克,鲜牛奶 200 毫升。

制作工具或设备:玻璃广口瓶。

制作过程:

(1)将鲜洋葱去杂、清洗,烘干,切成细丝,浸入 500 毫升的曲酒中,密封 7 天,每天摇 1 次。

(2)苹果去皮、核,切成小丁,与鲜牛奶一同放入果汁机中,搅成浆汁,倒进杯中,加入洋葱酒,拌匀即可。

风味特点:色泽乳白,有助于清热化痰。

33．虎杖桃仁酒

原料配方:虎杖根 60 克,桃仁 9 克,黄酒 500 毫升。

制作工具或设备:研钵,玻璃广口瓶。

制作过程:

(1)将前 2 味共捣烂,置容器中,加入黄酒,密封。

(2)浸泡 3 天后,过滤去渣,即可。

风味特点:色泽棕黄,口味微苦,具有破瘀通经、利湿祛风的功效。

34．桂姜酒

原料配方:肉桂 10 克,干姜 20 克,白酒 350 毫升。

制作工具或设备:玻璃广口瓶。

制作过程:

(1)将前 2 味原料切薄片,置玻璃广口瓶中,加入白酒,密封。

(2)浸泡 5 ~ 10 天后,过滤去渣,即可。

风味特点:色泽浅黄,口味微苦,具有温散止痛的功效。

35．首乌薏苡仁酒

原料配方:制首乌 90 克,薏苡仁 60 克,白酒 500 毫升。

制作工具或设备:玻璃广口瓶。

制作过程:

(1)将制首乌切片与薏苡仁同置玻璃广口瓶中,加入白酒,密封。

(2)浸泡 14 天后,过滤去渣,即成。

风味特点:色泽浅黄,口味微苦,具有养血、祛风湿的功效。

36．苇茎腥银酒

原料配方:苇茎 30 克,鱼腥草 60 克,金银花 20 克,冬瓜仁 24 克,桔梗 12 克,甘草 9 克,桃仁 10 克,黄酒 5000 毫升,清水 2000 毫升。

制作工具或设备:玻璃广口瓶。

制作过程:

(1)先将上药切碎,加清水 2000 毫升,用文火煎煮至半。

(2)再入黄酒煮沸,离火,置玻璃广口瓶中,密封。

(3)浸泡 3 天后,过滤去渣即成。

风味特点:色泽浅黄,口味微苦,具有清肺泄热、解毒排脓的功效。

37. 鹤龄酒

原料配方:枸杞子 120 克,制首乌 120 克,当归 60 克,生地黄 60 克,党参 20 克,菟丝子 20 克,补骨脂 20 克,山茱萸 20 克,怀牛膝 90 克,天门冬 60 克,蜂蜜 120 克,白酒 3000 毫升。

制作工具或设备:煮锅,玻璃广口瓶。

制作过程:

(1)将前 10 味共制为粗末,入布袋,置玻璃广口瓶中,加入白酒盖好。

(2)置文火上煮鱼眼沸,取下候冷,密封。

(3)埋入土中 7 日以去火毒,取出过滤去渣,加入蜂蜜,拌匀,即成。

风味特点:色泽浅黄,口味微苦,具有补肝肾、益精血的功效。

第八章 坚果类配制酒配方案例

1. 巧克力汽酒

原料配方:脱臭酒精15克,巧克力100克,碳酸氢钠5克,柠檬汁30克,苯甲酸钠0.2克,白砂糖60克,巧克力香精1克,冷开水1000毫升。

制作工具或设备:煮锅,玻璃广口瓶。

制作过程:

(1)先将巧克力放入干净煮锅内,加少量沸水,使其充分溶解,待用。

(2)取干净煮锅,将糖放入,加少量沸水,使其充分溶解,然后加入巧力汁、柠檬汁,搅拌均匀,即进行过滤,去渣取液,待用。

(3)取玻璃广口瓶,将碳酸氢钠放入,然后加少量冷开水,搅拌均匀,呈碳酸水,待用。

(4)另取干净玻璃广口瓶,先将脱臭酒精放入,再将巧克力混合液放入,搅拌均匀,加入巧克力香精,搅拌至混合均匀,然后将苯甲酸钠放入,搅拌均匀,最后倒入冷开水,搅拌均匀,即进行过滤,去渣取液,待用。

(5)饮用前,慢慢地倾入碳酸水,搅拌均匀,即可饮用。

风味特点:色泽浅褐,口味甜爽。

2. 红颜保春酒

原料配方:核桃肉120克,红枣120克,当归60克,杏仁30克,蜂蜜100克,奶油70克,白酒750毫升。

制作工具或设备:玻璃容器。

制作过程:

(1)将前4种原料研成粗末,用250毫升白酒浸泡3~5日。

(2)另取白酒约500毫升将蜂蜜、奶油溶化,并浸入玻璃容器内拌匀,放入上述药酒中,再浸3~5日可饮用。

风味特点:色泽浅红,口味微甜。

3. 火麻仁酒

原料配方:火麻仁160克,白酒500毫升。

制作工具或设备:玻璃瓶。

制作过程:

(1)将火麻仁炒香后捣碎,放入干净的瓶中。

(2)倒入白酒浸泡,封口。

(3)3日后开启,过滤后备用。

风味特点:色泽浅黄,具有补虚劳、润肠通便的功效。

4. 山核桃酒

原料配方:山核桃150克,白酒500毫升。

制作工具或设备:研钵,玻璃瓶。

制作过程:

(1)将核桃捣碎放入干净的器皿中,加白酒浸泡,密封。

(2)20天后开启,以酒变褐为度,过滤去渣,装瓶备用。

风味特点:色泽浅黄,具有敛肺定喘、温肾润肠的功效。

5. 杏仁酒

原料配方:苦杏仁50克,红高粱酒500毫升。

制作工具或设备:煮锅,玻璃瓶。

制作过程:

(1)把剥了衣的杏仁用滚水煮了反复扬洒去掉苦气,在用冷水浸3天。

(2)兑入高粱酒中,扎口封坛,埋入深深的泥地下。

(3)3个月后启封即可。

风味特点:色泽浅黄,苦中带甜,芳香馥郁。

6. 核桃酒

原料配方:青皮核桃300克,白酒500毫升。

制作工具或设备:研钵,玻璃瓶。

制作过程:

（1）青皮核桃洗净，研碎，装入瓶内，加入白酒，密封暴晒20天。

（2）待酒与核桃均呈黑色，过滤即成。

风味特点：色泽浅黑，解痉止痛。

7.松子酒

原料配方：松子仁600克，甘菊花300克，白酒1000毫升。

制作工具或设备：研钵，玻璃容器。

制作过程：

（1）将松子仁研碎，与菊花同置玻璃容器中。

（2）加入白酒，密封浸泡7天后，过滤去渣，即成。

风味特点：色泽浅黄，具有松子的清香。

8.银杏露酒

原料配方：银杏150克，砂糖100克，食用酒精500毫升，薄荷脑5克，杏仁香精0.05克。

制作工具或设备：玻璃容器。

制作过程：

（1）先将白果肉打碎，用60%食用酒精浸渍24小时后。

（2）加入适量薄荷脑，杏仁香精搅匀。

风味特点：色泽浅黄，口味清凉。

9.胡桃酒

胡桃酒（一）

原料配方：胡桃肉120克，杜仲60克，小茴香30克，白酒2000毫升。

制作工具或设备：玻璃容器。

制作过程：

（1）将上述药物捣成细末，装入白纱布袋中，置入净玻璃容器中。

（2）入白酒浸泡之，封口，14日后启封，过滤去渣，装瓶备用。

风味特点：色泽浅黄，口味清香。

胡桃酒（二）

原料配方：鲜胡桃（带青壳）5枚，黄酒1000毫升，红糖500克。

制作工具或设备：煮锅，玻璃容器。

制作过程:

(1)将上药捣碎,置容器中,加入黄酒,密封,浸泡 30 天后,去渣。

(2)再加入红糖煮沸,过滤去渣,候温凉,即成。

风味特点:色泽浅黄,口味微甜,有助于补益肝肾、润肠通便。

10. 芝麻胡桃酒

原料配方:黑芝麻 25 克,核桃仁 25 克,白酒 500 毫升。

制作工具或设备:玻璃容器。

制作过程:

(1)将黑芝麻、核桃仁洗净。

(2)黑芝麻、核桃仁放入酒坛后,再倒入白酒拌匀,加盖密封。

(3)放阴凉处浸泡 15 天即成。

风味特点:色泽浅黄,芝麻味香,有助于补肾平喘。

11. 槟榔露酒

原料配方:槟榔 20 克,桂皮 20 克,青皮 10 克,玫瑰花 10 克,砂仁 5 克,黄酒 1500 毫升,冰糖 50 克。

制作工具或设备:煮锅,玻璃容器。

制作过程:

(1)将前 5 味共制为粉末,入布袋,置容器中加入黄酒密封,再隔水煮 30 分钟。

(2)待冷,埋入土中 3 日以去火毒。

(3)取出过滤去渣,加入冰糖,即可。

风味特点:色泽浅黄,有助于疏肝解郁。

12. 咖啡酒

原料配方:咖啡豆 15 克,开水 200 毫升,白酒 300 毫升,白糖 50 克。

制作工具或设备:咖啡杯,玻璃容器。

制作过程:

(1)咖啡豆磨碎,放入咖啡杯中,用开水冲泡 2 分钟后,过滤取液。

(2)加入白酒兑和均匀。

（3）加入白糖调味即可。

风味特点：色泽棕褐，具有咖啡的芬芳。

13. 板栗酒

原料配方：板栗 120 克，白酒 500 克。

制作工具或设备：玻璃容器。

制作过程：

（1）将板栗洗净，拍碎，装放净瓶中，倒入白酒，加盖密封。

（2）置阴凉处，经常摇动，10 日后静置澄清即成。

风味特点：色泽浅黄，口味微甜。

14. 桃仁酒

原料配方：桃仁 100 克，白酒 55 毫升。

制作工具或设备：煮锅，瓷瓮。

制作过程：

（1）将上药捣碎，纳研钵中细研，入少许白酒，绞取汁，再研再绞，使桃仁尽即止。

（2）一并纳入小瓷瓮中，置于煮锅中隔水蒸煮，着色黄如稀汤即可。

风味特点：色泽浅黄，口味微甜，有助于活血润肤、悦颜色。

15. 杜松子酒

原料配方：杜松子 15 克，大麦 10 克，玉米 10 克，冰糖 50 克，脱臭酒精 40 毫升，白兰地 50 毫升，白葡萄酒 500 毫升，肉桂 3 克，杏仁 5 克，柠檬汁 100 克。

制作工具或设备：研钵，玻璃容器。

制作过程：

（1）先将杜松子、小麦、玉米、肉桂、杏仁挑拣干净，然后放入研钵内，将其捣碎或碾成粉状，待用。

（2）取干净容器，将脱臭酒精放入，然后将杜松子等混合物料放入，密封浸泡 15～20 天后，进行过滤，去渣取液，待用。

（3）取干净容器，将冰糖放入，加少量沸水，使其充分溶化，然后加入白葡萄酒，搅拌均匀，再将杜松子等混合浸出液放入，搅拌至混合均匀。最后加入白兰地、柠檬汁,搅拌均匀。

(4)将容器盖盖紧,放在阴凉处储存 1~2 个月,然后启封过滤,去渣取酒液,即可饮用。

风味特点:色泽浅黄,口味清爽,具有杜松子的香味。

第九章 药用植物类配制酒配方案例

1.人参枸杞酒

原料配方:人参 10 克,枸杞子 35 克,熟地 30 克,冰糖 50 克,白酒 1000 毫升。

制作工具或设备:玻璃广口瓶。

制作过程:

(1)将人参、枸杞子、熟地等洗净晾干;人参、熟地切成薄片备用。

(2)放入玻璃广口瓶中,加上白酒浸泡。

(3)泡至参杞色淡味薄,用细布滤除沉淀,加入冰糖搅匀,再静置过滤,澄清即成。

建议用量:每次饮用 15 毫升,每日 2 次。

风味特点:色泽浅红,口味甜浓,具有大补元气,安神固脱,滋肝明目的功效。

2.八珍酒

原料配方:全当归 25 克,炒白芍 20 克,生地黄 15 克,云茯苓 20 克,炙甘草 20 克,五加皮 25 克,肥红枣 35 克,胡桃肉 35 克,白术 25 克,川芎 10 克,人参 15 克,白酒 1500 毫升。

制作工具或设备:煮锅,纱布袋,玻璃广口瓶。

制作过程:

(1)将所有的药用水洗净后研成粗末。

(2)装进用三层纱布缝制的袋中,将口系紧。

(3)浸泡在白酒坛中,封口,在火上煮 1 小时。

(4)药冷却后,埋入净土中,5 天后取出来。

(5)再过 3~7 天,开启,去掉药渣包将酒装入瓶中备用。

建议用量:每次饮用 10~30 毫升,每日 3 次,饭前将酒温热饮用。

风味特点:色泽浅黄,口味微苦,具有滋补气血,调理脾胃的功效。

3. 跌打药酒

原料配方:赤芍 13 克,当归 10 克,生地黄、莪术、刘寄奴、三棱、泽兰、泽泻、川芎、桃仁各 8 克,红花、苏木各 6 克,土鳖草 4 克,田七 1 克,白酒 1000 毫升。

制作工具或设备:研钵,玻璃容器。

制作过程:

(1)将上药研碎,与白酒同置入容器中。

(2)密封浸泡 45 日以上,过滤后即可。

建议用量:早、晚饮用各 1 次,每次 10~15 毫升。

风味特点:色泽浅黄,口味微苦,具有消积、散瘀、止痛的功效。

4. 补气补血酒

原料配方:人参 20 克,黄芪 25 克,当归身 20 克,龙眼肉 60 克,川芎 15 克,熟地 45 克,50% 的米酒 1000 毫升。

制作工具或设备:研钵,玻璃容器。

制作过程:

(1)将上药研碎,与米酒同置入容器中。

(2)用 50 度米酒浸泡 1 个月,过滤后即可。

建议用量:每次饮用 10 毫升。感冒发热、溃疡病、呼吸道疾病及肝病患者忌服;慢性炎症患者慎用。

风味特点:色泽浅黄,口味微苦,具有补气补血的功效。

5. 壮腰补肾酒

原料配方:巴戟 60 克,肉苁蓉 45 克,川杜仲 30 克,人参 20 克,鹿茸片 20 克,蛤蚧 1 对,川续断 30 克,骨碎补 15 克,冰糖 75 克,50 度米酒 1000 毫升。

制作工具或设备:研钵,玻璃容器。

制作过程:

(1)将上药研碎,与米酒同置入容器中。

(2)用 50 度米酒浸泡 1 个月,过滤后即可。

建议用量:每次饮用 10 毫升。感冒发热、溃疡病、呼吸道疾病及肝病患者忌服;慢性炎症患者慎用;高血压患者勿饮。

风味特点:色泽浅黄,口味微苦,具有壮阳健腰补肾的功效。

6. 活血化瘀酒

原料配方:田七 85 克,当归 25 克,川续断 33 克,苏木 28 克,川芎 30 克,红花 18 克,延胡索 35 克,香附 15 克,冰糖 70 克,50 度米酒 1000 毫升。

制作工具或设备:研钵,玻璃广口瓶。

制作过程:

(1)田七打碎或切片,其他药材研碎备用。

(2)与米酒同置入玻璃广口瓶中。

(3)用 50 度米酒浸泡 1 个月,过滤后即可。

建议用量:每次饮用 10 毫升。感冒发热、溃疡病、呼吸道疾病及肝病患者忌服;慢性炎症患者慎用;高血压患者勿饮。

风味特点:色泽浅黄,口味微苦,具有活血化瘀止痛的功效。

7. 养身酒

原料配方:枸杞子 100 克,黄精 65 克,黄芪 30 克,当归身 30 克,冬虫夏草 15 克,龙眼肉 60 克,人参 25 克,50 度米酒 1500 毫升。

制作工具或设备:研钵,玻璃容器。

制作过程:

(1)将上药研碎,与米酒同置入容器中。

(2)用 50 度米酒浸泡 1 个月,过滤后即可。

建议用量:每次饮用 10 毫升。高血压患者勿饮;慢性炎症患者慎用。

风味特点:色泽浅红,口味微苦,具有补益气血、养身益寿的功效。

8. 延寿酒

原料配方:黄精 30 克,天冬 30 克,松叶 15 克,枸杞 10 克,苍术 12 克,白酒 1000 毫升。

制作工具或设备:玻璃广口瓶。

制作过程:

(1)黄精、天冬、苍术均切成约 0.8 厘米的小方块,松叶切成米粒形状,同枸杞一起装入玻璃广口瓶内。

（2）将白酒注入瓶内,摇匀,静置浸泡 10～12 天即可饮用。

建议用量:少量饮用。

风味特点:色泽浅黄,口味微苦,具有补虚、健身、益寿的功效。

9. 当归酒

原料配方:当归 20 克,红花 10 克,白酒 500 毫升。

制作工具或设备:玻璃广口瓶。

制作过程:当归、红花研碎后,用白酒浸泡一周,即可。

建议用量:每日 3 次,每次 10 毫升,饭后饮用。

风味特点:色泽浅黄,口味微苦,具有缓解月经不调、痛经等功效。

10. 丹参酒

原料配方:丹参 300 克,米酒 1000 毫升。

制作工具或设备:玻璃广口瓶。

制作过程:

（1）将丹参切碎备用。

（2）倒入适量的米酒浸泡 15 天。

（3）而后滤出药渣压榨出汁,将药汁与药酒合并。

（4）再加入适量米酒,过滤后装入瓶中备用。

建议用量:每次 10 毫升,每日 3 次,饭前将酒温热饮用。

风味特点:色泽浅黄,口味微苦,具有养血安神的功效。

11. 参桂养荣酒

原料配方:生晒参 5 克,糖参 5 克,桂圆肉 20 克,玉竹 8 克,砂糖 50 克,52 度白酒 1000 毫升。

制作工具或设备:玻璃广口瓶。

制作过程:

（1）前 4 味药切碎后,加白酒一半,浸泡 14 天,去渣,得到一种药酒。

（2）然后取砂糖加水适量,加热溶解,过滤。

（3）与药酒和剩余的白酒混合、搅匀,静置 14 天后,再过滤即可。

建议用量:每次饮 20 毫升,每日 2 次。

风味特点:色泽浅黄,口味微苦,具有补气补血的功效。

12. 十全大补酒

原料配方:熟地 12 克,当归 12 克,党参 8 克,炙黄芪 8 克,炒白芍 8 克,茯苓 8 克,炒白术 8 克,川芎 4 克,炙甘草 4 克,肉桂 2 克,糖 35 克,白酒 1500 毫升。

制作工具或设备:研钵,玻璃广口瓶。

制作过程:以上除酒以外的原料混合加工成粗末,用白酒浸泡半个月左右,即成。

建议用量:每次饮 20 毫升,每日 2 次。

风味特点:色泽浅黄,口味微苦,具有大补气血、强壮筋骨的功效。

13. 百益长寿酒

原料配方:党参 90 克,生地 90 克,茯苓 90 克,白术 60 克,白芍 60 克,当归 60 克,川芎 30 克,桂花 150 克,桂圆肉 200 克,糖 35 克,高粱酒 2500 毫升。

制作工具或设备:研钵,玻璃广口瓶。

制作过程:

(1)将以上原料粉碎成粗末,装入纱布袋扎紧。

(2)用高粱酒浸泡半个月后澄清。

(3)加糖适量,即可饮用。

建议用量:适量饮用。

风味特点:色泽浅黄,口味微苦,具有舒筋活络、延年益寿的功效。

14. 人参五味子酒

原料配方:生晒参 45 克,鲜人参 10 克,五味子 200 克,白酒 1500 毫升。

制作工具或设备:研钵,玻璃广口瓶。

制作过程:

(1)将五味子研碎,生晒参切片,混匀。

(2)用白酒浸渍 72 小时。

(3)分装 10 瓶,每瓶放入鲜人参 1 支(先洗刷干净),密封,浸泡,备用。

建议用量:每次饮用 20～30 毫升,一日 2 次。

风味特点:色泽浅黄,口味微苦,具有补气强心、滋阴致开的功效。

15. 马齿苋酒

原料配方:马齿苋 1500 克,黄酒 1250 毫升。

制作工具或设备:研钵,玻璃广口瓶。

制作过程:

(1)将马齿苋捣烂,置容器中,加入黄酒,密封。

(2)浸泡 14 小时后,过滤去渣、即成。

建议用量:每次饭前饮用 10 ~ 15 毫升,一日 3 次。

风味特点:色泽浅褐,口味微苦,具有温肾补虚、活血化瘀的功效。

16. 海桐皮酒

原料配方:海桐皮 30 克,川牛膝 30 克,杜仲 30 克,川续断 30 克,防风 30 克,伸筋草 30 克,独活 30 克,五加皮 30 克,生地黄 35 克,白术 20 克,薏苡仁 15 克,白酒 1500 毫升。

制作工具或设备:研钵,玻璃广口瓶。

制作过程:

(1)将药材研为粗末,入纱布袋,置容器中。

(2)加入白酒,密封,浸泡 10 ~ 14 天后去药袋,即成。

建议用量:每次饮用 10 ~ 15 毫升,一日 3 次。

风味特点:色泽浅黄,口味微苦,具有祛风湿、壮筋骨、通络止痛的功效。

17. 皂荚南星酒

原料配方:皂荚 50 克,天南星 50 克,白酒 500 毫升。

制作工具或设备:煮锅,研钵,玻璃容器。

制作过程:

(1)将前 2 味研碎,置容器中,加入白酒、密封。

(2)隔水煮沸后,浸泡 7 天,过滤去渣,即成。

建议用量:每次饮用 30 毫升,一日 3 次。

风味特点:色泽浅黄,口味微苦,具有祛风痰、利湿毒的功效。

18. 茱萸姜豉酒

原料配方:吴茱萸 10 克,生姜 150 克,豆豉 50 克,白酒 1000

毫升。

制作工具或设备:研钵,玻璃容器。

制作过程:

(1)将前 3 味揭碎,置容器中,加入白酒,密封。

(2)浸泡 7 日后,过滤去渣,备用。或将上药与白酒同煮至半,去渣备用。

建议用量:每次饮用 10 毫升。

风味特点:色泽浅黄,口味微苦,具有温阳散寒、疏肺理气的功效。

19.龙胆草酒

原料配方:龙胆草 30 克,黄酒 120 毫升。

制作工具或设备:研钵,玻璃容器。

制作过程:上药入黄酒同煮至 60 毫升,去渣即成。

建议用量:可 1 次饮完。

风味特点:色泽浅黄,口味微苦,具有消炎、通经、利胆的功效。

20.地黄酒

原料配方:熟地黄 24 克,枸杞子 12 克,制首乌 12 克,薏以仁 12 克,当归 9 克,白檀香 1 克,龙眼肉 9 克,白酒 1500 毫升。

制作工具或设备:研钵,玻璃容器。

制作过程:

(1)将前 7 味捣碎,入布袋,置容器中,加入白酒,密封。

(2)浸泡 10 天后,过滤去渣,即成。

建议用量:每晚临睡前温服 3 毫升,不宜多饮。

风味特点:色泽浅黄,口味微苦,具有滋阴养血、理气安神的功效。

21.二藤鹤草酒

原料配方:海风藤 15 克,常春藤 15 克,老鹤草 20 克,桑枝 30 克,五加皮 10 克,白酒 500 毫升。

制作工具或设备:研钵,玻璃容器。

制作过程:

(1)将前 5 味切碎,置容器中,加入白酒,密封。

(2)浸泡 3 ~ 7 天后,过滤去渣,即成。

建议用量:每晚饮用 10 ~ 20 毫升。

风味特点:色泽浅黄,口味微苦,具有扶风湿、通经络的功效。

22. 加味养生酒

原料配方:枸杞子 60 克,牛膝 60 克,山茱萸 60 克,生地黄 60 克,杜仲 60 克,菊花 60 克,白芍 60 克,五加皮 120 克,桑寄生 120 克,桂圆肉 240 克,木瓜 30 克,当归 30 克,桂枝 9 克,白酒 1000 毫升。

制作工具或设备:研钵,玻璃容器。

制作过程:

(1)将前 13 味共制为粗末,入布袋,置容器中,加入白酒,密封。

(2)浸泡 10 天后,过滤去渣,即成。

建议用量:每次饮用 10 ~ 20 毫升,一日 2 次。

风味特点:色泽浅黄,口味微苦,具有补肾养肝、益精血、强筋骨、祛风湿的功效。

23. 枸杞麻仁酒

原料配方:枸杞子 75 克,火麻仁 75 克,生地黄 45 克,白酒 400 毫升。

制作工具或设备:煮锅,玻璃容器。

制作过程:

(1)将前 3 味捣碎,蒸熟。

(2)摊开凉去热气后置容器中,加入白酒,密封。

(3)浸泡 7 天后,过滤去渣,即成。

建议用量:每次饮用 15 ~ 30 毫升,一日 2 次,或不拘时,随量饮之。

风味特点:色泽浅黄,口味微苦,具有滋阴养血、润肠通便的功效。

24. 九仙酒

原料配方:枸杞子 24 克,当归身 30 克,川芎 30 克,白芍 30 克,熟地黄 30 克,人参 30 克,白术 30 克,白茯苓 30 克,大枣 10 枚,生姜 60 克,炙甘草 30 克,白酒 2500 毫升。

制作工具或设备:研钵,玻璃容器。

制作过程:

（1）将前 11 味捣碎,置容器中,加入白酒,密封。

（2）浸泡 14 天后即可。冬季制备时,可采用热浸法,即密封后,隔水加热 30 分钟,取出,静置数日后,即可取用。均过滤去渣,即成。

建议用量:每次饮用 15～30 毫升,一日 2～3 次,或适量饮之。

风味特点:色泽浅黄,口味微苦,具有大补气血、保健强身的功效。

25．仙灵二子酒

原料配方:淫羊藿 30 克,菟丝子 30 克,枸杞子 30 克,白酒 500 毫升。

制作工具或设备:研钵,玻璃容器。

制作过程:

（1）将前 3 味捣碎,置容器中,加入白酒,密封。

（2）浸泡 7 天后,过滤去渣,即成。

建议用量:每次饮用 20～30 毫升,一日 2 次。

风味特点:色泽浅黄,口味微苦,具有补肾壮阳的功效。

26．三石酒

原料配方:白石英 150 克,阳起石 60 克,滋石 120 克,白酒 150 毫升。

制作工具或设备:研钵,玻璃容器。

制作过程:

（1）将三石捣成碎粒,用水淘洗干净,入布袋,置容器中加入白酒,密封。

（2）每日摇动数下,浸泡 7～14 天后,过滤去渣,备用。

建议用量:每次适量温饮,一日 3 次。

风味特点:色泽浅黄,口味微苦,具有补肾气、疗虚损的功效。

27．白花丹参酒

原料配方:白花丹参 15 克,55 度白酒 500 毫升。

制作工具或设备:研钵,玻璃容器。

制作过程:

（1）将上药研成粉末,置容器中,加入白酒,密封。

（2）浸泡 15 天后,过滤即可。

建议用量:每次饮用20~30毫升,一日3次。

风味特点:色泽浅黄,口味微苦,具有化瘀、通络、止痛的功效。

28. 蒲公英酒

原料配方:蒲公英40~50克,50度白酒500毫升。

制作工具或设备:研钵,玻璃容器。

制作过程:

(1)将上药洗净,切碎,置容器中,加入白酒,密封。

(2)浸泡7天后,过滤去渣,即成。

建议用量:每次饮用20~30毫升,一日3次。

风味特点:色泽浅黄,口味微苦,具有清热解毒、消痈散结的功效。

29. 葫芦巴酒

原料配方:葫芦巴60克,补骨脂60克,小茴香20克,白酒1000毫升。

制作工具或设备:玻璃容器。

制作过程:

(1)将前3味捣碎,入纱布袋,置容器中,加入白酒,密封。

(2)每日摇动数下,浸泡7天后,过滤去渣,备用。

建议用量:每次饮用10~20毫升,一日2次。

风味特点:色泽浅黄,口味微苦,具有补肾温阳的功效。

30. 芪斛酒

原料配方:生黄芪240克,金钗石斛60克,牛膝15克,薏苡仁6克,肉桂16克,白酒300毫升,清水500毫升。

制作工具或设备:煮锅,玻璃容器。

制作过程:

(1)上面药材加水500毫升,煎至200毫升。

(2)再加入白酒,煎数沸后,待温,去渣,即可。

建议用量:每日1剂,分3次饮用。

风味特点:色泽浅黄,口味微苦,具有益气养阴、散寒通络的功效。

31. 两皮酒

原料配方:海桐皮30克,五加皮30克,独活30克,炒玉米30克,防风 30 克,干蝎(炒) 30 克,杜仲 30 克,牛膝 30 克,生地 90 克,白酒 1250 毫升。

制作工具或设备:玻璃容器。

制作过程:

(1)将前 9 味捣碎,入纱布袋,置容器中,加入白酒,密封。

(2)浸泡 5 ~ 7 天后,过滤去渣,即成。

建议用量:每次食前温饮 10 ~ 20 毫升,一日 2 ~ 3 次。

风味特点:色泽浅黄,口味微苦,具有清热凉血、祛风除湿、消肿止痛的功效。

32. 阳春酒

原料配方:人参 15 克,白术 15 克,熟地 15 克,当归身 9 克,天门冬 9 克,枸杞子 9 克,柏子仁 7 克,远志 7 克,白酒 2500 毫升。

制作工具或设备:研钵,玻璃容器。

制作过程:

(1)将前 8 味捣碎,入纱布袋,置容器中,加入白酒,密封。

(2)浸泡 1 周,过滤去渣,即成。

建议用量:每次温饮 10 毫升,一日 3 次。

风味特点:色泽浅黄,口味微苦,具有扶正去毒的功效。

33. 藤黄苦参酒

原料配方:藤黄 15 克,苦参 10 克,75% 酒精 200 毫升。

制作工具或设备:研钵,玻璃容器。

制作过程:

(1)将前 2 味共研细末,置容器中,加入 75% 酒精,密封。

(2)浸泡 5 ~ 7 天后即可取用。

建议用量:每次温饮 5 毫升,一日 1 次。

风味特点:色泽浅黄,口味微苦,具有解毒燥湿、消肿止痛的功效。

34. 四根酒

原料配方:桑木根节心 15 克,松木根节心 15 克,柏木根节心 15 克,杉木根节心 15 克,乳香研 15 克,没药 15 克,五灵脂 15 克,石龙芮(炒)15 克,木香 15 克,紫檀香(锉)15 克,地龙(炒)15 克,肉苁蓉(酒浸切焙)30 克,麝香(研)7 克,天雄(炮裂去皮脐)30 克,木瓜 250 克,米酒 5000 毫升。

制作工具或设备:研钵,玻璃容器。

制作过程:

(1)先将桑、松、柏、杉根节心四味,细锉,并炒黑。

(2)余药除乳香、麝香(研)外,捣碎为散。

(3)最后将研药小心研细末,共入净玻璃容器,加米酒 5 千克封浸 10～15 日,备用。

建议用量:每晚食后饮 1 杯,50 毫升左右。

风味特点:色泽浅黄,口味微苦,具有改善干湿脚气的功效。

35. 牛膝丹参酒

原料配方:朱膝 90 克,丹参 90 克,薏苡仁(炒)90 克,生干地黄 90 克,五加皮 30 克,白术 40 克,侧子(炮)20 克,草薢 30 克,赤茯苓 30 克,防风 30 克,茵芋叶 20 克,人参 20 克,川芎 20 克,石楠叶 20 克,细辛(去苗叶)15 克,升麻 15 克,磁石(煅酒淬七遍)180 克,生姜 36 克,独活 40 克,石斛(去根)45 克,优质黄酒 10000 毫升。

制作工具或设备:研钵,玻璃容器。

制作过程:

(1)前 20 味药,研如小豆大,以纱布袋盛,以优质黄酒 10000 毫升,密封浸泡。

(2)7 日,启封即成。

建议用量:每日 2～3 次,1 次 10 毫升。不善饮酒者,频频少服,以知为度。

风味特点:色泽浅黄,口味微苦,具有改善干湿脚气的功效。

36. 养血愈风酒

原料配方:防风 18 克,杜仲(炒)26 克,秦艽 18 克,川牛膝 18 克,蚕沙 18 克,红花 9 克,草薢 18 克,白茄根 36 克,羌活 9 克,鳖甲(制)9 克,陈皮 9 克,白术(炒)18 克,苍耳子 18 克,枸杞子 36 克,当归 18 克,白糖 70 克,白酒 5000 毫升。

制作工具或设备:研钵,玻璃容器。

制作过程：

(1)先将以原料,除白酒外,混匀,再加入白酒密封浸渍。

(2)浸经 5~7 日,取上清液即得。

建议用量:适量服用,每次不超过 125 毫升。高血压患者忌用。

风味特点:色泽浅黄,口味微苦,具有祛风活血的功效。

37. 仙酒方

原料配方:牛膝(洗净细切)75 克,秦艽 75 克,桔梗(去芦)75 克,防风(去芦,细切) 75 克,晚蚕沙(洗净,炒)75 克,枸杞子 1900 毫升,牛蒡子 480 克,牛蒡根(去粗皮,细切)1910 克,火麻仁(洗净)955 克,苍术(洗净,去粗皮,磁器内蒸熟用)1900 毫升,糯米酒 20 升。

制作工具或设备:研钵,酒坛。

制作过程：

(1)将以上各种药研制成末。

(2)糯米酒 20 升放入酒坛内,浸药封口。

(3)第 7 日开封,勿令面近瓶口,恐药气出犯人眼目。

建议用量:每次饮用 1 小杯,一日 3 次,温服之,忌食鱼 3 个月。

风味特点:色泽浅黄,口味微苦,具有改善诸风疾、手足拘挛的功效。

38. 中山还童酒

原料配方:马兰根 750 克,马兰子 750 克,黄米 10 千克,陈曲 2 块,酒酵子 50 克。

制作工具或设备:研钵,酒坛。

制作过程：

(1)取马兰根 500 克,洗切碎,以黄米加水煮成糜,陈曲为末,酒酵子并马兰子 500 克共和一处,入净酒坛,酿酒待熟。

(2)另用马兰子 250 克、马兰根 250 克,以水煮十沸,倒入前酒内,每日打耙一次,经 3~5 日,视其酒色如漆之黑,滤去渣即成。

建议用量:不拘时,随量饮之。

风味特点:色泽浅黑,口味微苦,具有清热利湿、凉血止血、利尿消肿、安中宜脾的功效。

39.人参舒筋酒

原料配方:人参 50 克,防风 50 克,茯苓 50 克,细辛 50 克,秦椒 50 克,黄芪 50 克,当归 50 克,牛膝 50 克,桔梗 50 克,干地黄 90 克,丹参 90 克,山药 90 克,钟乳石 90 克,山茱萸 60 克,川芎 60 克,白术 75 克,麻黄 75 克,大枣 30 枚,五加皮 1000 克,生姜(炒)2000 克,乌麻(碎)2000 克,白酒 18000 毫升。

制作工具或设备:研钵,玻璃容器。

制作过程:

(1)将前 22 味研细(钟乳石以小袋盛),置玻璃容器中。

(2)加入白酒,密封,浸泡 3 个月。

(3)过滤去渣即成。

建议用量:适量饮之。

风味特点:色泽浅黄,口味微苦,具有补肝肾、益精血、舒筋脉、通经络的功效。

40.薏苡仁酒

原料配方:薏苡仁 5 克,白砂糖 25 克,蜂蜜 35 克,白酒 500 毫升。

制作工具或设备:研钵,酒坛。

制作过程:

(1)先将薏苡仁放入研钵内,将薏苡仁捣碎或碾成粉状,然后装入纱布口袋中,扎紧袋口,待用。

(2)取干净容器,将糖、蜂蜜放入,加少量沸水,使其充分溶解,然后将装有薏苡仁的纱布袋放入,再将白酒放入,浸泡 30 分钟,搅拌均匀。

(3)将容器盖盖紧,放在阴凉处储存 30 天,然后即可启封饮用。

建议用量:适量饮之。

风味特点:色泽浅黄,口味微苦,具有去风湿、强筋坚骨的功效。

41.通脉管药酒

原料配方:走马胎 30 克,红花 15 克,七叶一枝花 30 克,桃仁 15 克,归尾 30 克,皂角刺 15 克,桑寄生 30 克,乳香 9 克,威灵仙 30 克,没药 9 克,牛膝 15 克,黄芪 15 克,桂枝 15 克,党参 15 克,白酒 2500

毫升。

制作工具或设备:研钵,酒坛。

制作过程:

(1)将除白酒外药材研碎,装入纱布袋中。

(2)放入白酒中浸泡 3 周后即可饮用。

建议用量:每次 20~100 毫升,每日 4~6 次。

风味特点:色泽浅黄,口味微苦,具有驱风散寒、益气活血的功效。

42. 干味美思

原料配方:苦橘皮 2 克,紫苑 2 克,胡荽子 0.5 克,土木香 0.5 克,龙胆草 0.5 克,肉豆蔻 0.5 克,鸢尾草根 1 克,苦艾 1.6 克,白葡萄酒 500 毫升,柠檬酸 4 克,白砂糖 40 克。

制作工具或设备:煮锅,玻璃容器。

制作过程:

(1)取干净锅,将苦橘皮,紫苑、胡荽子、土木香、龙胆草、肉豆蔻、鸢尾草根、苦艾放入,加适量沸水,置于火上煮沸,改用文火继续煮 10 分钟,即离火冷却,倒入干净容器内,密封浸渍 8~10 天后,进行过滤,去渣取液,待用。

(2)取干净容器,将糖放入,加少量沸水,使其充分溶解,然后将白葡萄酒加入,搅拌均匀,再将苦橘皮等混合浸出液放入,搅拌至混合均匀,最后将柠檬酸放入,搅拌均匀。

(3)将容器盖盖紧,放在阴凉处储存 1 个月,然后启封进行过滤,去渣取酒液,即可饮用。

建议用量:适量饮之。

风味特点:色泽浅黄,口味清爽,有助于润喉开胃。

43. 可口酒

原料配方:干可口叶 60 克,白砂糖 40 克,柠檬汁 100 克,脱臭酒精 50 毫升,白葡萄酒 500 毫升。

制作工具或设备:煮锅,玻璃容器。

制作过程:

(1)先将干可口叶拣挑干净,用剪刀将其剪碎,待用。

（2）取干净容器,将脱臭酒精放入,然后将剪碎的干可口叶放入,密封浸泡 1~2 天后,进行过滤,去渣取液,待用。

（3）取干净容器,将糖放入,加少量沸水,使其充分溶化,然后将白葡萄酒放入,搅拌均匀,再将可口叶浸出液放入,搅拌均匀,最后将柠檬汁放入,搅拌至混合均匀。

（4）将容器盖盖紧,放在阴凉处储存 15 天,然后启封进行过滤,去渣取液,即可饮用。

建议用量:适量饮之。

风味特点:色泽棕黄透明,口味甘甜。

44. 麻仁酒

原料配方:大麻子 2 克,白砂糖 50 克,脱臭酒精 500 毫升。

制作工具或设备:煮锅,玻璃容器。

制作过程:

（1）取干净锅,置于火上预热,然后将大麻子放入炒制,炒至大麻子发出响声时,即离火冷却,待用。

（2）取干净容器,将糖放入,加少量沸水,使其充分溶解,然后将炒香的大麻子放入浸泡,过 2 小时后,再将脱臭酒精放入,搅拌至混合均匀。

（3）将容器盖盖紧,放在阴凉处储存 20 天,然后即可启封进行过滤,去渣取酒液,即可饮用。

建议用量:适量饮之。

风味特点:色泽浅黄,口味微甜,具有改善骨髓风毒的功效。

45. 黄旋五味酒

原料配方:黄芪 5 克,旋花 3 克,北五味子 5 克,冰糖 60 克,白酒500 毫升,清水 100 毫升。

制作工具或设备:煮锅,玻璃容器。

制作过程:

（1）取干净容器,将冰糖放入,加少量的沸水,使其充分溶解,后加入黄芪、旋花(应为含花、叶、茎之全草)、北五味子,再将白酒放入,搅拌至混合均匀。

(2)将容器盖盖紧,放在阴凉处储存2个月,然后即可启封饮用。

建议用量:适量饮之。

风味特点:色泽浅黄,口味微甜,具有壮阳强精、防止衰老、增强体力、防盗汗腹泻、缓解疲劳等功效。

46. 养精种玉酒

原料配方:熟地黄50克,全当归(酒洗)50克,白芍药(酒炒)60克,山茱萸肉(蒸)50克,远志肉50克,紫河车50克,核桃肉60克,甘杞子30克,菟丝子30克,五味子20克,酸石榴子10克,炙甘草10克,丹参15克,香附20克,炒枣仁10克,炒麦谷芽20克,高粱酒2000毫升,米酒1000毫升,白蜜300克。

制作工具或设备:玻璃容器。

制作过程:

(1)前16味,研为细末,加高粱酒2千克、米酒1千克、白蜜300克,入玻璃容器内和匀。

(2)封闭浸泡15天,取上面澄清液即成。

建议用量:每次饮用20~30毫升,一日2次。

风味特点:色泽浅黄,口味微甜,具有养血益阴、调补肝肾的功效。

47. 舒筋活络酒

原料配方:木瓜5克,桑寄生8克,玉竹25克,川牛膝9克,当归5克,川芎6克,红花5克,独活3克,羌活3克,防风6克,白术9克,蚕砂6克,红曲18克,甘草5克,红糖50克,白酒1000毫升。

制作工具或设备:研钵,玻璃容器。

制作过程:

(1)将以上药材研成粗粉,装入纱布袋中,放入白酒中浸泡。

(2)浸渍48小时后,加入红糖调剂口味即可。

建议用量:一次20~30毫升,一日2次。

风味特点:色泽浅黄,口味微甜,具有祛风除湿、舒筋活络的功效。

48. 菖蒲酒

原料配方:菖蒲4克,冰糖60克,白酒500毫升。

制作工具或设备:研钵,玻璃容器。

制作过程：

（1）用刀将菖蒲切成米粒状或薄片状，备用。

（2）取于净容器，将冰糖放入，加少量沸水，使其充分溶解，然后将切片的菖蒲放入，再放入白酒，搅拌至混合均匀。

（3）将容器盖盖紧，放在阴凉处储存20天，然后即可启封饮用。

建议用量：适量饮之。

风味特点：色泽浅黄，口味微甜，透明澄清。

49．五加皮酒

五加皮酒（一）

原料配方：五加皮24克，炒枳刺24克，猪椒根皮24克，丹参24克，薏苡仁24克，川芎15克，炮姜15克，白藓皮12克，秦艽（去目及闭口者，炒出汗）12克，木通12克，炮天雄（去皮脐）12克，炙甘草12克，火麻仁3克，宫桂（去粗皮）9克，当归9克，白糖50克，黄酒500毫升。

制作工具或设备：研钵，玻璃容器。

制作过程：

（1）以上15味，研为粗末，盛于绢袋内，用黄酒，入玻璃容器中浸1～2周。

（2）加白糖适量，搅匀，滤过澄清备用。

建议用量：适量饮之。

风味特点：色泽浅黄，口味微甜，澄清透明。

五加皮酒（二）

原料配方：党参0.6克，陈皮0.7克，木香0.8克，五加皮2克，茯苓1克，川芎0.7克，豆蔻仁0.5克，红花1克，当归1克，玉竹2克，白术1克，栀子22克，红曲22克，青皮0.7克，焦糖4克，白砂糖500克，肉桂35克，熟地0.5克，脱臭酒精5000毫升。

制作工具或设备：研钵，玻璃容器。

制作过程：

（1）将党参、陈皮、木香、五加皮、茯苓、川芎、豆蔻仁、红花、当归、玉竹、白术、栀子、红曲、青皮、肉桂、熟地依次放入研钵内，将其捣碎或碾成粉状,待用。

(2)取干净容器,将糖、焦糖(色素)放入,加适量沸水,使其充分溶解,然后将党参等混合物料放入,搅拌均匀,浸泡4小时后,再将脱臭酒精放入,搅拌至混合均匀,继续浸泡4小时。

(3)将容器盖盖紧,放在阴凉处储存1个月,然后启封进行过滤,去渣取酒液,即可饮用。

建议用量:适量饮之。

风味特点:色泽浅黄,口味微甜,澄清透明,具有祛风湿、壮筋骨的功效。

五加皮酒(三)

原料配方:五加皮100克,甘味料200克,白酒1000毫升。

制作工具或设备:研钵,玻璃容器。

制作过程:

(1)五加皮为管状物,浸渍前应先行捣碎。

(2)浸泡35日后可启封使用。

建议用量:饮量与次数均无限制,体弱、病后及老年宜少饮,饮时可调和其他饮料。

风味特点:色泽浅黄,口味微甜,澄清透明,具有治风湿骨痛的功效。

五加皮酒(四)

原料配方:五加皮50克,黄精50克,蔓荆子50克,防风25克,羌活25克,甘味料150克,酒1500毫升。

制作工具或设备:研钵,玻璃容器。

制作过程:

(1)浸渍前药材应先行捣碎。

(2)浸泡35日后可启封使用。

建议用量:饮量与次数均无限制,体弱、病后及老年宜少饮,饮时可调和其他饮料。

风味特点:色泽浅黄,口味微甜,澄清透明,具有缓解风湿骨痛的功效。

50. 杜仲加皮酒

原料配方:杜仲 50 克,五加皮 50 克,白酒 1000 毫升。

制作工具或设备:研钵,玻璃容器。

制作过程:

(1)将前 2 味研碎,置玻璃容器中,加入白酒,密封。

(2)浸泡 10 天后,过滤去渣,即成。

建议用量:每次饮用 10~15 毫升,一日 2 次。

风味特点:色泽浅黄,口味微苦,具有祛风湿、强筋骨的功效。

51. 十二红药酒

原料配方:甘草 10 克,山药 30 克,龙眼肉 30 克,大枣 80 克,当归 30 克,续断 60 克,茯苓 40 克,红花 10 克,地黄 60 克,黄芪 50 克,制首乌 40 克,牛膝 50 克,党参 40 克,杜仲 40 克,白酒 8000 克,砂糖 800 克。

制作工具或设备:研钵,玻璃容器。

制作过程:

(1)以上 14 味药研碎,均分为二用白酒浸渍,每次 2 星期,取上清液,滤过,合并滤液。

(2)另取砂糖,用少量白酒加热溶化后,加入药酒内搅匀,静置沉淀 2~3 星期,取上清液,滤过,即可。

建议用量:每次 20~30 毫升,早晨及临睡前各饮 1 次。

风味特点:红棕色澄清液体,味甜,微苦,具有补气养血、开胃健脾的功效。

52. 强身药酒

原料配方:党参(炒)100 克,五加皮 50 克,制首乌 75 克,牛膝 50 克,生地黄 50 克,桑寄生 50 克,熟地黄 50 克,女贞子(酒制)50 克,鸡血藤 50 克,白术(炒)50 克,木瓜 50 克,香附(制) 25 克,丹参 50 克,陈皮 25 克,山药 50 克,半夏(姜制)25 克,泽泻 50 克,桔梗 25 克,六神曲(焦)50 克,大枣 25 克,山楂(焦)50 克,红花 15 克,麦芽(炒)50 克,白酒 8000 毫升。

制作工具或设备:研钵,玻璃容器。

制作过程:

(1)以上 23 味药研碎,加入白酒作溶媒,分两次热回流提取,每次 2 小时,然后回收药渣内余酒,合并酒液。

(2)滤过,静置沉淀,滤取上清液,即得。

建议用量:一次 15~25 毫升,一日 2 次。

风味特点:棕色澄清液体,气香,味微苦、涩,具有强身活血、健胃的功效。

53.菖蒲酿酒

原料配方:菖蒲 95 克,天门冬(去心)95 克,天雄(炮裂去皮脐)11 克,麻子仁(生用)66 毫升,茵芋(去粗茎)5 克,干漆(炒烟出)11 克,生干地黄(切焙)11 克,远志(去心)11 克,露蜂房(微炒)5 克,苦参 95 克,黄芪(炙锉)30 克,独活(去芦头)18 克,石斛(去根)18 克,柏子仁(生用)112 毫升,蛇蜕皮(微炙)长约 0.5 米,木天蓼(锉)10 克,秫米 8000 毫升,细曲 150 克。

制作工具或设备:研钵,玻璃容器。

制作过程:

(1)上述前面 16 味药,粗捣筛,加水 17 升,煮菖蒲等取汁 7 升,以酿 8 升秫米,蒸酘如常法,用六月细曲七月酿酒。

(2)酒成去糟粕取清,收于净器中密封。

建议用量:每次温饮 1~2 杯,每日 3 次。

风味特点:棕色澄清液体,气香,味微苦、涩,具有改善白驳举体斑白的功效。

54.枫荷梨祛风湿酒

原料配方:枫荷梨根 60 克,川牛膝 12 克,八角枫根 30 克,钩藤 12 克,大活血 18 克,金樱子根 18 克,丹参 18 克,桂枝 12 克,红糖 60 克,白酒 1000 毫升。

制作工具或设备:煮锅,玻璃容器。

制作过程:

(1)枫荷梨根、八角枫根、金樱子根分别切片或刨片后加水超过药面,前煮 2 次,每次煮沸 3~4 小时后,过滤,浓缩成膏。

(2)其他药切片,用酒热浸,浸渍30天后去渣,过滤,收集酒液。

(3)将上面项制得的浓缩膏与酒液混合加入红糖溶解(红糖,最好先制成糖浆后再加入混合),放置澄清,棉布过滤,即得。

建议用量:每次饮用15~16毫升,每日2~3次。

风味特点:色泽金黄,口味微苦,具有祛风湿、通筋络、利关节的功效。

55.金不换酒

原料配方:大金不换(全草)15克,山扁豆(全草)15克,瓜子金(全草)15克,双飞胡蝶根15克,洗手果树皮15克,白乌柏树根15克,只棱菊(全草)15克,米酒500毫升。

制作工具或设备:研钵,玻璃容器。

制作过程:

(1)前7味,细锉(若用鲜草,须洗净,晒干)。

(2)以米酒500毫升浸30日后,去渣备用。

建议用量:每次30~50毫升。还用药酒自上而下涂擦伤口周围肿痛处,每日擦4~5次。

风味特点:色泽金黄,口味微苦,具有消热解毒、利尿消肿的功效。

56.女贞皮酒

原料配方:女贞皮5克,冰糖50克,白酒500毫升。

制作工具或设备:研钵,玻璃容器。

制作过程:

(1)用刀将女贞皮切成米粒状或薄片状,待用。

(2)取干净容器,将冰糖放入,加少量沸水,使其充分溶解,然后将切片的女贞皮放入,再将白酒放入,搅拌至混合均匀。

(3)将容器盖盖紧,放在阴凉处储存30天,然后即可启封饮用。

建议用量:适量饮之。

风味特点:色泽金黄,口味微苦,具有改善风虚、补腰膝的功效。

57.神曲酒

原料配方:神曲8克,冰糖30克,蜂蜜25克,脱臭酒精500毫升。

制作工具或设备:煮锅,玻璃容器。

制作过程：

（1）取干净锅，置于火上预热，然后将神曲放入炒制，炒至神曲发出响声时，即离火冷却，待用。

（2）取干净容器，将冰糖、蜂蜜放入，加少量沸水，使其充分溶解，然后将炒赤的神曲放入，再将脱臭酒精放入，搅拌至混合均匀。

（3）将容器盖盖紧，放在阴凉处储存 40 天，然后启封进行过滤，去渣取酒液，即可饮用。

建议用量：适量饮之。

风味特点：色泽金黄，口味微苦，具有改善内肋腰痛的功效。

58. 薄荷酒

原料配方：脱臭酒精 4 升，薄荷冰 3 克，薄荷香料 5 克，白砂糖 400 克，甘油 20 克，冷开水 4 升。

制作工具或设备：煮锅，玻璃容器。

制作过程：

（1）取干净容器，先放入 1 升的脱臭酒精，然后将薄荷冰放入，使其充分溶化，待用。

（2）取干净容器，将糖放入，加入少量的热水，使糖充分溶解。然后将脱臭酒精放入，搅拌至混合均匀，再将薄荷香料放入搅和均匀，最后将甘油、薄荷冰溶解液、冷开水放入，搅拌至混合均匀。

（3）然后置于储存桶内储存 2 个月，进行过滤，去渣取酒液，即可饮用。

建议用量：适量饮之。

风味特点：色泽透明，口味清凉，薄荷味浓。

59. 牛膝复方酒

原料配方：石斛 60 克，杜仲 60 克，丹参 60 克，生地 60 克，牛膝 120 克，白酒 1500 毫升。

制作工具或设备：研钵，玻璃容器。

制作过程：

（1）上药共捣碎，置于净玻璃容器中，用白酒浸之，密封。

（2）经 7 天后开取。

建议用量:每日 3 次,每次饭前温饮 1 小盅。

风味特点:色泽金黄,口味微苦,具有活血通络、补阳强骨的功效。

60.蜂王浆人参酒

原料配方:蜂王浆 1000 克,人参抽取液 100 升,蜂蜜 25000 克,啤酒酵母 1 升,米曲霉 1 升,王台 202 个,山栀子 100 克,人参 1 条。

制作工具或设备:玻璃容器。

制作过程:

(1)糖度为 80% 的天然蜂蜜 25 千克,加水稀释 3 倍后,加乳酸调 pH 到 4.0~6.0,加蜂王浆 1 千克,充分搅拌混合均匀后,保温 36℃ 并接种以啤酒酵母和米曲霉的培养液 1 升,令其进行酒精发酵。

(2)发酵过程中,蜂王浆便溶解在发酵液中,发酵结束后进行过滤,除去杂质,把酵母分离出去,然后加入人参抽提液 100 升(人参用 40% 的酒精进行浸泡),混合后再加入王台 200 个,山栀子 100 克,保温 20℃ 以下,经过 3~12 个月的陈酿后,取出山栀子,分装入坛,每个坛子再加入一条人参和两个王台,封存起来即酿成蜂王浆人参酒。

建议用量:适量饮之。

风味特点:色泽金黄,口味微甜。

61.养生酒

原料配方:当归 30 克,桂元肉 240 克,枸杞子 120 克,甘菊花 30 克,白酒浆 3500 毫升,滴烧酒 1500 毫升。

制作工具或设备:研钵,玻璃容器。

制作过程:

(1)将药物研碎盛入纱布袋内,悬于玻璃容器中。

(2)加入酒后,封固窖藏 1 个月以上,即可启用。

建议用量:每日饮 1~2 次,每次饮 1~2 盅。

风味特点:色泽金黄,口味微甜,具有养血益精、安神明目、补益心脾的功效。

62.长生固本酒

原料配方:人参 20 克,枸杞子 20 克,山药 20 克,五味子 20 克,麦冬 20 克,生地黄 20 克,白酒 5000 毫升。

制作工具或设备:研钵,酒坛。

制作过程:

(1)将上述药物切制成片,放在用生绢作的袋子里,浸到 5000 毫升酒中,密封。

(2)将酒坛放在锅中,隔水加热约半小时,取出酒坛,埋入地下几天,出火毒后,取出即可饮用。

建议用量:每日早晚各取一次,每次饮 1 小盅。

风味特点:色泽浅黄,口味微苦,具有健脾益气、补血养阴的功效。

63. 牛膝独活酒

原料配方:桑寄生 30 克,牛膝 45 克,独活 25 克,秦艽 25 克,杜仲 40 克,人参 10 克,当归 35 克,白酒 1000 毫升。

制作工具或设备:研钵,玻璃容器。

制作过程:

(1)将所有药材洗净后切碎。

(2)放入纱布袋中,缝口。

(3)放入酒中,浸泡 30 天。

(4)将药渣取出,过滤备用。

建议用量:每次 10～30 毫升,每日 1 次(上午 9～11 点饮用为佳)。

风味特点:色泽浅黄,口味微苦,具有补养气血、益肝强肾、除祛风湿、止腰腿痛的功效。

64. 人参固本酒

原料配方:制首乌 60 克,枸杞子 60 克,生地黄 60 克,熟地黄 60 克,麦门冬 60 克,天门冬 60 克,人参 60 克,当归 60 克,茯苓 30 克,白酒 6000 毫升。

制作工具或设备:研钵,玻璃容器。

制作过程:

(1)将所有药材捣成碎末。

(2)装入纱布袋,放进干净的玻璃容器里。

(3)倒入白酒浸泡,加盖再放在文火上煮沸。

(4)约 1 小时后离火,冷却后将玻璃容器密封。

(5)7 天后开启,将药渣除去,装瓶备用。

建议用量:每次 10~20 毫升,每日早晚 2 次,将酒温热空腹饮用。

风味特点:色泽浅黄,口味微苦,具有补肝肾、填精髓、益气血的功效。

65.人参酒

原料配方:人参 30 克,白酒 1200 毫升。

制作工具或设备:煮锅,玻璃容器。

制作过程:

(1)用纱布缝一个与人参大小相当的袋子,将人参装入,缝口。

(2)放入酒中浸泡 7 日。

(3)之后倒入煮锅内,在微火上煮,将酒煮至 500~700 毫升时,将酒倒入瓶内。

(4)将其密封,冷却,存放备用。

建议用量:每次 10~30 毫升,每日 1 次(上午服用为佳)。

风味特点:色泽浅黄,味甘微苦,具有补益中气、温通血脉的功效。

66.王益酒

原料配方:蜜炙黄芪 250 克,生炒白术各 100 克,熟地黄 250 克,枸杞子 250 克,玉竹 250 克,白酒 1500 毫升。

制作工具或设备:研钵,煮锅,玻璃容器。

制作过程:

(1)将所有药材洗净后研细碎,装入纱布袋中。

(2)与白酒一起放入煮锅内,上火煎煮 40 分钟。

(3)过滤去渣留液,入瓶备用。

建议用量:每次 10~20 毫升,每日 1 次,临睡前饮用。

风味特点:色泽浅黄,口味微苦,具有补气养血、滋阴补肾的功效。

67.乌须酒

原料配方:制首乌 500 克,白首乌 500 克,胡桃肉 90 克,枸杞子 60 克,莲子肉 90 克,全当归 60 克,生姜汁 20 克,蜂蜜 90 克,细曲 300 克,生地 120 克,麦冬 30 克,糯米 5000 克。

制作工具或设备:研钵,煮锅,玻璃容器。

制作过程:

(1)先将两种首乌洗净,用水煮过,捣烂。

(2)除生姜汁、蜂蜜外,其余药材捣为粗末与首乌一起装入白布袋,封口备用。

(3)将细曲捣成细末,备用。

(4)生地用酒洗净,放入煮首乌的水中去煮,等水渐干时,再用文火煨。

(5)待水汁尽后,取出捣烂备用。

(6)将糯米放入锅中,加水3000毫升,放在文火上熬成粥状,然后倒入干净的坛子里。

(7)冷后加入细曲末,用柳枝拌匀,加盖密封,放在保温处酿制,待有酒浆时开封。

(8)将生地黄倒入酒糟中,用柳枝拌匀,加盖密封,3~5日后开封。

(9)压榨去糟渣,储入干净的坛子里,再将药袋悬入酒中,加盖。

(10)将坛放入锅中,隔水加热约80分钟后取出,埋入土中。

(11)过5日将酒坛取出,开封,去掉药袋,将蜂蜜炼过,倒入药酒中,再细滤一遍,装瓶备用。

建议用量:每次10~20毫升,每日3次,将酒温热空腹服用。

风味特点:色泽浅黄,口味微苦,具有补肾养肝、益精血的功效。

68.大补中当归酒

原料配方:当归40克,续断40克,肉桂40克,川芎40克,干姜40克,麦冬40克,芍药60克,甘草30克,白芷30克,黄芪40克,大枣20个,干地黄100克,吴茱萸100克,黄酒2000毫升。

制作工具或设备:研钵,煮锅,玻璃容器。

制作过程:

(1)将上述药材捣成粗末,装入白纱布袋内。

(2)将其放入干净的器皿中,用黄酒浸泡24小时。

(3)加水1000毫升,上火煮至1500毫升。

（4）冷却后，去掉药袋，过滤备用。

建议用量：每次 15 ~ 20 毫升，每日 3 次，饭前将酒温热饮用。

风味特点：色泽浅黄，口味微苦，具有补虚损的功效。

69. 当归地黄酒

原料配方：生地黄 50 克，当归尾 50 克，黄酒 500 毫升。

制作工具或设备：研钵，煮锅，玻璃容器。

制作过程：

（1）将上述 2 味药材一并捣成粗末。

（2）放进锅中，倒入黄酒，在火上煮 1 小时。

（3）然后过滤去渣，装瓶备用。

建议用量：每次 20 毫升，每日 3 次，将酒温热空腹饮用。

风味特点：色泽浅黄，口味微苦，具有补血止血的功效。

70. 当归独活酒

原料配方：独活 60 克，大豆 500 克，当归 10 克，黄酒 1500 毫升。

制作工具或设备：研钵，煮锅，玻璃容器。

制作过程：

（1）先将独活、当归捣碎，放入干净的玻璃容器中，用酒浸泡 24 小时。

（2）之后翻炒大豆至青烟冒出，倒入酒中密封。

（3）冷却后，去渣，过滤，装瓶备用。

建议用量：每次 10 ~ 15 毫升，每日 3 次，将酒温热空腹饮用。

风味特点：色泽浅黄，口味微苦，具有祛风补血的功效。

71. 当归红花酒

原料配方：当归 30 克，红花 20 克，丹参 15 克，月季花 15 克，米酒 1500 毫升。

制作工具或设备：研钵，玻璃容器。

制作过程：

（1）将上述 4 味药材研成细末，装入白纱布袋内。

（2）放进干净的玻璃容器中，倒入米酒浸泡，封口。

（3）7 日后开启，去掉药袋，澄清后即可饮用。

建议用量:每次 15～30 毫升,每日 2 次,将酒温热空腹饮用。

风味特点:色泽浅红,口味微苦,具有理气活血、调经养血的功效。

72. 当归元胡酒

原料配方:当归 15 克,元胡 15 克,制没药 15 克,红花 15 克,白酒 1000 毫升。

制作工具或设备:研钵,玻璃容器。

制作过程:

(1)将上述 4 味药材一并捣成粗末,装入纱布袋内。

(2)放入干净的玻璃容器中,倒入白酒浸泡,封口。

(3)7 日后开启,去掉药袋,过滤去渣备用。

建议用量:每次 10～15 毫升,每日早晚 2 次,将酒温热空腹饮用,孕妇忌服此酒。

风味特点:色泽浅红,口味微苦,具有活血行瘀的功效。

73. 刘寄奴酒

原料配方:刘寄奴 10 克,甘草 10 克,白酒 300 毫升。

制作工具或设备:煮锅,研钵,玻璃容器。

制作过程:

(1)将刘寄奴与甘草捣碎。

(2)放入锅中,加水 200 毫升,煎至 100 毫升。

(3)再倒入白酒 300 毫升,煎至 100 毫升,去渣备用。

建议用量:1 次温服,孕妇忌饮用此酒。

风味特点:色泽浅黄,口味微苦,具有破血通经、散瘀止痛的功效。

74. 种玉酒

原料配方:全当归 150 克,远志 150 克,甜酒 1500 毫升。

制作工具或设备:煮锅,研钵,玻璃容器。

制作过程:

(1)将全当归切成碎末,远志捣成粗末。

(2)二者和匀,装入纱布袋内。

(3)放入干净的器皿中,将甜酒倒入浸泡,封口。

(4)7 日后开启,去掉药袋,过滤后装瓶备用。

建议用量:每晚将酒温热服用,随量饮之,不可间断,用完依法再制。患有溃疡病及胃炎者慎服此酒。

风味特点:色泽浅黄,口味微苦,具有补血和血、调经止痛的功效。

75.半夏人参酒

原料配方:半夏 30 克,黄芩 30 克,干姜 20 克,人参 20 克,炙甘草 20 克,黄连 6 克,大枣 10 克,白酒 1000 毫升。

制作工具或设备:煮锅,研钵,玻璃容器。

制作过程:

(1)将上述 7 味药材一同捣碎用布包裹,浸于酒中。

(2)5 日后,加入凉开水 500 毫升调匀,去渣装瓶备用。

建议用量:每次 20 毫升,每日早晚 2 次,将酒温热饮用。

风味特点:色泽浅黄,口味微苦,具有和胃降逆、开结散痞的功效。

76.灵脾肉桂酒

原料配方:仙灵脾 100 克,陈橘皮 15 克,黑豆皮 30 克,连皮大腹槟榔 3 枚,豆豉 30 克,肉桂 30 克,生姜 3 片,葱白 3 根,黄酒 1000 毫升。

制作工具或设备:研钵,玻璃容器。

制作过程:

(1)将上述药材捣碎,装入纱布袋内。

(2)悬挂于小坛内不触坛底,浸泡 7 天。

建议用量:每次 10 毫升,每日早晚 2 次,将酒温热饮用。

风味特点:色泽浅黄,口味微苦,具有温补肾阳、健脾利湿的功效。

77.桑白吴萸酒

原料配方:桑根白皮 60 克,生姜 40 克,吴茱萸 10 克,水 1500 毫升,酒 1000 毫升。

制作工具或设备:研钵,玻璃容器。

制作过程:

(1)将药材研碎,用纱布袋扎紧。

(2)加水、酒煮药,3 沸后,去滓,即成。

建议用量:1 次饮完。

风味特点:色泽浅黄,口味微苦,具有泻肺行水、清肺止咳的功效。

78. 吴萸酒

原料配方:吴茱萸 50 克,黄酒 1000 毫升。

制作工具或设备:研钵,玻璃容器。

制作过程:

(1)将吴茱萸(色绿,饱满者为佳)研为碎末,放入瓶中。

(2)倒入黄酒浸泡,密封。

(3)3~5 日后开启,过滤后即可饮用。

建议用量:每次 10 毫升,每日 3 次,空腹饮用。阴虚火旺者忌服用此酒。

风味特点:色泽浅黄,口味微苦,具有温中止痛、理气燥湿的功效。

79. 大生地酒

原料配方:杉木节 50 克,牛蒡根 120 克,地骨皮 30 克,大麻仁 60 克,生地 120 克,丹参 30 克,牛膝 50 克,防风 20 克,独活 30 克,白酒 1500 毫升。

制作工具或设备:研钵,玻璃容器。

制作过程:

(1)将上述药材一同捣成粗末,装入纱布袋内。

(2)放入干净的玻璃容器中,倒入白酒浸泡,密封。

(3)7 日后开启,去掉药袋,过滤去渣,装瓶储存。

建议用量:每顿饭前,将酒温热随量饮用。

风味特点:色泽浅黄,口味微苦,具有清虚热、祛风、活血、消肿的功效。

80. 丹参杜仲酒

原料配方:杜仲 30 克,丹参 30 克,川芎 20 克,江米酒 750 毫升。

制作工具或设备:研钵,玻璃容器。

制作过程:

(1)将上述药材一同捣碎细,装入纱布袋内。

(2)放入干净的器皿中,倒入酒浸泡,密封。

(3)5 日后开启,去掉药袋,过滤装瓶备用。

建议用量:不限时,将酒温热随量饮用。

风味特点:色泽浅黄,口味微苦,具有补肾益肝、活血通络的功效。

81. 三味地黄酒

原料配方:生地黄(切)100 克,大豆(炒)200 克,牛蒡根(切)100 克,白酒 2000 毫升。

制作工具或设备:研钵,玻璃容器。

制作过程:

(1)将上述药材装入纱布袋内,放入干净的器皿中。

(2)放入酒中浸泡,密封。

(3)5 日后开启,过滤后装瓶备用。

建议用量:不限时,随量饮用。

风味特点:色泽浅黄,口味微苦,具有补肾除烦、祛风止痛的功效。

82. 石斛山药酒

原料配方:山茱萸 60 克,怀牛膝 30 克,石斛 120 克,山药 60 克,熟地 60 克,白术 30 克,白酒 3000 毫升。

制作工具或设备:研钵,玻璃容器。

制作过程:

(1)将上述药材捣成碎末,装入纱布袋内。

(2)放入干净的器皿中,倒入白酒浸泡,加盖密封。

(3)14 日后开启,去掉药袋,过滤后即可服用。

建议用量:每次 10～20 毫升,每日 3 次,将酒温热空腹饮用。

风味特点:色泽浅黄,口味微苦,具有补肾、养阴、健脾的功效。

83. 长春酒

长春酒(一)

原料配方:山茱萸 30 克,巴戟天 45 克,石菖蒲 30 克,地骨皮 40 克,覆盆子 45 克,枸杞子 100 克,菟丝子 45 克,肉苁蓉 120 克,柏子仁 40 克,五味子 24 克,熟地 45 克,山药 40 克,牛膝 70 克,杜仲 70 克,茯苓 30 克,人参 10 克,木香 15 克,川椒 9 克,泽泻 40 克,远志 30 克,天冬(去心)30 克,麦冬(去心)30 克,白酒 3500 毫升。

制作工具或设备:研钵,玻璃容器。

制作过程：

(1)将所有药材研成碎末。

(2)装入纱布袋,放进干净的玻璃容器里。

(3)倒入白酒浸泡,加盖再放在文火上煮沸。

(4)约1小时后离火,冷却后将玻璃容器密封。

(5)7天后开启,将药渣除去,装瓶备用。

建议用量:每次10～20毫升,每日早晚2次,将酒温热空腹饮用。

风味特点:色泽浅黄、口味微苦,具有补虚损、壮筋骨、调阴阳的功效。

长春酒(二)

原料配方:炙黄芪9克,人参9克,白术9克,白茯苓9克,当归9克,川芎9克,姜半夏9克,熟地9克,官桂9克,橘红9克,制南星9克,白芍9克,姜厚朴9克,砂仁9克,草果仁9克,青皮9克,槟榔9克,苍术9克,丁香9克,木香9克,沉香9克,白豆蔻9克,曹香9克,木瓜9克,五味子9克,石制9克,杜仲9克,薏苡仁9克,枇杷叶9克,炒神曲9克,炙桑白皮9克,炒麦芽9克,炙甘草9克,白酒1000毫升。

制作工具或设备:研钵,玻璃容器。

制作过程:

(1)将前33味如常法炮制加工后,各按净量称准,混匀,等分为20包。

(2)每用1包,入纱布袋,置容器中,加入白酒1000毫升,密封,浸泡3～10天(技季节气温酌定),即可饮用。

建议用量:每日清晨饮用10毫升。

风味特点:色泽浅黄,口味微苦,具有益气养血、理气化痰、健脾和胃的功效。

84. 芥子酒

原料配方:白芥子250克,白酒1000毫升,黄酒2000～3000毫升。

制作工具或设备:研钵,玻璃容器。

制作过程：

（1）将白芥子研成粗末，装入纱布袋内，放入干净的玻璃容器中。

（2）倒入白酒浸泡3日，再入黄酒或米甜酒浸泡3日。

（3）去掉药袋，澄清后即可饮用。

建议用量：每次20～50毫升，每日3次，将酒温热空腹饮用。

风味特点：色泽浅黄，口味微苦，具有温中散寒、利气豁痰的功效。

85．天天果酒

原料配方：天天果（龙葵果）150克，白酒500毫升。

制作工具或设备：玻璃容器。

制作过程：

（1）将黑熟的天天果放入干净的玻璃容器内。

（2）倒入白酒浸泡，密封。

（3）20～30天后开启，过滤装瓶备用。

建议用量：每次10毫升，每日3次。

风味特点：色泽浅黄，口味微苦，具有清热解毒、活血消肿的功效。

86．二地二冬酒

原料配方：菟丝子120克，肉苁蓉120克，天门冬60克，麦门冬60克，白茯苓60克，枸杞子60克，五味子60克，石菖蒲30克，车前子45克，山萸肉60克，远志肉30克，柏子仁60克，覆盆子45克，地骨皮45克，牛膝60克，生地60克，熟地60克，山药60克，人参60克，木香60克，川椒30克，泽泻30克，杜仲（姜汁炒）60克，巴戟天（去心）60克，白酒3000毫升。

制作工具或设备：研钵，玻璃容器。

制作过程：

（1）将上述24味药材一起捣为粗末，用纱布包储，放入干净的玻璃容器中。

（2）倒入白酒浸泡7～12日，即可饮用。

建议用量：每次20毫升，每日早晚2次。

风味特点：色泽浅黄，口味微苦，具有补肾添精、安神定志的功效。

87. 女贞子酒

女贞子酒（一）

原料配方:女贞子 400 克,白酒 1500 毫升。

制作工具或设备:研钵,玻璃容器。

制作过程:

(1)将女贞子切细后,放入干净的玻璃容器中。

(2)倒入白酒浸泡,密封。

(3)5 日后开启,去渣备用。

建议用量:每次 10～30 毫升,每日 2 次,将酒温热饮用。

风味特点:色泽浅黄,口味微苦,具有补肝肾、祛风湿的功效。

女贞子酒（二）

原料配方:女贞子 200 克,甘味料 250 克,白酒 1000 毫升。

制作工具或设备:研钵,玻璃容器。

制作过程:

(1)冬季果实成熟时采收,将女贞子洗净,蒸后晒干,放入低度白酒中,加入甘味料,加盖密封。

(2)每天振摇 1 次,1 周后开始服用。

建议用量:每日 1～2 次,每次 1 小盅。

风味特点:色泽浅黄,口味微苦,具有补益肝肾、抗衰祛斑的功效。

88. 山萸苁蓉酒

原料配方:菟丝子 30 克,肉苁蓉 60 克,山萸肉 30 克,五味子 35 克,川牛膝 30 克,熟地黄 30 克,巴戟天 30 克,山药 25 克,茯苓 30 克,泽泻 30 克,杜仲 40 克,远志 30 克,白酒 2000 毫升。

制作工具或设备:研钵,玻璃容器。

制作过程:

(1)将上述 12 味药材一起捣粗末,放入干净的玻璃容器中。

(2)倒入白酒浸泡,密封。

(3)春夏 5 日,秋冬 7 日后开取,去渣备用。

建议用量:每次 10～20 毫升,每日早晚 2 次,将酒温热空腹饮用。

风味特点:色泽浅黄,口味微苦,具有补肝肾、暖腰膝、安神定志、充精补脑的功效。

89. 五精酒

原料配方：枸杞子 50 克，松叶 60 克，黄精 40 克，白术 40 克，天冬 50 克，糯米 1250 克，细曲 120 克。

制作工具或设备：煮锅，研钵，玻璃容器。

制作过程：

（1）先将细曲加工成细末，备用。

（2）枸杞子、黄精等药置于煮锅中，加水煮到 5 升，待冷备用。

（3）将糯米淘净，蒸煮后沥半干，倒入净玻璃容器中待冷。

（4）将药并汁倒入玻璃容器中，加入细曲末，用柳枝搅拌匀，加盖密封，置保温处。

（5）21 日后开封，压榨去糟渣，过滤装瓶备用。

建议用量：每次 10～20 毫升，每日 2 次，将酒温热空腹饮用，或每次随量饮之。

风味特点：色泽浅黄，口味微苦，具有补肝肾、益精血、健脾、祛风湿的功效。

90. 五味沙苑酒

原料配方：枸杞子 60 克，山茱萸 30 克，沙苑子 30 克，菊花 60 克，生地 30 克，白酒 1500 毫升。

制作工具或设备：研钵，玻璃容器。

制作过程：

（1）将上述药材加工碎，装入纱布袋内，放入干净的玻璃容器中。

（2）倒入白酒浸泡，密封。

（3）7 日后开启，去掉药袋，澄清后即可饮用。

建议用量：每次 10～20 毫升，每日 2 次，将酒温热空腹饮用。

风味特点：色泽浅黄，口味微苦，具有补肝肾、明目之功效。

91. 五子补肾酒

原料配方：枸杞子 100 克，菟丝子 50 克，五味子 50 克，覆盆子 100 克，车前子 50 克，白酒 1000 毫升。

制作工具或设备：研钵，玻璃容器。

制作过程:

(1)将上述药材研细粉,装入纱布袋中。

(2)放入酒中,浸泡 30 天,过滤,去渣备用。

建议用量:每次 10~20 毫升,每日 1 次,晨起即饮。

风味特点:色泽浅黄,口味微苦,具有添精补髓、疏利肾气的功效。

92. 一醉不老丹

原料配方:熟地黄 90 克,生地黄 90 克,五加皮 90 克,没石子 6 枚,莲子蕊 90 克,槐角子 90 克,白酒 5000 毫升。

制作工具或设备:研钵,玻璃容器。

制作过程:

(1)将上述药材捣成粗末,装入纱布袋内,放入干净的玻璃容器中。

(2)倒入白酒浸泡,密封。

(3)14 日后开启,去掉药袋,过滤后装瓶备用。

建议用量:每次 10~15 毫升,每日 2 次,将酒温热空腹饮用。

风味特点:色泽浅黄,口味微苦,具有补肾固精、养血乌须、壮筋骨的功效。

93. 三藤酒

原料配方:络石藤 90 克,海风藤 90 克,鸡血藤 90 克,桑寄生 90 克,五加皮 30 克,木瓜 60 克,白酒 3000 毫升。

制作工具或设备:研钵,玻璃容器。

制作过程:

(1)将上述 6 味药材,切成薄片,放入干净的玻璃容器中。

(2)倒入白酒浸泡,按冷浸法制成药酒 2000~3000 毫升即成。

建议用量:每次 30 毫升,每日 1~2 次,将酒温热空腹饮用。

风味特点:色泽浅黄,口味微苦,具有祛湿、舒筋、通络的功效。

94. 十二味药酒

原料配方:白石英 120 克,酸枣仁 30 克,羚羊角 30 克,磁石 120 克,石斛 90 克,黄芪 30 克,羌活 30 克,生地 60 克,牛膝 90 克,肉桂 60 克,云苓 60 克,杜仲 45 克,白酒 3500 毫升。

制作工具或设备:研钵,玻璃容器。

制作过程:

(1)将上述药材一同碎为细末,装入布袋内,悬挂在干净的玻璃容器内。

(2)倒入酒浸泡,密封。

(3)10 日后开启。

建议用量:每次 10 毫升,每日早晚 2 次,将酒温热空腹饮用。

风味特点:色泽浅黄,口味微苦,具有祛风、利湿、补虚的功效。

95.复方黄药子酒

原料配方:黄药子 12 克,海藻 12 克,浙贝母 90 克,白酒 1000 毫升。

制作工具或设备:煮锅,研钵,玻璃容器。

制作过程:

(1)将药材一起研成粗末,放入干净的玻璃容器内。

(2)倒入白酒,隔水加热,不时搅拌至沸。

(3)取出,连酒带药趁热封闭。

(4)静置 10 天,滤过装瓶备用。

建议用量:每次服 10 毫升,每日 3 次。

风味特点:色泽浅黄,口味微苦,具有软坚散结的功效。

96.瓜蒌甘草酒

原料配方:瓜蒌 1 枚,甘草 12 克,白酒 500 毫升。

制作工具或设备:煮锅,研钵,玻璃容器。

制作过程:

(1)先将瓜蒌、甘草研成粗粉,装入纱布袋备用。

(2)加入白酒上火煎 3～5 沸,去渣备用。

建议用量:睡前将酒温热服用。

风味特点:色泽浅黄,口味微苦,具有消肿化瘀的功效。

97.化瘀止痛酒

原料配方:丹皮 30 克,肉桂 30 克,桃仁 30 克,生地黄汁 250 毫升,白酒 500 毫升。

制作工具或设备:煮锅,研钵,玻璃容器。

制作过程:

(1)将桃仁丹皮、肉桂共捣为细末。

(2)与生地黄汁和酒一同煎煮数十沸。

(3)冷却后,过滤去渣,收储备用。

建议用量:每次 10~20 毫升,每日 3 次,将酒温热空腹饮用,或不限时饮。

风味特点:色泽浅黄,口味微苦,具有通经化瘀、止痛的功效。

98. 立效酒

原料配方:皂角刺(炒赤)30 克,粉甘草 5 克,乳香(另研)3 克,没药(另研)3 克,瓜蒌 9 克,黄酒 300 毫升。

制作工具或设备:煮锅,研钵,玻璃容器。

制作过程:

(1)将药捣成末,兑入黄酒于煮锅内搅匀。

(2)倒入好酒慢火煎沸,去渣备用。

建议用量:温热饮用。

风味特点:色泽浅黄,口味微苦,具有解毒止痛的功效。

99. 两皮酒

原料配方:海桐皮 30 克,薏苡仁(炒)30 克,五加皮 30 克,独活 30 克,牛膝 30 克,防风 30 克,干蝎(炒)30 克,杜仲 30 克,生地 90 克,白酒 1500 毫升。

制作工具或设备:研钵,玻璃容器。

制作过程:

(1)将上述 9 味药材一起捣为粗末,装入纱布袋内。

(2)放入玻璃容器中,倒入白酒浸泡,密封。

(3)秋夏 3 日,春冬 7 日,开封,去掉药袋,过滤去渣,装瓶备用。

建议用量:每次 10~20 毫升,每日 3 次,饭前将酒温热饮用。

风味特点:色泽浅黄,口味微苦,具有祛风、解毒、止痛的功效。

100. 如意酒

原料配方:如意草(新鲜肥大者)50 克,白酒 200 毫升。

制作工具或设备:煮锅,研钵,玻璃容器。

制作过程:

(1)将如意草捣烂,滚酒冲入,少顷挤汁,即成。

(2)取汁储存。

建议用量:温饮之。

风味特点:色泽浅黄,口味微苦,具有解毒、消肿、止痛的功效。

101. 石楠肤子酒

原料配方:石楠叶 50 克,地肤子 50 克,当归 50 克,独活 50 克,白酒 500 毫升。

制作工具或设备:煮锅,研钵,玻璃容器。

制作过程:

(1)将上述 4 味药材一起捣为粗末。

(2)与酒共置于锅中,上火煎煮数 10 沸。

(3)冷却后,过滤去渣,装瓶备用。

建议用量:每次 10 ~ 15 毫升,每日 3 次,将酒温热空腹饮用。

风味特点:色泽浅黄,口味微苦,具有除风湿、和血止痒的功效。

102. 石松浸酒

原料配方:石松 100 克,白酒 1000 毫升。

制作工具或设备:煮锅,研钵,玻璃容器。

制作过程:

(1)将石松拣净杂质,筛去灰屑,切段。

(2)放入干净的玻璃容器中,倒入白酒浸泡,密封。

(3)14 日后开启,过滤后即可饮用。

建议用量:每次 30 ~ 50 毫升,每日 1 次。

风味特点:色泽浅黄,口味微苦,具有祛风散寒、舒筋活络、除湿祛积的功效。

103. 松叶酒

原料配方:松叶 500 克,白酒 1000 毫升。

制作工具或设备:煮锅,研钵,玻璃容器。

制作过程:

(1)将松叶切碎,与酒同煎。

(2)煮至 300 毫升,候温备用。

建议用量:日夜饮尽。

风味特点:色泽浅黄,口味微苦,具有祛风、止痒、解毒的功效。

104.苏木行瘀酒

原料配方:苏木 70 克,白酒 500 毫升,清水 500 毫升。

制作工具或设备:煮锅,研钵,玻璃容器。

制作过程:

(1)将苏木捣成碎末,放入锅内。

(2)倒入水、酒各 500 毫升,上火煎煮,取 500 毫升。

(3)候温,过滤去渣,分作三份。

建议用量:每次 1 份,每日 3 次,将酒温热空腹饮用。

风味特点:色泽浅黄,口味微苦,具有行血祛瘀、止痛消肿的功效。

105.续筋接骨酒

原料配方:透骨草 10 克,白芍药 10 克,大黄 10 克,当归 10 克,丹皮 6 克,生地 15 克,土狗 10 个,土虱 30 个,红花 10 克,白酒 500 毫升。

制作工具或设备:煮锅,研钵,玻璃容器。

制作过程:

(1)将上述 9 味药材,均捣为粗末,用酒煎取一半。

(2)候温,过滤去渣,分作 3 份。

建议用量:每日用 1 份药酒。

风味特点:色泽浅黄,口味微苦,具有接骨续筋、止痛的功效。

106.三七愈风酒

原料配方:三七 15 克,当归 15 克,红花 5 克,全蝎 15 克,土鳖虫 15 克,独活 12 克,羌活 12 克,防风 15 克,枸杞子 30 克,甘草 10 克,白酒 1000 毫升。

制作工具或设备:研钵,玻璃容器。

制作过程:将上述药洗净晒干,浸泡入酒中,10 天后即可服用。

建议用量:每日服 2 次,每次饮用 15 ~ 20 毫升。

风味特点:色泽浅黄,口味微苦,具有通经活络、祛风除湿、祛瘀止痛的功效。

107.三七根酒

原料配方:三七须根 100 克,白酒 3000 毫升。

制作工具或设备:研钵,玻璃容器。

制作过程:

(1)将三七根洗净晒干,装于容器中,用 50 度白酒浸渍。

(2)密封浸泡 15 天以上。

建议用量:每日早、晚各服 1 小杯,30～50 毫升。

风味特点:色泽浅黄,口味微苦,具有温补气血、活血化瘀的功效。

108.三七酒

原料配方:三七 5 克,白酒 500 毫升。

制作工具或设备:研钵,玻璃容器。

制作过程:

(1)将三七用净湿布抹干净切片,放入玻璃容器内。

(2)注入白酒,密封,浸泡 7 天即可服饮。

建议用量:每日饮用 2 次,每次 30～40 毫升。

风味特点:色泽浅黄,口味微苦,具有散瘀止血、活血通络的功效。

109.三七活血酒

原料配方:三七 15 克,海桐皮 15 克,薏苡仁 15 克,生地 15 克,牛膝 15 克,川芎 15 克,羌活 15 克,地骨皮 15 克,五加皮 15 克,白酒 2500 毫升。

制作工具或设备:研钵,玻璃容器。

制作过程:

(1)将上述中药材研粗末,入白酒中浸渍,密封。

(2)夏日浸 7 日,冬日浸 10 日,过滤即成。

建议用量:每日 2 次,每次饮用 15 毫升。

风味特点:色泽浅黄,口味微苦,具有活血止痛、祛瘀通络的功效。

110.伤科补要药酒

原料配方:参三七 15 克,红花 15 克,生地黄 15 克,川芎 15 克,当归身15克,乌药15克,落得打15克,乳香15克,五加皮15克,防风15克,川牛膝15克,干姜15克,牡丹皮15克,肉桂15克,延胡索15克,姜黄15克,海桐皮15克,白酒2500毫升。

制作工具或设备:研钵,玻璃容器。

制作过程:

(1)将上述中药材适当粉碎,盛于绢袋,与白酒置入容器中密封。

(2)隔水加热,煮1.5小时,取出放凉,再浸泡10日即可饮用。

建议用量:每日2次,适量饮用。

风味特点:色泽浅黄,口味微苦,具有行气活血、消肿止痛的功效。

111. 人参三七酒

原料配方:人参6克,三七18克,川芎18克,当归60克,黄芪60克,五加皮36克,白术36克,甘草12克,五味子24克,茯苓24克,白酒3000毫升。

制作工具或设备:研钵,玻璃容器。

制作过程:

(1)将上述药物切碎,与白酒一起置入容器中,密封。

(2)浸泡15日以上即成。

建议用量:早、晚各1次,每次饮15~30毫升。

风味特点:色泽浅黄,口味微苦,具有补益气血、养心安神的功效。

112. 薤白三七酒

原料配方:薤白10克,三七10克,玉参10克,桂枝10克,黄酒500毫升。

制作工具或设备:煮锅,研钵,玻璃容器。

制作过程:

(1)将三七研为细末备用,取诸药水煎取汁,去渣。

(2)兑入黄酒适量混匀煮沸即可。

建议用量:趁热饮服。

风味特点:色泽浅黄,口味微苦,具有温阳活血止痛的功效。

113. 三七红花酒

原料配方:三七50克,红花150克,当归50克,白酒1000毫升。

制作工具或设备:研钵,玻璃容器。

制作过程:

(1)先将三七捣碎,与红花、当归一起放入玻璃容器中,加白酒浸泡。

(2)密封10天可开始饮用。

建议用量:每日3次,每次30毫升。

风味特点:色泽浅黄,口味微苦,具有行瘀活血、疗伤止痛的功效。

114.参桂强心酒

原料配方:三七10克,人参15克,肉桂20克,淫羊藿30克,茯神30克,玉竹30克,黄精30克,丹参60克,50°的白酒1500毫升。

制作工具或设备:研钵,玻璃容器。

制作过程:诸药净选,粗粉碎,加入白酒中浸泡。每日振摇或搅拌两次,浸泡15天即成。

建议用量:每日2~3次,每次15~20毫升。

风味特点:色泽浅黄,口味微苦,具有益气助阳、滋阴强心、活血复脉的功效。

115.健心复脉酒

原料配方:三七10克,黄芪60克,红参15克,麦冬30克,桂枝15克,灵芝30克,丹参60克,川芎30克,当归30克,桑寄生30克,甘松30克,炙甘草15克,50度的白酒2000毫升。

制作工具或设备:研钵,玻璃容器。

制作过程:

(1)诸药净选,粗粉碎,加入白酒中浸泡。

(2)每日振摇或搅拌两次,浸泡15天即可开始饮用。

建议用量:每日2次,每次15~20毫升。

风味特点:色泽浅黄,口味微苦,具有益气活血、复脉宁心的功效。

116.丹归芪桂生脉酒

原料配方:三七10克,西羊参15克,黄芪50克,桂枝20克,麦冬50克,五味子15克,丹参50克,当归20克,炙甘草15克,50度的白酒1500克。

制作工具或设备:研钵,玻璃容器。

制作过程:

(1)诸药净选,粗粉碎,加入白酒中浸泡。

(2)每日振摇或搅拌两次,浸泡15天即可开始饮用。

建议用量:每日2次,每次15～20毫升。

风味特点:色泽浅黄,口味微苦,具有扶阳救逆、益气养阴、活血安神的功效。

117. 冠心活络酒

原料配方:三七24克,冬虫夏草18克,当归18克,西红花15克,橘络15克,人参15克,川芎15克,薤白15克,白糖150克,白酒500毫升。

制作工具或设备:研钵,玻璃容器。

制作过程:

(1)将上述中药材研为粗末,放入白酒内密封。

(2)浸泡15日,每天摇动1次,过滤后加入白糖,使之溶化后备用。药渣可加白酒再浸泡1次。

建议用量:每日饭后服2～3次,每次5毫升。

风味特点:色泽浅黄,口味微苦,具有养心益气、活血通络的功效。

118. 身痛逐瘀酒

原料配方:三七50克,红花50克,赤芍50克,川芎20克,牛膝50克,冰糖100克,白酒2000毫升。

制作工具或设备:研钵,玻璃容器。

制作过程:

(1)将上述各药研碎,装入玻璃容器中。

(2)加入白酒密封,浸泡15天即可。

建议用量:每日2次,每次饮10～20毫升。

风味特点:色泽浅黄,口味微苦,具有散瘀活血、通经止痛的功效。

119. 三七菊花酒

原料配方:三七15克,马桑枝100克,木瓜15克,菊花30克,狗骨50克,白酒2000毫升。

制作工具或设备:研钵,玻璃容器。

制作过程:

(1)将上述中药材研碎装入容器内用酒浸泡。

(2)密封 10 天后,将酒滤出即可饮用。

建议用量:每日服 2 次,每次饮 10 毫升,连服 3 个月。

风味特点:色泽浅黄,口味微苦,具有扶正祛风、补虚息风的功效。

120. 参茸三七酒

原料配方:人参 15 克,鹿茸 15 克,三七(熟)150 克,白术(麸炒)90 克,茯苓(蒸)60 克,五味子(蒸)90 克,枸杞子 60 克,肉苁蓉 90 克,补骨脂(盐制)90 克,麦冬 90 克,巴戟天(盐制)60 克,怀牛膝(酒制)30 克,蔗糖 45 克,白酒 1000 毫升。

制作工具或设备:研钵,玻璃容器。

制作过程:

(1)将上述中药材浸泡于白酒中。

(2)泡 7 天以上即可服用。

建议用量:一次 10 毫升,一日 2~3 次。

风味特点:色泽浅黄,口味微苦,具有益气补血、养心安神的功效。

121. 灵芝丹参酒

原料配方:灵芝 30 克,丹参 5 克,白酒 500 毫升。

制作工具或设备:研钵,玻璃容器。

制作过程:

(1)将上述中药材洗净,研碎,一起放入玻璃容器内。

(2)倒入白酒,加盖密封,每天摇晃 1 次,浸泡 15 日即可饮用。

建议用量:每日 2 次,每次饮 20~30 毫升。

风味特点:色泽浅黄,口味微苦,具有补益心气、活血通络、安神的功效。

122. 三七枸杞酒

原料配方:三七 300 克,枸杞子 500 克,熟地黄 100 克,冰糖 4000 克,白酒 5000 毫升。

制作工具或设备:煮锅,玻璃容器。

制作过程:

(1)将三七烘烤切片,枸杞除去杂质,用纱布袋装上扎口备用。

(2)冰糖放入锅中,用适量水加热溶化至沸,炼至色黄时,趁热用纱布过滤去渣备用。

(3)白酒装入酒坛内,将装有三七、枸杞的布袋放入酒中,加盖密封浸泡10~15天,每日搅拌1次,泡至药味尽淡,取出药袋,用细布滤除沉淀物,加入冰糖搅匀,再静置过滤,澄明即成。

建议用量:饮用时,可根据自己的酒量,每次饮10~12毫升。

风味特点:色泽浅黄,口味微苦,具有强壮抗老、补阴血、乌须发、壮腰膝、强视力、活血通经的功效。

123. 三七跌打酒

原料配方:大个三七100克,血竭12克,琥珀12克,大黄15克,桃仁15克,泽兰15克,红花15克,当归尾15克,乳香15克,没药15克,秦艽15克,川续断15克,杜仲15克,骨碎补15克,上鳖虫15克,苏木15克,无名异15克,马钱子(炸黄去毛)15克,七叶一枝花9克,三花酒(白酒)1500毫升。

制作工具或设备:研钵,玻璃容器。

制作过程:

(1)将19味切片,置容器中,加入三花酒,密封。

(2)浸泡2个月以上,过滤去渣,即成。

建议用量:每次15~30毫升,每日1~2次。孕妇忌用。

风味特点:色泽浅黄,口味微苦。

124. 回春酒

原料配方:人参30克,荔枝肉800克,白酒2000毫升。

制作工具或设备:研钵,玻璃容器。

制作过程:

(1)将人参切薄片,荔枝切碎,一同装入纱布袋内,扎紧口,放入玻璃容器中。

(2)倒入白酒,密封浸泡15天,隔日摇动1次,取上清酒液即成。

建议用量:每日2次,每次空腹温饮20毫升。

风味特点:色泽浅黄,口味微苦,具有大补元气、养血安神、健身益寿的功效。

125.四季春补酒

原料配方:人参 50 克,仙灵脾 50 克,枸杞子 50 克,黄芪 50 克,首乌 50 克,党参 50 克,天麻 50 克,麦冬 50 克,甘草 50 克,大枣 50 克,冬虫夏草 25 克,白酒 1500 毫升。

制作工具或设备:研钵,玻璃容器。

制作过程:

(1)将上述各药洗拣干净,装入纱布袋中,扎紧袋口。

(2)以 50 度左右白酒密封浸泡 1 个月,即可饮用。

建议用量:每日早晚温饮 15~30 毫升。

风味特点:色泽浅黄,口味微苦,具有温补气血、强精扶元的功效。

126.枸杞人参酒

原料配方:人参 10 克,枸杞子 175 克,熟地黄 50 克,冰糖 200 克,白酒 5000 毫升。

制作工具或设备:研钵,玻璃容器。

制作过程:

(1)将人参、枸杞子、熟地黄 3 药加工研碎,放入玻璃容器内。

(2)再加白酒,密封浸泡 10 天,每天摇动数下。

(3)开封后,过滤去药渣,装瓶备用。

建议用量:适量饮之。

风味特点:色泽浅黄,口味微苦,具有大补元气、安神固脱的功效。

127.仙灵脾酒

仙灵脾酒(一)

原料配方:仙灵脾 200 克,枸杞子 100 克,党参 50 克,白酒 1500 毫升。

制作工具或设备:研钵,玻璃容器。

制作过程:

(1)将各药研碎放入玻璃容器中,密封浸泡。

(2)每 5 天摇动一次,15 日以上即可。

建议用量:每日 1 ~ 2 次,每次 15 ~ 20 毫升,空腹饮用。性欲亢进,阴虚火旺者慎用。高血压者也不宜饮用。

风味特点:色泽浅棕,口味微苦,具有强精壮阳、祛风除湿的功效。

仙灵脾酒(二)

原料配方:仙灵脾(坐鹅脂 30 克炒)180 克,陈桔皮 15 克,连皮大腹摈榔 30 克,黑豆皮 30 克,淡豆鼓 30 克,桂心 3 克,生姜 2 克,葱白 3 根,白酒 1200 毫升。

制作工具或设备:研钵,玻璃容器。

制作过程:

(1)将前 8 味细末,入布袋,置容器中,密封。

(2)隔水蒸煮 1 小时,取出候冷。去渣,即成。

建议用量:每次空腹或夜卧前各饮 100 毫升。

风味特点:色泽浅棕,口味微苦,具有补肾益精、壮阳通络、健脾利湿的功效。

128. 不老枸杞酒

原料配方:枸杞子 100 克,五加皮 15 克,桂皮 25 克,地黄 20 克,覆盆子 25 克,肉豆蔻 15 克,蜂蜜 250 克,白酒 1500 毫升。

制作工具或设备:研钵,玻璃容器。

制作过程:

(1)所用药材均需切片研碎,方可浸造。

(2)所有原料加上白酒一起放入玻璃容器中。

(3)浸泡 45 天,即成。

建议用量:每次 1 杯,每日就寝前饮之。注意咯血、吐血者忌饮此酒。

风味特点:色泽浅红,口味微苦,具有强精、健胃、解热的功效。

129. 保健人参酒

原料配方:人参 50 克,天麻 50 克,地肤子 50 克,淫羊藿 50 克,川芎 50 克,白酒 1500 毫升。

制作工具或设备:研钵,玻璃容器。

制作过程:

（1）所用药材均需研碎。

（2）所有原料加上白酒一起放入玻璃容器中。

（3）浸泡 45 天,即成。

建议用量:饮量不限,空腹时不宜饮用。

风味特点:色泽浅红,口味微苦,具有强身健体的功效。

130. 逍遥酒

原料配方:菟丝子 100 克,地黄 50 克,人参 50 克,蜂蜜 250 克,白酒 1500 毫升。

制作工具或设备:研钵,玻璃容器。

制作过程:

（1）菟丝子、地黄捣碎,人参切片始可浸造。

（2）放入白酒浸渍后,储存 36 天,可启封使用。

建议用量:每日量不得逾 2 杯,初以半至 1 杯为宜,日常可饮用,寝前绝妙。

风味特点:色泽浅红,口味微苦,具有安定精神、气血双补的功效。

131. 英雄酒

原料配方:山茱萸 25 克,当归 25 克,菟丝子 25 克,麦门冬 50 克,狗脊 25 克,枸杞 25 克,人参 25 克,蛤蚧尾 1 只,白酒 1000 毫升。

制作工具或设备:研钵,玻璃容器。

制作过程:

（1）浸造前药材切片或捣碎,酒以高粱酒为宜。

（2）浸制后储存 21 天即可启封饮用。

建议用量:女人不宜,未成年者不宜,无九丑之疾者少饮为上。每日早、午、晚三餐后各饮 1 杯。

风味特点:色泽浅红,口味微苦,具有补肾气、兴阳道、添精髓的功效。

132. 补益酒

原料配方:仙茅 200 克,淫羊藿 200 克,南五加皮 200 克,高粱酒 1500 毫升。

制作工具或设备:研钵,玻璃容器。

制作过程:

（1）先以淫羊藿单味入酒浸制 20 日后,滤去残渣,将淫羊藿所吸取的酒用力挤出,再以此酒浸制仙茅和南五加皮。

（2）仙茅在浸制前一天,应先以米泔（即洗米水）泡一宿,因仙茅有小毒,如此可降低毒性。第二次储存期亦为 21 日。

建议用量:每日一次,每次限一杯。

风味特点:色泽浅红,口味微苦,具有补肾固精、悦颜养肌、补中益气的功效。

133. 苁蓉五味酒

原料配方:肉苁蓉 40 克,山药 40 克,五味子 40 克,山茱萸 40 克,茯苓 40 克,白酒 1000 毫升。

制作工具或设备:研钵,玻璃容器。

制作过程:

（1）药材均需切片或捣碎始可浸泡。

（2）储存 50 天可用。

建议用量:每日量 2～4 杯,分数次饮用。每次仅可饮 1 杯。调和开水饮用亦可,其药效不变。

风味特点:色泽浅黄,口味微苦,具有延年益寿的功效。

134. 神仙延寿酒

原料配方:生地 20 克,熟地 20 克,天门冬 20 克,麦门冬 20 克,当归 20 克,牛膝 20 克,杜仲 20 克,小茴香 20 克,巴戟天 20 克,苁蓉 10 克,补骨脂 10 克,木香 5 克,砂仁 10 克,川芎 10 克,白芍 20 克,人参 15 克,白术 20 克,白茯苓 20 克,黄柏 25 克,知母 20 克,石菖蒲 5 克,柏子仁 5 克,远志 10 克,白酒 1500 毫升。

制作工具或设备:研钵,玻璃容器,酒瓮。

制作过程:

（1）将药物用纱布包好,浸入酒中,用玻璃容器蒸煮 1 小时。

（2）而后放一酒瓮中,封泥埋于土中 3 日可用。

建议用量:每日 2～3 杯,随时可饮

风味特点:色泽浅黄,口味微苦,具有和气血、养脏腑、调脾胃、强精神、悦颜色、补诸虚的功效。

135. 固本强精酒

原料配方:当归20克,巴戟天15克,肉苁蓉20克,杜仲20克,人参20克,沉香20克,小茴香20克,补骨脂20克,石菖蒲20克,青盐20克,木通20克,山茱萸20克,石斛20克,天门冬20克,陈皮20克,熟地20克,菟丝子20克,狗脊20克,牛膝20克,酸枣仁15克,覆盆子20克,枸杞20克,远志10克,生姜20克,山药20克,川椒0.4克,神曲30克,白豆蔻0.6克,木香0.5克,砂仁5克,益智仁5克,大茴香5克,乳香5克,虎骨20克,淫羊藿15克,红枣65克,白酒2000毫升。

制作工具或设备:研钵,玻璃容器。

制作过程:

(1)各药切片或捣碎浸制。

(2)保存21日即可。

建议用量:每日2~3杯,随时可饮。

风味特点:色泽浅黄,口味微苦,具有固肾、和气血、悦颜色、强精力、调五脏的功效。

136. 周公百岁酒

原料配方:人参25克,黄芪50克,白术40克,茯苓40克,山药40克,枸杞40克,五味子25克,肉桂25克,陈皮25克,当归40克,川芎40克,生地50克,熟地50克,麦门冬40克,龟板50克,防风40克,羌活40克,白酒2000毫升。

制作工具或设备:研钵,玻璃容器。

制作过程:

(1)各药切片或捣碎浸制。

(2)储存30日即可饮用。

建议用量:适量饮之。

风味特点:色泽浅黄,口味微苦,具有调补气血、延年益寿的功效。

137. 八珍酒

原料配方:当归(全用,酒洗)150克,南芎50克,白芍(煨)100

克,生地黄(酒洗)200 克,人参(去芦)50 克,白术(去芦,炒)150 克,白茯苓(去皮)100 克,粉草(炙)75 克,五加皮(酒洗、晒干)400 克,小肥红枣(去核)200 克,核桃肉 200 克,煮糯米酒 2000 毫升。

制作工具或设备:研钵,玻璃容器。

制作过程:

(1)各药切片或捣碎浸制。

(2)储存 30 日即可饮用。

建议用量:适量饮之。

风味特点:色泽浅黄,口味微苦,具有和气血、养脏腑、调脾胃、强精神、悦颜色、助劳倦、补诸虚的功效。

138. 枸杞酒

原料配方:白酒 1000 毫升,枸杞 300 克。

制作工具或设备:研钵,玻璃容器。

制作过程:

(1)枸杞用清水快洗去除灰尘等杂质,然后在太阳下暴晒至干备用。

(2)将晒好的枸杞碾碎(或用钢磨打碎),要求均用,露出种子。

(3)将破碎的枸杞放入容器内,再注入白酒,开始时每 2 ~ 3 天搅动 1 次,7 天后,每 2 天搅动 1 次,浸泡 2 周后即可过滤饮用。

建议用量:适量饮之。

风味特点:澄清透明,色泽橙红,略有黏稠,口味浓、甜、香、醇。

139. 万金药酒

原料配方:当归 90 克,白术 90 克,白茯苓 90 克,生黄芪 120 克,川芎、甘草 45 克,生地黄 150 克,崩桃仁 150 克,小红枣 150 克,龙眼肉 150 克,枸杞子 150 克,潞党参 150 克,黄精 210 克,五加皮 210 克,远志 30 克,紫草 60 克,白糖 500 克,蜂蜜 500 克,白酒 10000 毫升。

制作工具或设备:研钵,玻璃容器。

制作过程:

(1)将前 16 味,用水煎两次,共取浓汁 1000 毫升。

(2)加入白酒、白糖和蜂蜜,拌匀,即成,储瓶备用。

建议用量:每次服 30～50 毫升,日服 2～3 次,或不拘时,适量饮用。

风味特点:色泽棕红,略有黏稠,具有益气健脾、温肾柔肝、活血通络的功效。

140. 百益长春酒

原料配方:党参 90 克,生地黄 90 克,茯苓 90 克,白术 60 克,白芍 60 克,当归 60 克,红曲 60 克,川芎 30 克,木樨花 500 克,桂圆肉 240 克,高粱酒 2000 毫升,冰糖 500 克。

制作工具或设备:研钵,玻璃容器。

制作过程:

(1)将前 10 味共研为粗末,入布袋,置容器中,加入高粱酒,密封。

(2)浸泡 5～7 天后,滤取澄清酒液,加入冰糖,溶化即成。

建议用量:每次服 25～50 毫升,日服 2～3 次,或视个人酒量大小适量饮用。

风味特点:色泽浅黄,略有黏稠,具有健脾益气、益精血、通经络的功效。

141. 双参酒

原料配方:党参 40 克,人参 10 克,白酒 500 毫升。

制作工具或设备:研钵,玻璃容器。

制作过程:

(1)将前 2 味切成小段(或不切),置容器中,加入白酒,密封。

(2)浸泡 7 天后,即可饮用。

建议用量:每次空腹饮 10～15 毫升,每日早、晚各 1 次。

风味特点:色泽浅黄,略有黏稠,具有健脾益气的功效。

142. 白术酒

原料配方:白术 150 克,地骨皮 150 克,荆实 150 克,菊花 90 克,糯米 600 克,酒曲 75 克。

制作工具或设备:研钵,玻璃容器。

制作过程:

（1）上前 4 味以水 1500 毫升,煎至减半,去渣,澄清取汁。

（2）酿米,酒曲拌匀,如常法酿酒,至酒熟。

建议用量:随量饮之,常取半醉、勿令至吐。

风味特点:色泽浅黄,略有黏稠,具有温气散寒、祛风解毒的功效。

143. 川椒补酒

原料配方:川椒 120 克,老硫黄 15 克,诃子 72 粒,白酒 500 毫升。

制作工具或设备:研钵,玻璃容器。

制作过程:

（1）将前 3 味捣碎,置容器中,加入白酒,密封。

（2）浸泡 7 天后,过滤去渣,即成。

建议用量:适量饮之。

风味特点:色泽浅黄,口味微苦,具有温肾壮阳的功效。

144. 白鸢尾根酒

原料配方:白葡萄酒 500 克,白砂糖 60 克,脱臭酒精 50 克,肉桂 0.6 克,白鸢尾根 0.7 克,核桃 10 克,柠檬汁 60 克。

制作工具或设备:研钵,玻璃容器。

制作过程:

（1）先将肉桂、白鸢尾根、核桃放入研钵内,将其捣碎或碾成粉状,待用。

（2）取干净容器,将脱臭酒精放入,然后将肉桂等混合物料放入,密封浸泡 10 ~ 15 天后,进行过滤,去渣取液,待用。

（3）取干净容器,将糖放入,加少量沸水,使其充分溶解,然后加入白葡萄酒,搅拌均匀,再将肉桂等混合浸出液放入,搅拌至混合均匀,最后将柠檬汁放入,搅拌均匀。

（4）将容器盖盖紧,放在阴凉处储存 15 天,然后启封进行过滤,去渣取酒液,即可饮用。

建议用量:适量饮之。

风味特点:色泽浅黄,口味清爽。

145. 五味子酒

原料配方:五味子 25 克,黄酒 500 毫升。

制作工具或设备:研钵,玻璃容器。

制作过程:

(1)取拣净的五味子,加黄酒拌匀,置罐内。

(2)隔水燉之,待酒至 300 毫升。

建议用量:每天 1 次,每次 25 毫升。

风味特点:色泽浅黄,具有益气生津、敛肺滋肾的功效。

146. 长寿酒

原料配方:麦门冬 50 克,枸杞子 50 克,白术 50 克,党参 50 克,茯苓各 50 克,陈皮 30 克,当归 30 克,川芎 30 克,生地 30 克,熟地 30 克,枣皮 30 克,羌活 20 克,五味子 20 克,肉桂 10 克,大枣 500 克,冰糖 500 克,白酒 5000 毫升。

制作工具或设备:研钵,玻璃容器。

制作过程:

(1)将前 15 味捣碎或研为粗末,入纱布袋,置容器中,加入白酒,密封。

(2)隔水加热 1.5 小时,待温,开封后,再加入冰糖 500 克。

(3)再次密封,将容器埋入土中 7 日。

(4)取出,过滤去渣,即成。

建议用量:每次服 10 毫升,日服 3 次。

风味特点:色泽浅黄,口味微苦,具有补五脏、调气血、聪耳明目的功效。

147. 补肾延寿酒

原料配方:熟地黄 100 克,全当归 100 克,石斛 100 克,川芎 40 克,菟丝子 120 克,川杜仲 50 克,泽泻 45 克,淫羊藿 30 克,白酒 1500 毫升。

制作工具或设备:研钵,玻璃容器。

制作过程:

(1)将前 8 味捣碎,置玻璃容器中,加入白酒,密封。

(2)浸泡 15 天后,过滤去渣,即成。

建议用量:每次空腹饮 10 毫升,每日早、晚各饮 1 次。

风味特点:色泽浅黄,口味微苦,具有补精血、益肝肾、通脉降浊、疗虚损的功效。

148. 助阳益寿酒

原料配方:党参20克,熟地黄20克,枸杞子各20克,沙苑子15克,淫羊藿15克,公丁香各15克,远志肉10克,荔枝肉各10克,沉香6克,白酒1000毫升。

制作工具或设备:研钵,玻璃容器。

制作过程:

(1)将原料中所有药加工研碎,放入细纱布袋中,扎紧口置干净玻璃容器中,再倒入白酒,密封,置阴凉干燥处。

(2)3昼夜后,稍开盖,置文火上煮数百沸,取入稍冷后加盖,再放入冷水中拔出火毒,密封后置干燥处。

(3)经21天后开封,取出药袋,即可。

建议用量:每日早、晚各饮1次,每次空腹温饮10~20毫升。

风味特点:色泽浅黄,口味微苦,具有补肾壮阳、益肝养精、健脾和胃、延年益寿的功效。

149. 乌发益寿酒

原料配方:女贞子80克,旱莲草60克,黑桑葚60克,黄酒1500毫升。

制作工具或设备:研钵,玻璃容器。

制作过程:

(1)将前3味捣碎,入布袋,置容器中,加入黄酒。

(2)密封浸泡14天后,过滤去渣,即成。

建议用量:每次空腹温服20~30毫升,日服2次。

风味特点:色泽浅黑,口味微苦,具有滋肝肾、清虚热、乌发益寿的功效。

150. 熙春美容酒

原料配方:枸杞子100克,女贞子100克,龙眼肉100克,生地100克,仙灵脾100克,绿豆粉100克,猪油500克,上等白酒3000毫升。

制作工具或设备:研钵,玻璃容器。

制作过程:

(1)将诸药洗净,其中女贞子要9蒸9晒。

(2)然后诸药全部放入玻璃容器中,加上等白酒浸泡。

(3)50天后开始饮用。

建议用量:早晚各服1次,每次20毫升。此酒有助阳功效女性不宜饮用。

风味特点:色泽浅红,口味微苦,具有温肾补肺、泽肌润肤、美化毛发的功效。

151. 红颜酒

原料配方:胡桃肉120克,红枣120克,杏仁30克,白蜜100克,酥油70克,白酒1000毫升。

制作工具或设备:研钵,玻璃容器。

制作过程:

(1)先将杏仁去皮尖,煮五沸,晒干,与胡桃仁肉、红枣一并捣碎。

(2)再将蜜,油溶化兑入白酒中,最后将3药一并入酒内。

(3)浸泡7日后,过滤去渣,装瓶备用。

建议用量:每日2次,每次10~20毫升,温饮。

风味特点:色泽浅红,口味微苦,具有补肾、乌须发、润肺、泽肌肤的功效。

152. 美容酒

原料配方:白茯苓50克,甘菊花50克,石富蒲50克,天门冬50克,白术50克,生黄精50克,生地黄50克,人参30克,肉桂30克,牛膝30克,白酒1500毫升。

制作工具或设备:研钵,玻璃容器。

制作过程:

(1)将前10味捣碎,入纱布袋,置容器中,加入白酒,密封。

(2)浸泡5~7天后,过滤去渣,即成。

建议用量:每次空腹温饮30~50毫升,每日早、晚各1次。

风味特点:色泽浅红,口味微苦,具有补虚损、壮力气、泽肌肤的功效。

153. 益阴酒

原料配方:女贞子 60 克,生地 60 克,枸杞子 60 克,胡麻仁 60 克,冰糖 100 克,白酒 2000 毫升。

制作工具或设备:研钵,玻璃容器。

制作过程:

(1)将胡麻仁水浸,去除空瘪浮物,洗净蒸熟,捣烂;女贞子、枸杞子、生地捣碎,与胡麻一同装入纱布袋,扎紧口。

(2)将冰糖放锅中,加适量水,置火上加热溶化,至微黄,取下,趁热用纱布过滤一遍,备用。

(3)将药袋放入大口酒瓶中,加盖,隔水煮 30 分钟,取下候凉,密封置于阴凉处。

(4)隔日摇动 1 次,14 天后开封,加入冰糖,再加冷开水 500 毫升,搅拌均匀,静置 1 天,即可。

建议用量:每日 2~3 次,每次 20~30 毫升。

风味特点:色泽浅红,口味微甜,具有滋补肝肾、补益精血、乌须黑发、延年益寿的功效。

154. 益智酒

原料配方:人参 9 克,猪板油 90 克,白酒 1000 毫升。

制作工具或设备:研钵,玻璃容器。

制作过程:

(1)将猪板油(切碎)置锅内熬油,去渣,与人参(研末)同置容器中,加入白酒,密封。

(2)浸泡 21 天后,去渣,即成。

建议用量:每次饮 15 毫升,一日 2 次。忌食萝卜、葱、蒜等物。

风味特点:色泽浅红,口味微甜,具有开心益智、聪耳明目、润肌肤的功效。

155. 明目酒

原料配方:天冬 40 克,人参 15 克,茯苓 40 克,麦冬 40 克,熟地 35 克,生地 35 克,菟丝子 25 克,甘菊花 40 克,草决明 25 克,杏仁 15 克,干山药 20 克,枸杞子 40 克,牛膝 40 克,五味子 15 克,蒺藜 24 克,石斛 50 克,肉苁蓉 40 克,川芎 20 克,甘草 15 克,枳壳 15 克,青箱子 35 克,防风 30 克,黄连 15 克,乌犀角 3 克,羚羊角 3 克,白酒 3000 毫升。

制作工具或设备:研钵,玻璃容器。

制作过程:

(1)犀角与羚羊角研细粉,其余各药洗净,切碎,纱布包扎,浸于白酒中,封口。

(2)15 日后,过滤,去渣备用。

建议用量:每日 2 次,每次 10～20 毫升。

风味特点:色泽浅黑,口味微苦,具有滋阴明目,平肝熄风的功效。

156. 养神酒

原料配方:大熟地 90 克,甘枸杞 60 克,白茯苓 60 克,山药 60 克,当归身 60 克,薏苡仁 30 克,木香 15 克,酸枣仁 30 克,续断 30 克,麦冬 30 克,丁香 6 克,建莲肉 60 克,大茴香 15 克,桂圆肉 250 克,白酒 10000 毫升。

制作工具或设备:研钵,玻璃容器。

制作过程:

(1)将茯苓,山药,薏苡仁,建莲肉制为细末;其余的药制成饮片,共入细纱布袋内,浸入酒内,容器封固。

(2)隔水加热至药材浸透,取出静置数日。

建议用量:适量饮用。

风味特点:色泽浅黄,口味微苦,具有益气补血的功效。

157. 长生酒

原料配方:枸杞子 18 克,茯神 18 克,生地 18 克,熟地 18 克,山萸肉 18 克,牛膝 18 克,远志 18 克,五加皮 18 克,石膏蒲 18 克,地骨皮 18 克,白酒 500 毫升。

制作工具或设备:研钵,玻璃容器。

制作过程:

(1)将前 18 味共研为粉末,入布袋,置容器中,加入白酒密封。

(2)浸泡 2 周后即可取用。酒尽添酒,味薄即止。

建议用量:每日早晨饮 10～20 毫升,不可过量。忌食萝卜。

风味特点:色泽浅黄,口味微苦,具有滋补肝肾、养心安神的功效。

158.圆白补血酒

原料配方:桂圆肉25克,制首乌25克,鸡血藤25克,米酒1500毫升。

制作工具或设备:研钵,玻璃容器。

制作过程:

(1)将前3味捣碎或切片,置容器中,加入水酒,密封。

(2)浸泡10天后,过滤去渣,即成。在浸泡过程中,每天振摇1~2次,以促使有效成分的浸出。

建议用量:每次饮10~20毫升,一日1~2次。

风味特点:色泽浅黄,口味微苦,具有养血补心、益肝肾的功效。

159.黄芪补气酒

原料配方:黄芪120克,米酒1000毫升。

制作工具或设备:研钵,玻璃容器。

制作过程:

(1)将黄芪加工研碎,置入净玻璃容器中,倒入米酒,加盖封固,置于阴凉处。

(2)每日摇晃1~2次,经浸泡7天后,静置澄明即成。

建议用量:每日早、晚各1次,每次饮15~20毫升。

风味特点:色泽浅黄,口味微苦,具有补气健脾、固表止汗的功效。

160.长生滋补酒

原料配方:熟地(主药)15克,女贞子15克,党参15克,黄芪15克,王竹15克,陈皮(佐药)15克,蜂蜜50克,蔗糖15克,白酒1000毫升。

制作工具或设备:研钵,玻璃容器。

制作过程:

(1)将药材研碎,放入白酒中浸泡7天。

(2)加上蜂蜜、蔗糖调配即可。

建议用量:每次饮15~20毫升,一日2次。

风味特点:色泽浅黄,口味微苦,具有滋阴补血、益气增智的功效。

161. 十全大补酒

原料配方:人参(或党参)80 克,肉桂(去粗皮)20 克,川芎 40 克,熟地 120 克,茯苓 80 克,炙甘草 40 克,白术(炒)80 克,黄芪 80 克,当归 120 克,白芍 80 克,砂糖 1500 克,生姜 50 克,大枣 150 克,白酒 16000 毫升。

制作工具或设备:研钵,玻璃容器。

制作过程:

(1)前 10 味,粉碎为粗末,入白酒,浸泡 10 日。

(2)于浸出液中加砂糖,生姜片,大枣(煮),搅匀,继续密封浸泡数日,经静置滤过即得。

建议用量:每次饮 20~30 毫升,每日 1 次。

风味特点:色泽浅黄,口味微苦,具有大补气血、强筋健骨、治诸虚不足的功效。

162. 枸杞红参酒

原料配方:枸杞子 80 克,熟地黄 60 克,红参 15 克,制首乌 50 克,茯苓 20 克,白酒 1000 毫升。

制作工具或设备:研钵,玻璃容器。

制作过程:

(1)将前 5 味共研为粗末,入布袋,置容器中,加入白酒,密封。

(2)隔日振摇 1 次,浸泡 14 天后,即可取用。酒尽添酒,味薄即止。

建议用量:每次服 20 毫升,日服 2 次。

风味特点:色泽浅黄,口味微苦,具有补肝肾、益精血、补五脏、益寿延年的功效。

第十章　药用动物类配制酒配方案例

1.鸡蛋酒

原料配方:生姜 50 克,草果 25 克,胡椒 15 克,糖 300 克,鸡蛋 5只,纯粮烧酒 10000 毫升。

制作工具或设备:煮锅,瓷碗。

制作过程:

(1)先把草果烤焦、捣碎,生姜洗净、去皮、捣扁。

(2)备好的草果、生姜和白酒同时下锅,温火将酒煮沸后,加糖。

(3)糖完全融化后,撤去锅底的火,但保持余热;捞出生姜及草果碎块。

(4)将鸡蛋调匀后,呈细线状缓缓注入酒锅内,同时快速搅动酒液。

(5)最后撒入胡椒粉即可饮用。

建议用量:适量饮之。

风味特点:现配现饮,上碗时余温犹在,香郁扑鼻,鸡蛋如丝如缕,蛋白洁白如丝,蛋黄金灿悦目,入口余温不绝,饮后清心提神,驱风除湿。

2.山药鹿茸酒

原料配方:鹿茸 15 克,山药 60 克,白酒 1000 毫升。

制作工具或设备:玻璃容器。

制作过程:

(1)将鹿茸、山药与白酒共置入容器中,密封。

(2)浸泡 7 天以上便可饮用。

建议用量:每日 3 次,每次饮 15~20 毫升。

风味特点:色泽浅黄,具有补肾壮阳的功效。

3. 参杞鹿龟酒

原料配方:人参 15 克,枸杞 30 克,龟板胶 15 克,鹿角胶 25 克,黄酒 2000 毫升。

制作工具或设备:玻璃容器。

制作过程:

(1)把人参和枸杞倒入 2 升黄酒中浸泡,如果人参没有捣碎,那么,在浸泡了 3~4 天后,应将其捞出来切成薄片再放进去。这时候,人参已经吸饱黄酒,泡软了,很好切。

(2)浸泡 30 天;然后滤去药渣;再加入龟板胶和鹿角胶。为了使这两种胶能迅速溶化,可将其适当捣碎,方法是:用棉布将胶块包好,然后再用锤子砸,这样不会使胶块砸得到处飞溅。在浸泡的过程中,可以经常搅动或晃动,加速胶块的溶化。待到龟板胶和鹿角胶全化在酒里了,参杞鹿龟酒就做成了。

建议用量:每天早上喝一杯。

风味特点:色泽浅棕,口味清淡,有助于祛散风寒、缓解疲劳。

4. 糯米蛋花酒

原料配方:糯米酒酿 350 克,清水 250 毫升,枸杞 10 克,鸡蛋 2 个。

制作工具或设备:煮锅,玻璃容器。

制作过程:

(1)酒酿入锅,加入清水和枸杞子,像煮泡饭一样烧开。要不停地搅拌,把酒酿搅散,让米一粒粒地浮在水面。

(2)撇去浮上来的泡沫。

(3)敲开鸡蛋壳,把鸡蛋倒入锅中,煮几分钟直到蛋熟。

(4)可以根据自己的喜好放糖;如果嫌酒味不够浓,可以加糯米酒。

建议用量:随意饮用。

风味特点:色泽浅黄,甘甜芳醇,具有能刺激消化腺地分泌、增进食欲、帮助消化的功效。

5. 人参甲鱼酒

原料配方:朝鲜人参 1 条(25~50 克),甲鱼 1 尾,蜂蜜 50 克,白酒 500 毫升。

制作工具或设备:研钵,玻璃容器。

制作过程:

(1)甲鱼烫杀后,去肠杂,切块,烘干。

(2)然后把甲鱼和朝鲜人参浸泡于酒中,然后添加蜂蜜,密封浸泡 3 个月后,可以饮用。

建议用量:每天 1 次,每次 10~20 毫升。

风味特点:色泽浅黄,口味微甜,具有大补元气、滋阴助阳、软坚化结的功效。

6. 毛鸡药酒

原料配方:鲜毛鸡 320 克,当归 160 克,川芎 160 克,白芷 160 克,红花 160 克,赤芍 15 克,桃仁 15 克,千年健 160 克,茯苓 20 克,75 度白酒 18000 毫升。

制作工具或设备:煮锅,玻璃容器。

制作过程:

(1)鲜毛鸡除去毛、内脏洗净。

(2)用白酒适量浸泡 25 天后,与当归等 8 味置容器内。

(3)加白酒(前后两次共 18000 毫升)密闭浸泡 45~50 天,过滤,即得。

建议用量:一次 15~30 毫升,每日 3~4 次。感冒发热,喉痛,眼赤等忌服。用于产后眩晕,四肢酸痛无力、痛经。

风味特点:色泽浅黄,具有温经祛风、活血化瘀的功效。

7. 参茸酒

原料配方:鹿茸胶 10 克,山药 10 克,淮山 10 克,熟地 15 克,北芪 15 克,白术 10 克,党参 20 克,黄荆 15 克,甘草 15 克,当归 10 克,菟丝子 10 克,泽泻 5 克,白芍 5 克,制首乌 15 克,肉桂 15 克,白砂糖 1000 克,蜂蜜 1500 克,脱臭酒精 5500 克。

制作工具或设备:煮锅,玻璃容器。

制作过程:

(1)取干净锅,先将鹿茸胶、山药芋、淮山、熟地、北芪、白术、党参、黄荆、甘草、当归、菟丝子、泽泻、白芍、制首乌、肉桂放入,加适量水,置于火上煮沸,改用文火继续煮,煮至炖出浓汁时,即离火冷却,进行过滤,去渣取酒液,待用。

(2)取干净容器,将糖、蜂蜜放入,加适量沸水,使其充分溶解,然后将鹿茸胶等混合汁放入,再将脱臭酒精放入,搅拌至混合均匀。

(3)将容器盖盖紧,放在阴凉处储存1个月,然后启封进行过滤,去渣取酒液,即可饮用。

建议用量:适量饮之。

风味特点:色泽浅黄,具有改善凡劳伤虑、损腰膝、冷弱、神经衰弱的功效。

8. 蚂蚁补酒

原料配方:黄蚂蚁60克,白酒1500毫升。

制作工具或设备:玻璃容器。

制作过程:

(1)将蚂蚁检去杂质,用水淋洗干净,晾干。

(2)放入盛酒的容器中,密封浸泡60天,过滤去渣,取上清酒液饮用。

建议用量:每日1~2次,每次15~20毫升。

风味特点:色泽浅黄,澄清透明,药香、酒香悦人心目,具有补肾壮阳、化瘀通络、提高免疫力、抗衰老的功效。

9. 壮阳春酒

原料配方:麻雀250克,白酒1000毫升。

制作工具或设备:煮锅,玻璃容器。

制作过程:

(1)将麻雀去毛,内脏杂物及头、脚,放入碗中,蒸熟,取出晾干。

(2)放入白酒密封浸泡3个月,用时取其上清液。

建议用量:每日2次,每次50毫升。

风味特点:色泽浅黄,香气谐调,清香悦怡,具有壮阳的功效。

10. 禾花雀补酒

原料配方:禾花雀 12 只,白酒 1000 毫升,当归 6 克,枸杞子 3 克,桂圆肉 9 克,菟丝子 6 克,补骨脂 1 克。

制作工具或设备:玻璃容器。

制作过程:

(1)将禾花雀去毛、内脏洗净,烤干。当归、枸杞子、桂圆肉、菟丝子、补骨脂去杂洗净。

(2)将禾花雀、当归、枸杞子、桂圆、菟丝子、补骨脂同放入盛酒的容器中,密封浸泡 3 个月即成。

建议用量:每天用量 30~60 克。使用注意:高血压、心脏病患者忌用。

风味特点:色泽浅黄,具有滋补、通经络、壮筋骨、祛风等功效。

11. 乳脂甜酒

原料配方:乳脂 60 克,白砂糖 70 克,脱臭酒精 50 毫升,碳酸钠 2 克,白葡萄酒 500 毫升,奶粉 100 克,荔枝汁 140 克,柠檬酸 4 克。

制作工具或设备:煮锅,玻璃容器。

制作过程:

(1)先将奶粉、乳脂放入干净煮锅,加少量水,搅拌均匀,待用。

(2)取干净容器,先将脱臭酒精放入,然后将奶液放入,搅拌均匀,密封浸泡 2 天,待用。

(3)取干净容器,将糖放入,加少量沸水,使其充分溶解,然后将白葡萄酒放入,搅拌均匀,加入碳酸纳,搅拌均匀,再将奶乳混合液放入,搅拌均匀,将荔枝汁放入,搅拌均匀,最后将柠檬酸放入,搅拌至混合均匀。

(4)将容器盖盖紧,放在阴凉处储存 10 天,然后启封,搅拌均匀,进行过滤,去渣取酒液,即可饮用。

建议用量:适量饮之。

风味特点:色泽浅白,口味酸甜,清凉爽口。

12. 醪糟养颜酒

原料配方:醪糟 500 毫升,鹌鹑蛋 10 个,葡萄干 50 克,红枣 50

克,食用花瓣 20 克,盐 1 克,白糖 10 克,柠檬汁 10 毫升,橙汁 50 毫升。

制作工具或设备:煮锅,玻璃容器。

制作过程:

(1)锅中放入适量清水,加入红枣、葡萄干、醪糟煮沸。

(2)再放入鹌鹑蛋,调入盐、柠檬汁、橙汁、白糖,煮制片刻。

(3)出锅撒上食用花瓣即可。

建议用量:随意饮之。

风味特点:香甜可口,色泽艳丽,营养丰富。

13. 羊羔酒

原料配方:嫩肥羊肉 1500 克,杏仁 200 克,木香 15 克,曲 200 克,糯米 5000 克。

制作工具或设备:煮锅,玻璃容器。

制作过程:

(1)将糯米如常法浸蒸,肥羊肉、杏仁(去皮光)同煮烂。

(2)连汁、拌米,入木香与曲同酿酒,勿犯水。

(3)10 日后,压去糟渣,收储备用。

建议用量:每次 10~30 毫升,每日 3 次,将酒温热空腹饮用。

风味特点:色泽浅黄,具有健脾胃、益腰肾、大补元气的功效。

14. 参蛤酒

原料配方:蛤蚧 1 对,人参 30 克,甘蔗汁 100 毫升,白酒 1500 毫升。

制作工具或设备:研钵,玻璃容器。

制作过程:

(1)将蛤蚧去掉头足,捣成粗碎末,将人参捣成碎末,两药细纱布袋盛之。

(2)然后将白酒、甘蔗汁倒入净玻璃容器中搅匀,放入药袋,加盖密封。

(3)14 日开启,过滤去渣,装瓶备用。

建议用量:每日 2 次,每次 10~20 毫升,早晚空腹饮用。服完药酒可冲服药粉,每次 9 克,温开水冲服。

风味特点:色泽浅黄,具有补肺肾、壮元气、定喘助阳、强壮身体的功效。

15. 参茸补血酒

原料配方:党参 240 克,人参 16 克,鹿茸 16 克,三七(熟)8 克,熟地黄 240 克,麸炒白术 160 克,茯苓 160 克,当归 160 克,炒白芍 160 克,川芎 80 克,肉桂 80 克,炙黄芪 240 克,炙甘草 240 克,白酒 16000 毫升。

制作工具或设备:研钵,玻璃容器。

制作过程:

(1)将以上药材研碎,放入纱布袋中。

(2)浸入白酒中,1 个月后即可。

建议用量:1 次 10 毫升,1 日 2 次。伤风、感冒、发热,应停止饮用。

风味特点:色泽浅黄,具有壮肾阳、益精血、强筋骨的功效。

16. 九香虫酒

原料配方:九香虫 40 克,白酒 400 毫升。

制作工具或设备:煮锅,玻璃容器。

制作过程:

(1)将九香虫拍碎,装入纱布袋内。

(2)放入干净的器皿中,倒入白酒浸泡,密封。

(3)7 日后开封,去掉药袋,即可饮用。

建议用量:每次 10~20 毫升,每日 2 次,将酒温热空腹饮用。

风味特点:色泽浅黄,具有补肾壮阳、理气止痛的功效。

17. 地龙酒

原料配方:地龙 5 条,乌芋 20 克,白酒 200 毫升。

制作工具或设备:搅拌机,玻璃容器。

制作过程:

(1)将地龙去泥洗净,与乌芋共绞取汁。

(2)与酒匀和倒入锅中,上火煎数沸,去渣候温备用。

建议用量:1 次饮完。

风味特点:色泽浅黄,具有清热解毒、镇痉通络的功效。

18.牛蒡蝉蜕酒

原料配方:牛蒡根(或子)500 克,蝉蜕 30 克,黄酒 1500 毫升。

制作工具或设备:研钵,玻璃容器。

制作过程:

(1)将牛蒡根(或子)捣碎。

(2)与酒同置于瓶中,密封。

(3)3～5 日后开启,过滤去渣,即可饮用。

建议用量:每次 10～20 毫升,每日 2～3 次,饭前将酒温热饮用。脾胃虚寒,腹泻者不宜饮用此酒。

风味特点:色泽浅黄,具有散风宣肺、清热解毒、利咽散结、透疹止痒的功效。

19.鹿茸酒

原料配方:嫩鹿茸 6 克,山药片 10 克,白酒 5000 毫升。

制作工具或设备:玻璃容器。

制作过程:取鹿茸片 15 克左右用酒浸泡 10 天以上。

建议用量:每天 2 次,每次 5 毫升。

风味特点:色泽浅黄,具有补肾助阳的功效。

20.金刚酒

原料配方:肉苁蓉 100 克,盐水炒杜仲 50 克,蒸菟丝子 75 克,萆薢 24 克,猪腰子 2 枚,白酒 1 升。

制作工具或设备:煮锅,玻璃容器。

制作过程:

(1)将猪腰子剖开,洗净臊膜,切小块,入煮锅,与白酒 500 毫升同煮,40 分钟后,连同余药一起兑入剩下的白酒中。

(2)浸泡 30 日后,过滤,去渣备用。

建议用量:每日 1 次,每次 10～20 毫升,晚饭后饮用佳。

风味特点:色泽浅黄,具有补肝益肾、填精壮骨的功效。

21. 老神童酒

原料配方:红枣 50 克,大栀子 35 克,海马 1 对,人参 50 克,鹿茸 75 克,东北陈酿高粱酒 150 毫升。

制作工具或设备:研钵,玻璃容器。

制作过程:

(1)上药研碎,装入纱布袋中扎紧。

(2)放入白酒 2000 毫升浸泡,密封,置阴凉干燥处。

(3)经常摇动,半个月后饮用。

建议用量:适量饮之。

风味特点:色泽浅黄,具有益髓添精、补气壮阳、延缓衰老的功效。

22. 蜂蜜蛋酒

原料配方:新鲜鸡蛋 1 只,蜂蜜 25 毫升,白酒 30 毫升,汽水 200 毫升。

制作工具或设备:玻璃杯。

制作过程:

(1)将蛋白、蛋黄调和均匀,注入蜂蜜和汽水,略加搅拌。

(2)注入酒,等酒和其他原料充分混合后,即可。

建议用量:适量饮之。

风味特点:色泽乳黄,口味爽甜,具有速壮速补之效。

23. 延龄不老酒

原料配方:生羊腰(羊肾)1 个,沙苑子 100 克,桂圆肉 100 克,淫羊藿 100 克,仙茅 100 克,薏苡仁 100 克,52 度白酒 2000 毫升。

制作工具或设备:玻璃容器。

制作过程:

(1)将羊腰子剖开,洗净臊膜,切小块,入锅煮熟。

(2)然后与其他药材,放入白酒中,浸 40 天后可启封即可。

建议用量:每日 1~2 次,每次 2 杯。

风味特点:色泽浅黄,具有乌须发、强筋骨、壮气血、添精补髓之效。

24. 扶衰仙凤酒

原料配方:肥母鸡 1 只,大枣 200 克,生姜 20 克,白酒 2500 毫升。

制作工具或设备:煮锅,玻璃容器。

制作过程:

(1)将鸡褪毛,开肚去肠,清洗干净,切成数小块。

(2)将生姜切薄片;大枣裂缝去核。

(3)然后将鸡、姜、枣置于瓦罐内,将白酒全部倒入,用泥封固坛口。

(4)另用一大煮锅,倒入水,以能浸瓦罐一半为度。将药坛放入锅中,盖上锅盖。

(5)置火上,先用武火煮沸,后用文煮约 1 小时,即取出药液,放凉水中拔出火毒,药酒即成,备用。

建议用量:每次用时,将鸡、姜、枣和酒,随意食之,每日早、晚各饮 1 次。

风味特点:色泽浅黄,具有补虚、健身、益寿之效。

25. 健步酒方

原料配方:生羊肠(洗净晾燥)1 具,龙眼肉 120 克,沙苑蒺藜(隔低微焙)120 克,生苡仁(淘净晒燥)120 克,仙灵脾 120 克,真仙茅 120 克,52 度烧酒 1000 毫升。

制作工具或设备:煮锅,玻璃容器。

制作过程:

(1)将前 6 味切碎,置容器中,加白酒,密封。

(2)浸泡 21 天后,过滤去渣,即成。

建议用量:适量饮之。

风味特点:色泽浅黄,具有温肾补虚、散寒利湿之效。

26. 海狗肾酒

原料配方:海狗肾 60 克,白酒 500 毫升。

制作工具或设备:研钵,玻璃容器。

制作过程:

(1)将海狗肾捣烂,装入细布袋中,扎紧袋口,置于洁净的宽口瓶或瓦罐中,倒入白酒,密封。

(2)置于避光干燥处。经常摇动,7 日后饮用。

建议用量:每天早晚各服 20~30 毫升。阴虚火旺、骨蒸潮热者不宜服。

风味特点:色泽浅黄,具有温补下元、暖肾壮阳、益精髓的功效。

27. 雄鸡酒

原料配方:黑雄鸡 1 只,白酒 2000 毫升。

制作工具或设备:煮锅,玻璃容器。

制作过程:

(1)将黑雄鸡宰杀治净,斩成块,与五味炒香熟。

(2)将鸡投入酒中封口,经宿取饮。

建议用量:不拘时,随量饮酒,食鸡肉。

风味特点:色泽浅黄,具有补益增白的功效。

28. 猪膏酒

原料配方:猪膏 100 克,生姜汁 10~20 毫升,白酒 500 毫升。

制作工具或设备:煮锅,玻璃容器。

制作过程:

(1)将猪膏与生姜汁混合,用慢火煎至减半。

(2)入白酒混匀,滤过即成。

建议用量:每次空腹温饮 10~30 毫升,每日早晨、中午和晚上临睡前各饮 1 次。

风味特点:色泽浅黄,具有开胃健脾、温中通便的功效。

29. 白鸽滋养酒

原料配方:白鸽 1 只,血竭 30 克,黄酒 1000 毫升。

制作工具或设备:煮锅,玻璃容器。

制作过程:

(1)将白鸽去毛及肠杂,洗净,纳血竭(研末)于鸽腹内针线缝合。

(2)入煮锅中,倒入黄酒,煮数沸令熟,候温,备用。

建议用量:每次服 15 毫升,日服 2 次,鸽肉分 2 次食之。

风味特点:色泽浅黄,具有活血行瘀、补血养颜的功效。

30.五味九香酒

原料配方:九香虫、五味子、肉豆蔻各 30 克,党参 20 克,白酒 1000 毫升。

制作工具或设备:研钵,玻璃容器。

制作过程:

(1)将前 4 味研碎,入布袋,置容器中。

(2)加入白酒,密封隔日摇动数下,浸泡 14 天后,过滤去渣,即成。

建议用量:每次服 10～15 毫升,日服 2 次。

风味特点:色泽浅黄,具有温补脾肾、散寒止泻的功效。

31.老蛇盘酒

原料配方:老蛇盘 60 克,白酒 500 毫升。

制作工具或设备:研钵,玻璃容器。

制作过程:

(1)将上药捣碎,置容器中,加入白酒,密封。

(2)浸泡 5～7 天后,过滤去渣,即成。

建议用量:每次服 15 毫升,日服 2 次。

风味特点:色泽浅黄,具有祛风散瘀、通络散结的功效。

32.蛇鹿酒

原料配方:蛇退 9 克,鹿角 9 克,露蜂房 9 克,黄酒 1000 毫升。

制作工具或设备:研钵,玻璃容器。

制作过程:

(1)将前 3 味共烧存性,研成细末,装入纱布袋中,扎紧。

(2)浸入白酒中,一个月后过滤即可。

建议用量:每次 20～30 毫升。

风味特点:色泽浅黄,具有清热解毒、消肿散结的功效。

33.金蝉脱壳酒

原料配方:大蛤蟆(去内脏)1 只,上茯苓 150 克,白酒 2500 毫升。

制作工具或设备:研钵,玻璃容器。

制作过程:

(1)将前2味置容器中,加入白酒,密封,小火煮40分钟。

(2)待香气出时取出,待冷,去渣,即可。

建议用量:次日酒凉饮之。

风味特点:色泽浅黄,具有清热、解毒、利湿的功效。

34．对虾酒

原料配方:对虾1对,白酒250克。

制作工具或设备:玻璃容器。

制作过程:

(1)将鲜大对虾洗净,放入酒罐中,再将白酒倒入罐中,加盖密封。

(2)置入阴凉处,浸泡7天即成。

建议用量:适量饮之。

风味特点:色泽浅黄,有助于补肾壮阳。

35．鹌鹑酒

原料配方:鹌鹑1只,菟丝子15克,肉苁蓉15克,白酒1000毫升。

制作工具或设备:玻璃容器。

制作过程:

(1)将鹌鹑闷死,去毛和内脏,洗净,切成小块。

(2)与菟丝子、肉苁蓉一起放入酒瓶中,密封浸泡半个月,取酒饮服。

建议用量:适量饮之。

风味特点:色泽浅黄,具有滋肾壮阳、补肾固精、强骨抗衰的功效。

36．鳗鲡酒

原料配方:鳗鱼500克,黄酒500毫升。

制作工具或设备:玻璃容器。

制作过程:

(1)将鳗鱼去内脏,洗净,置砂锅中。

(2)加入黄酒和水500毫升,用文火炖至熟烂。

(3)加少许食盐,即成。

建议用量:适量饮之。

风味特点:色泽乳白,有助于补应损、活血止血。

第十一章 药用食用菌类配制酒配方案例

1. 冬虫夏草酒

原料配方:冬虫夏草10克,白酒500毫升。

制作工具或设备:研钵,玻璃容器。

制作过程:

(1)冬虫夏草研碎,用白酒浸泡半个月。

(2)过滤去渣,即可饮用。

建议用量:每日1次,饮用10~20毫升。

风味特点:色泽浅黄,具有补肾阳、滋肺阴的功效。

2. 猴头补酒

原料配方:干猴头菇60克,黄酒500毫升。

制作工具或设备:研钵,玻璃容器。

制作过程:干猴头菇60克,研碎,浸泡于500毫升黄酒中,3日后即可。

建议用量:每次20毫升,每日饮2次。

风味特点:色泽琥珀,清沏透明,具有滋补强身、促消化的功效。

3. 人参茯苓酒

原料配方:人参30克,生地30克,茯苓30克,白术30克,白芍30克,当归30克,川芎15克,冰糖250克,红曲面30克,桂圆肉120克,高粱白酒2000毫升。

制作工具或设备:研钵,玻璃容器。

制作过程:

(1)将上述9味药材一同挫成碎粗末,装入布袋中,扎口。

(2)放入干净的器皿中,用高粱白酒浸泡4~5日。

(3)去渣加入冰糖250克,装瓶备用。

建议用量:每次饮15~30毫升,每日2~3次。

风味特点:色泽浅黄,具有补气血、益脾胃的功效。

4. 忍冬术苓酒

原料配方:白术60克,白茯苓60克,甘菊花60克,忍冬叶40克,白酒1500毫升。

制作工具或设备:研钵,玻璃容器。

制作过程:

(1)将白术、白茯苓捣成碎末,忍冬叶切细,然后将四味药装入纱布袋。

(2)放入干净的玻璃容器中,用醇酒浸泡,封口。

(3)7日后开启,去掉药袋,过滤后再添入凉开水1000毫升,装瓶备用。

建议用量:每次10~15毫升,每日1~2次,将酒温热空腹饮用。

风味特点:色泽浅黄,具有补脾和胃、益智宁心、明耳目、祛风湿的功效。

5. 竹黄酒

原料配方:竹黄60克,白酒1000毫升。

制作工具或设备:研钵,玻璃容器。

制作过程:

(1)将竹黄放入干净的玻璃容器内。

(2)倒入白酒浸泡,密封。

(3)5日后开启,装瓶备用。

建议用量:每次5~10毫升,每日2次。

风味特点:色泽浅黄,具有化痰止痛的功效。

6. 丹参灵芝酒

原料配方:灵芝30克,丹参5克,白酒500毫升。

制作工具或设备:研钵,玻璃容器。

制作过程:

(1)将上述中药材洗净,切片,一起放入玻璃容器内。

(2)倒入白酒,加盖密封,每天摇晃1次,浸泡15日即可饮用。

建议用量:每日2次,每次饮20~30毫升。

风味特点:色泽浅黄,具有补益心气、活血通络、安神的功效。

7. 灵芝酒

原料配方:干灵芝 50 克,白酒 1000 毫升。

制作工具或设备:研钵,玻璃容器。

制作过程:

(1)将灵芝剪碎放入白酒瓶中密封浸泡。

(2)3 天后,白酒变成棕红色时即可喝,还可加入冰糖或蜂蜜。

建议用量:适量饮之。

风味特点:色泽浅黄,醇香浓郁,酸甜适口。

8. 仙传种子药酒

原料配方:茯苓 100 克,红枣肉 50 克,核桃仁 40 克,黄(蜜炙)5克,人参 5 克,当归 5 克,川芎 5 克,炒白芍 5 克,生地黄 5 克,熟地黄 5克,小茴香 5 克,枸杞子 5 克,覆盆子 5 克,陈皮 5 克,沉香 5 克,官杜 5克,砂仁 5 克,甘草 5 克,五味子 3 克,乳香 3 克,没药 3 克,蜂蜜 600克,糯米酒 1000 毫升,白酒 2000 毫升。

制作工具或设备:煮锅,玻璃容器。

制作过程:

(1)先将蜂蜜入锅内熬滚,入乳香、没药搅匀,微火熬滚后倒入容器中。

(2)再将前 19 味共研为粗末,与糯米酒、白酒一同加入滤去渣,即成。

建议用量:每次饮 30 毫升,每日 3 次。

风味特点:色泽浅黄,具有补元调经、填髓补精、壮筋骨、明耳目、悦颜色的功效。

9. 三七灵芝酒

原料配方:大个三七 200 克,灵芝草 30 克,白酒 750 毫升。

制作工具或设备:玻璃容器。

制作过程:三七、灵芝一起浸入白酒中,7 天以上即可饮用。

建议用量:每次 1 匙,日饮 1~2 次。

风味特点:色泽浅黄,具有增进食欲、强身健体的功效。

10. 香菇酒

原料配方:干香菇 75 克(鲜品 500 克),蜂蜜 250 克,柠檬 3 只,白酒 1500 毫升。

制作工具或设备:玻璃容器。

制作过程:

(1)将香菇洗净,切片,晾干;柠檬切成两半。

(2)香菇、柠檬与蜂蜜一同放入玻璃容器中。

(3)加入 60 度左右白酒,密封浸泡 1 周后,取出柠檬,再密封浸泡 1 周,即可饮用。

建议用量:每日 2～3 次,每次 15～30 毫升。

风味特点:色泽浅黄,具有健脾益胃、增强免疫的作用。

11. 灵芝人参酒

原料配方:灵芝 50 克,人参 20 克,冰糖 500 克,白酒 1500 毫升。

制作工具或设备:玻璃容器。

制作过程:

(1)先将灵芝、人参洗净,切成薄片,晾干后与冰糖同入布袋,置容器中,加入白酒,密封。

(2)浸泡 10 天后去药袋,搅拌后再静置日,取上清液饮用。

建议用量:每次服 15～20 毫升,日服 2 次。

风味特点:色泽浅黄,具有益肺气、强筋骨、利关节的功效。

12. 银耳酒

原料配方:银耳 30 克,冰糖 250 克,白酒 500 毫升。

制作工具或设备:玻璃容器。

制作过程:将银耳,冰糖一同浸入白酒中,并进行勾兑成 30 度,即成。

建议用量:日饮 2 次,每次 20 毫升。

风味特点:色泽浅黄,具有益气清肠、滋阴润肺。

13. 双耳酒

原料配方:白木耳 20 克,黑木耳 20 克,冰糖 40 克,糯米酒 1500 毫升。

制作工具或设备:玻璃容器。

制作过程:

(1)将黑、白木耳用温水泡透,去除残根,反复洗几遍,捞出,沥半干,切成细丝。

(2)将糯米酒倒入玻璃容器内,置文火上慢煮,至沸时加入木耳丝,再煮半小时左右,关火,待凉后,加盖密封。

(3)静置5天,开封,过滤去渣,装干净酒瓶中,加入事先溶化、过滤的冰糖,搅拌均匀,即可。

建议用量:每日3次,每次随量饮用。

风味特点:色泽浅黄,具有养阴生津、益气健脾、补脑强心的功效。

第十二章　西式配制酒配方案例

一、开胃类、佐甜食类、餐后用配制酒配方案例

1. 味美思（Vermouth）

味美思（Vermouth）（一）

原料配方：干白葡萄酒（10°~11°）7500 毫升，矢车菊 80 克，玫瑰香葡萄酒 1500 毫升，白术 30 克，大茴香 100 克，芦荟 5 克，苦橘皮 100 克，肉豆蔻 10 克，菊花 20 克，覆盆子香料 5 毫升，白鸢尾根 10 克，肉桂 10 克，小豆蔻 10 克，葡萄酒精（86°）1000 毫升。

制作工具或设备：玻璃容器。

制作过程：

（1）将各种药料研碎后，装于经过处理的布袋中（即用新布缝一口袋，浸于冷水中 3~4 天，随时换水。

（2）然后将其放于含有酒石酸的热水中浸泡，最后用清水洗至无杂味为止。

（3）然后将其吊在葡萄酒里，一般应吊在桶的中央，每 5~6 天取出一次，压出袋中酒汁后，将酒汁和布袋重新放入酒内，如此重复 3~4 次，最后压出酒汁，丢掉药渣。

（4）将压出的酒汁放回桶中，充分搅拌，即可取酒品尝。如香味过浓，则加入葡萄酒稀释，如香味不够，则用同样药料，进行第二次浸泡，一直至口味适合为止。加糖量的多少，依嗜好而定，一般加 15% 左右，最后过滤储藏。

风味特点：色泽浅黄，爽口开胃。

味美思（Vermouth）（二）

原料配方：香菜子 50 克，香草 55 克，豆蔻 15 克，白菖 20 克，丁香 20 克，肉桂 20 克，香草豆 45 克，紫苏叶 30 克，苦艾 95 克，脱臭酒精

2000 毫升,白葡萄酒 800 毫升。

制作工具或设备:玻璃容器。

制作过程:

(1)将配方中前 6 种药材研细,放入脱臭酒精 200 毫升,加 1000 毫升水的溶液中浸泡。

(2)浸泡 10 天后,再将其他几味药材剪碎放入浸泡液中,补入脱臭酒精 1800 毫升、白葡萄酒 800 毫升,搅拌均匀密闭,放在 50 ~ 55℃ 水浴中保温 1.5 小时,然后进行冷却。

(3)每天坚持两次摇动(20 分钟 1 次),8 天后,采用虹吸法,抽出上清液,与药渣压榨液混合,进行过滤即成备用的味美思香料液。

(4)酒配成后,储藏半年,装瓶前必须将酒过滤使其澄清透明。

风味特点:色泽浅黄,爽口开胃。

2. 法国式味美思(French Vermouth)

原料配方:胡荽子 15 克,矢车菊 5 克,苦橘皮 9 克,鸢尾根 9 克,肉桂 3 克,丁香 2 克,苦艾 4 克,柠檬酸 4 克,白葡萄酒 1000 毫升,白砂糖 50 克。

制作工具或设备:煮锅,玻璃容器。

制作过程:

(1)取干净锅,将胡荽子、矢车菊、苦橘皮、鸢尾根、肉桂、丁香、苦艾放入,加入适量的沸水,置于火上煮沸,用文火继续煮 10 分钟,即离火冷却,倒入干净容器内,密封浸渍 5 ~ 10 天后,进行过滤,去渣取液,待用。

(2)取干净容器,将糖放入,加少量沸水,使其充分溶解,然后加入葡萄糖,搅拌均匀,再将胡荽子等混合浸出液放入,搅拌至混合均匀,最后将柠檬酸放入,搅拌均匀。

(3)将容器盖盖紧,放在阴凉处储存 1 个月,然后启封进行过滤,去渣取液,即可饮用。

风味特点:色泽浅黄,爽口开胃。

3. 苦艾酒(Absinthe)

原料配方:白葡萄酒 600 毫升,脱臭酒精 60 毫升,干艾叶 30 克,白砂糖 40 克,柠檬汁 50 克。

制作工具或设备:玻璃容器。

制作过程:

(1)先将干艾叶挑拣干净,然后用剪刀将其剪碎,待用。

(2)取干净容器,将脱臭酒精放入,然后将剪碎的干艾叶放入,密封浸泡 3~4 天后,进行过滤,去渣取液,待用。

(3)取干净容器,将糖放入,加少量沸水,使其充分溶解,然后将白葡萄酒放入,搅拌均匀,再将艾叶浸出液放入,搅拌均匀,最后将柠檬汁放入,搅拌至混合均匀。

(4)将容器盖盖紧,放在阴凉处储存 20 天,然后启封,进行过滤,去渣取酒液,即可饮用。

风味特点:色泽浅黄,口味微酸甜,爽口开胃。

4. 水果白兰地(Fruit Brandy)

原料配方:脱臭酒精 150 毫升,白酒 500 毫升,白砂糖 50 克,绿茶 15 克,白鸢尾根 2 克,菩提花 15 克,丁香 2 克,柠檬酸 2 克,橘子皮干 10 克,苹果汁 50 克,香草豆 5 克。

制作工具或设备:煮锅,玻璃容器。

制作过程:

(1)取干净煮锅,将绿茶、菩提花放入,加适量沸水,置于火上煮沸,改用文火煮 5 分钟,离火冷却,进行过滤,去渣取液,待用。

(2)取干净容器,将白鸢尾根、橘子皮干、丁香、香草豆、糖、柠檬酸放入,加入白酒,不断搅拌均匀,密封浸渍 2 个月后进行过滤,去渣取液,待用。

(3)取干净容器,将苹果汁放入,然后加入绿茶混合液,搅拌至混合均匀,再将白鸢尾根等混合浸出液放入,搅拌均匀。

(4)将容器盖盖紧,放在阴凉处储存 3 个月,然后启封进行过滤,去渣取酒液,即可饮用。

风味特点:色如琥珀,透明清亮,口味清洌,开胃宜人。

5. 杜松子酒(Gin)

原料配方:杜松子 15 克,大麦 10 克,玉米 10 克,冰糖 50 克,脱臭酒精 50 毫升,白兰地 50 毫升,白葡萄酒 500 毫升,肉桂 3 克,杏仁 5 克,柠檬汁 100 克。

制作工具或设备:研钵,玻璃容器。

制作过程:

(1)先将杜松子、小麦、玉米、肉桂、杏仁挑拣干净,然后放入石磨内,用小石臼将其捣碎或碾成粉状,待用。

(2)取干净玻璃容器,将脱臭酒精放入,然后将杜松子等混合物料放入,密封浸泡 15~20 天后,进行过滤,去渣取液,待用。

(3)另取干净玻璃容器,将冰糖放入,加少量沸水,使其充分溶化,然后加入白葡萄酒,搅拌均匀,再将杜松子等混合浸出液放入,搅拌至混合均匀。最后加入白兰地、柠檬汁,搅拌均匀。

(4)将容器盖盖紧,放在阴凉处储存 1~2 个月,然后启封过滤,去渣取酒液,即可饮用。

风味特点:色泽浅黄,透明澄清,口味鲜醇。

6. 赛尔酒(Share)

原料配方:白葡萄酒 600 毫升,脱臭酒精 50 毫升,葡萄糖 60 克,核桃 15 克,覆盆子 10 克,红茶 10 克,柠檬汁 150 克,葡萄汁 100 毫升。

制作工具或设备:研钵,玻璃容器。

制作过程:

(1)取干净玻璃容器,将脱臭酒精放入,然后加入复盆子、捣碎的核桃,密封浸泡 20 天后,进行过滤,去渣取液,待用。

(2)另取干净玻璃容器,将红茶放入,加适量沸水,使其浸泡 1 小时,然后进行过滤,去渣取液,待用。

(3)再取干净容器,将葡萄酒,葡萄汁放入,加少量沸水,使其充分溶化,然后加入白葡萄酒,搅拌均匀,再将核桃等混合浸出液放入,搅拌均匀,最后将红茶汁、柠檬汁放入,搅拌至混合均匀。

(4)将容器盖盖紧,放在阴凉处储存 1 个月,然后启封进行过滤,去渣取酒液,即可饮用。

风味特点:色泽浅黄,透明澄清,口味微酸甜。

7. 茴香酒（Anise）

茴香酒（Anise）（一）

原料配方：茴香 5 克，白砂糖 40 克，冰糖 15 克，桂皮 1 克，白酒 500 毫升。

制作工具或设备：煮锅，玻璃容器。

制作过程：

（1）取干净煮锅，将茴香、桂皮放入，加适量水，置于火上煮沸，然后改用文火继续煮，煮至茴香、桂皮出浓汁时，即离火冷却，待用。

（2）取干净容器，将白砂糖、冰糖放入，加少量沸水，使其充分溶解，然后将茴香等混合液倒入，再将白酒放入，搅拌至混合均匀。

（3）将容盖盖紧，放在阴凉处储存 1 个月，然后即可启封饮用。

风味特点：色泽浅红，香味浓郁，苦味微甜。

茴香酒（Anise）（二）

原料配方：小茴香 30 克，桑螺蛸 30 克，菟丝子 20 克，白酒 500 毫升。

制作工具或设备：研钵，玻璃容器。

制作过程：

（1）将前 3 味捣碎，入布袋，置容器中，加入白酒，密封。

（2）每日振摇数下，浸泡 7 天后，过滤去渣、备用。

风味特点：色泽浅红，具有茴香的香味。

二、鸡尾酒配方案例

（一）以白兰地酒为基酒的鸡尾酒配方

1. 亚历山大（Alexander）

原料配方：白兰地 2/3 盎司❶，棕色可可甜酒 2/3 盎司，鲜奶油 2/3盎司。

制作工具或设备：调酒壶，鸡尾酒杯。

---

❶　1 盎司≈28.3 克

制作过程:

(1)将上述材料加冰块充分摇匀。

(2)滤入鸡尾酒杯后,可以用一块柠檬皮做装饰。

(3)再用一颗樱桃进行装饰并在酒面撒少许豆蔻粉。

风味特点:色泽暗红,口感细腻,可可香浓。

2. 尼古拉斯(Nicolas)

原料配方:白兰地 1.5 盎司,砂糖 1 茶匙,柠檬 1 片。

制作工具或设备:调酒壶,利口酒杯。

制作过程:

(1)将白兰地酒倒入利口酒杯中,把柠檬片盖在杯口。

(2)在柠檬片堆上一小撮白糖。

风味特点:色如琥珀,苦味甜酸,香味特出。

3. 侧车(Side Car)

原料配方:白兰地 1.5 盎司,橙皮香甜酒 1/4 盎司,柠檬汁 1/4 盎司。

制作工具或设备:调酒壶,鸡尾酒杯。

制作过程:将上述材料摇匀后注入鸡尾酒杯,饰以红樱桃。

风味特点:这款鸡尾酒带有酸甜味,口味非常清爽,有助于缓解疲劳,适合餐后饮用。

4. 伊丽莎白女王(Elizabeth Queen)

原料配方:白兰地 1 盎司,甜味美思 1 盎司,橙皮香甜酒 1 滴。

制作工具或设备:调酒壶,鸡尾酒杯。

制作过程:将材料依次放入鸡尾酒杯中,摇匀后滤入鸡尾酒杯。

风味特点:色彩雍容华贵,口味芳香甜美。

5. 香榭丽舍(Champs Elysees)

原料配方:干邑白兰地 1.5 盎司,修道院黄酒 0.5 盎司,柠檬汁 0.5 盎司,苦酒 1 滴。

制作工具或设备:调酒壶,鸡尾酒杯。

制作过程:将材料依次放入鸡尾酒杯中,摇匀后滤入鸡尾酒杯。

风味特点:色泽金黄,口味芳香微苦。

6. 皇室陛下（Royal Highness）

原料配方:干邑白兰地 1 盎司,樱桃马尼埃酒 0.5 盎司,柠檬汁 1 茶匙,香槟酒 0.5 盎司,红樱桃 1 只。

制作工具或设备:调酒壶,鸡尾酒杯。

制作过程:

(1)将材料依次放入鸡尾酒杯中,摇匀后滤入鸡尾酒杯。

(2)用红樱桃装饰。

风味特点:该酒入口轻柔,芳香纯正,色泽艳丽,尽显妩媚。该酒是日本调酒师中村圭二在 1997 年日本酒店调酒师协会与日本怡和酒业共同举办的鸡尾酒大赛上的冠军作品。

7. 马颈（Horse Neck）

原料配方:白兰地 1 盎司,姜汁汽水 1 听,螺旋莱姆皮 1 根。

制作工具或设备:海波杯。

制作过程:

(1)将莱姆皮削成螺旋形,放入海波杯中,皮的一头挂在杯沿上,在杯中加满 8 分冰块。

(2)量入白兰地于杯中,注入姜汁汽水至 8 分满,用吧叉匙轻搅 2~3 下。

(3)放入调酒棒,置于杯垫上。

风味特点:色泽金黄,口味清爽,清凉刺激。该酒因为装饰莱姆皮象马脖子而得名。

8. 白兰地蛋诺（Brandy Eggnog）

原料配方:白兰地 1 盎司,朗姆酒 0.5 盎司,鸡蛋 1 只,砂糖 2 茶匙,牛奶 2 盎司,肉豆蔻粉 0.5 克。

制作工具或设备:调酒壶,海波杯。

制作过程:将材料加冰摇匀,酒面撒上肉豆蔻粉。

风味特点:本鸡尾酒含有鸡蛋和牛奶,营养丰富。夏天饮用时可放入冰块保持冰凉;热饮时,为防止鸡蛋凝固,要先将蛋清和蛋黄分别搅和到起泡,再注入热牛奶调匀。

9. 奥林匹克(Olympic)

原料配方:白兰地1盎司,君度酒0.5盎司,橙汁0.5盎司。

制作工具或设备:调酒壶,三角杯。

制作过程:将各种材料加入壶中,摇匀。

风味特点:色泽金黄,橙味香浓。这款鸡尾酒为1900年法国里兹饮店为纪念第2届巴黎奥运会而作。

10. 蜜月(Honey Moon)

原料配方:苹果白兰地1盎司,朗姆酒0.5盎司,柠檬汁0.5盎司、红樱桃1只。

制作工具或设备:调酒壶,三角杯。

制作过程:

(1)将各种材料加入壶中,摇匀。

(2)用红樱桃沉底装饰。

风味特点:色泽金黄,口味香浓,具有各种水果的香味。

11. 古典白兰地(Classic)

原料配方:白兰地1盎司,柠檬汁1/3盎司,橙汁1/3盎司,黑樱桃利口酒1/3盎司,砂糖适量。

制作工具或设备:调酒壶,三角杯。

制作过程:

(1)将鸡尾酒杯作成糖圈状。

(2)将主料和冰块放入调酒壶,摇匀,倒入酒杯。

风味特点:这款鸡尾酒浓缩了果实的美味,味道甘甜而香浓,形成一种古典浪漫的风格。

12. 梦(Dream)

原料配方:白兰地1盎司,君度酒0.5盎司,茴香酒1滴。

制作工具或设备:调酒壶,三角杯。

制作过程:将材料和冰块放入调酒壶,摇匀,倒入酒杯。

风味特点:色泽金黄,口味香甜,具有橙子和茴香的味道。

13. 白兰地酸(Brandy Sour)

原料配方:白兰地1.5盎司,柠檬汁2/3盎司,砂糖1茶匙,橙片

1 只,红樱桃1只。

制作工具或设备:调酒壶,三角杯。

制作过程:

(1)将主料和冰块放入调酒壶,摇匀,然后注入酒杯。

(2)用酒签叉好的橙片、红樱桃装饰。

风味特点:柠檬的清香和酸味与白兰地配合得丝丝入扣,砂糖的甜净又使其入口轻柔。

14. 猫和老鼠(Tom & Jerry)

原料配方:白兰地2/3盎司,朗姆酒2/3盎司,砂糖2茶匙,鸡蛋1只,开水2盎司。

制作工具或设备:调酒壶,鸡尾酒杯。

制作过程:

(1)将鸡蛋蛋黄和蛋清分开打匀成泡,加入白兰地和朗姆酒,倒入热水搅匀。

(2)最后滤入鸡尾酒杯中。

风味特点:色泽乳黄,口味香甜。这款鸡尾酒因由19世纪末盛名一时的调酒师杰瑞·汤姆调制而得名。

15. 红磨坊(Moulin Rouge)

原料配方:白兰地1盎司,菠萝汁3盎司,香槟200毫升,菠萝块1只,红樱桃1只。

制作工具或设备:哥连士杯、吧匙。

制作过程:

(1)将冰块直接放入哥连士杯中,依次注入白兰地、菠萝汁,加入香槟至满。

(2)以菠萝块、红樱桃装饰。

风味特点:色泽红艳,口味鲜甜。此酒成名于1898年印象派画家特瑞克和红舞女阿芙乐尔。

16. 床第之间(Between the Suits)

原料配方:白兰地2/3盎司,朗姆酒2/3盎司,君度酒2/3盎司,柠檬汁1茶匙。

制作工具或设备:哥连士杯、吧匙。

制作过程:将材料和冰块放入调酒壶,摇匀,倒入酒杯。

风味特点:这是一款古老而浪漫的鸡尾酒,口味成熟的白兰地和酒味清香的透明朗姆酒混合,调制成一款味道浓厚的鸡尾酒,适合于入睡前饮用。

17. 法国贩毒网(French Connection)

原料配方:白兰地1.5盎司,安摩拉多酒0.5盎司。

制作工具或设备:古典杯。

制作过程:将材料和冰块放入调酒壶,摇匀,倒入酒杯。

风味特点:色泽金黄,口味清香。这款鸡尾酒以电影《法国贩毒网》为名。

18. 白兰地诱惑(Brandy Fix)

原料配方:白兰地1盎司,樱桃白兰地酒0.5盎司,柠檬汁0.5盎司,砂糖1茶匙,柠檬1片。

制作工具或设备:鸡尾酒杯。

制作过程:将材料和冰块放入鸡尾酒杯中,搅匀,加入碎冰,插上吸管。

风味特点:这款口感丰富的鸡尾酒选用了两种不同风味的白兰地。白兰地的味道入喉总是令人爽快,加上柠檬汁清爽的酸味使其味道更加突出,适宜调制成一款清凉的夏季鸡尾酒。

19. 雪球(Snow Ball)

原料配方:白兰地1.5盎司,鸡蛋1只,柠檬汁0.5盎司,雪碧1听。

制作工具或设备:哥连士杯。

制作过程:

(1)将白兰地、蛋黄、柠檬汁等放入调酒壶内,加冰摇匀。

(2)滤入哥连士杯,加入雪碧至八分满。

风味特点:色泽淡黄,具有柠檬、蛋和香草的味道。

20. 蜜月之情(Honey Moon's Love)

原料配方:白兰地酒1.5盎司,苹果汁1盎司,橘子甜酒0.5盎司,柠檬汁 1 盎司,红樱桃 1 个,白砂糖 15 克,冰块 25 克。

制作工具或设备:调酒杯,三角鸡尾酒玻璃杯。

制作过程:

(1)将碎冰块放入调酒杯中,再加入白兰地酒、苹果汁、橘子甜酒、柠檬汁和糖,用调酒棒搅匀后,倒入杯中。

(2)将红樱桃放入上述酒杯中。

风味特点:酒味醇厚,清香爽口,风格独特。

21. 皇家热红茶(Royal Black Tea)

原料配方:红茶 2 克,热开水 180 毫升,白兰地 1/3 盎司。

制作工具或设备:调酒杯,哥连士杯。

制作过程:

(1)将红茶放入哥连士玻璃杯中,注入热开水,制取红茶汁 160 毫升。

(2)将白兰地倒入红茶汁中,搅匀即可饮用。

风味特点:醇香浓郁,风味独特。

22. 皇家茶酒(Royal Black Tea & Wine)

原料配方:红茶 2 克,热开水 180 毫升,白兰地 1/3 盎司,方糖 1 块。

制作工具或设备:调酒杯,哥连士杯。

制作过程:

(1)将红茶放入哥连士玻璃杯中,注入热开水,制取红茶汁 160 毫升。

(2)将特制的勺放在杯上,勺中放一块方糖,于方糖上淋洒白兰地。

(3)将浸酒的糖块点燃,之后将方糖倒入杯中,即成。

风味特点:色泽嫣红,醇香浓郁,风味独特,洋溢着白兰地的香味。

23. 俊美少年(Handsome Boy)

原料配方:白兰地 1.5 盎司,橘子甜酒 0.5 盎司,柠檬汁 1/6 盎司,柠檬皮 1 片,冰块 25 克,红樱桃 1 个。

制作工具或设备:调酒壶,香槟酒玻璃杯。

制作过程:

(1)先将碎冰块放入调酒壶中,再加上白兰地、橘子甜酒、柠檬汁和柠檬皮,用力摇匀,倒入酒杯中。

(2)将红樱桃放入酒中。

风味特点:酒香味爽,富有柠檬清香味。

24. 玫瑰人生(Rose Living)

原料配方:苹果白兰地酒2盎司,柠檬汁0.5盎司,石榴汁0.5盎司,鸡蛋清5克,冰块25克,红樱桃1个。

制作工具或设备:调酒壶,阔口矮型玻璃杯。

制作过程:

(1)先将碎冰块放入调酒壶中,再加入柠檬汁、蛋清、石榴汁、苹果白兰地酒,用力摇匀,倒入酒杯中。

(2)最后将红樱桃放入酒中。

风味特点:色泽粉红,口味稍酸。

25. 杰克玫瑰(Jack Rose Cocktail)

原料配方:苹果杰克1/2盎司,青柠汁1/4盎司,石榴糖浆1/4盎司,冰块25克。

制作工具或设备:调酒壶,鸡尾杯。

制作过程:

(1)将所有材料倒入调酒壶中摇和。

(2)将摇和好的酒倒入鸡尾酒酒杯中。

风味特点:色泽粉红,口味酸甜,具有苹果的香味。

26. 深水炸弹(Depth Bomb Cocktail)

原料配方:白兰地1/2盎司,苹果白兰地1/2盎司,石榴糖浆1茶勺,柠檬汁1吧匙。

制作工具或设备:调酒壶,鸡尾杯。

制作过程:

(1)将所有材料倒入雪克壶中摇和。

(2)将摇和好的酒倒入鸡尾酒杯中。

风味特点:此款鸡尾酒的酒精度很高,甜味很少,适合男性饮用。

从名字来看,此酒不仅表现出了酒精度高的一面,同时更准确地表现出了烈性的意思。

27. 意大利泡沫冰咖啡(Italian Iced Coffee)

原料配方:意大利咖啡 150 毫升,砂糖 15 克,蛋黄 1 只,白兰地 1 盎司。

制作工具或设备:咖啡杯。

制作过程:

(1)在碗内放入蛋黄与砂糖(将碗放进热开水中搅拌使起泡)。

(2)倒进深烘焙的咖啡里一起搅拌。

(3)最后注入白兰地即可。

风味特点:色泽橘红,口感醇绵。

28. 布鲁诺咖啡(Bruno Coffee)

原料配方:热咖啡 1 杯,白兰地 1 盎司,加利安诺香甜酒(Galliano)1/2 盎司,柠檬皮 1 只,丁香 3 个,肉桂棒 1 支,糖包 1 只。

制作工具或设备:咖啡杯。

制作过程:

(1)热咖啡 1 杯约 7 分满,加入加利安诺香甜酒和白兰地。

(2)再将柠檬皮切成螺旋状,挂在杯口,点缀丁香 3 个,插入肉桂棒 1 支。

(3)附上糖包即可上桌。

风味特点:色泽棕黄,香酸醇美。

29. 椰香咖啡(Coffee with Coconut)

原料配方:冰咖啡 1 杯,椰奶 1/2 盎司,鲜奶油 2 盎司,白兰地(Brandy)1/3 盎司,冰块 25 克。

制作工具或设备:咖啡杯。

制作过程:

(1)杯中倒入已加糖之冰咖啡至 8 分满。

(2)再倒入 1/2 盎司椰奶、2 盎司鲜奶油、1/3 盎司白兰地。

(3)加满碎冰,搅拌均匀即可。

风味特点:香甜柔顺,充满椰香,颇具热带浪漫风情。

30. 玛克兰咖啡（Bee King Coffee）

原料配方：热咖啡 1 杯，白兰地 1 盎司，柠檬片 1 片，玉桂粉 0.5 克。

制作工具或设备：咖啡炉，咖啡杯，盎司杯。

制作过程：

(1)咖啡杯中热咖啡倒至八分满。

(2)加入白兰地、柠檬片、玉桂粉。

风味特点：香醇芬芳，咖啡中洋溢着白兰地的香味。

31. 马爹利大都会（Martell Cosmopolitan）

原料配方：干邑马爹利 VSOP4/10 盎司，君度橙皮酒（Cointreau）1/10 盎司，青柠汁 1/10 盎司，蔓越橘汁 4/10 盎司。

制作工具或设备：调酒壶，盎司杯，马天尼杯。

制作过程：

(1)各种配料放入加了冰的调酒壶中，摇匀。

(2)过滤至马天尼杯中。

风味特点：色泽浅黄，具有香橙和青柠的香味。

32. 绿象（Remy Green Elephant）

原料配方：人头马 VSOP 特级干邑 2/3 盎司，绿茶 2 盎司，糖浆 1/3 盎司，冰块 35 克。

制作工具或设备：海波杯。

制作过程：

(1)在海波杯放入冰块。

(2)各种配料直接放入海波杯中。

风味特点：色泽浅黄，口味清香，茶香与酒香相融。

33. 加勒比马爹利（Martell Caribbean）

原料配方：干邑马爹利 VSOP（Martell VSOP）1/4 盎司，椰奶 1/4 盎司，苹果汁 1/2 盎司。

制作工具或设备：调酒壶，岩石杯。

制作过程：

(1)将材料与冰在调酒杯中混合。

（2）倒入岩石杯中。

风味特点：色泽乳黄，口味甜香。

（二）以威士忌酒为基酒的鸡尾酒配方

1. 曼哈顿（Manhattan）

原料配方：黑麦威士忌 1 盎司，干味美思 2/3 盎司，安哥斯特拉苦精 1 滴。

制作工具或设备：调酒杯，吧匙，鸡尾酒杯。

制作过程：

（1）在调酒杯中加入冰块，注入上述酒料。

（2）搅匀后滤入鸡尾酒杯，用樱桃装饰。

风味特点：色泽棕红，口味甜美。

2. 古典鸡尾酒（Old Fashioned）

原料配方：威士忌 1.5 盎司，方糖 1 块，苦精 1 滴 ，苏打水 2 匙。

制作工具或设备：调酒壶，古典杯。

制作过程：

（1）在古典杯中放入苦精、方糖、苏打水，将糖搅拌后加入冰块、威士忌搅匀。

（2）拧入一片柠檬皮，并饰以橘皮和樱桃。

风味特点：色泽金黄，口味清甜微苦。

3. 纽约（New York）

原料配方：波旁威士忌 1.5 盎司，莱姆汁 0.5 盎司，红石榴糖浆 0.5 盎司，柳橙 1 片。

制作工具或设备：调酒壶，鸡尾酒杯。

制作过程：

（1）倒入材料，用 8 分满冰块冰摇杯，摇至外部结霜，倒入鸡尾酒杯。

（2）夹柳橙片于杯口，置于杯垫上。

风味特点：色泽橙红，像朝阳又像晚霞，口味甜酸适口。

4. 威士忌酸（Whisky Sour）

原料配方：波旁威士忌 1.5 盎司，柠檬汁 2/3 盎司，糖水 2/3 盎司,柳橙片1只,红樱桃1只。

制作工具或设备:调酒壶,酸酒杯。

制作过程:

(1)用八分满冰块冰摇杯,倒入材料,摇至外部结霜,倒入酸酒杯。

(2)夹穿叉柳橙片与红樱桃于杯上,置于杯垫上。

风味特点:色泽金黄,口味微酸。

5. 爱尔兰玫瑰(Irish Roses)

原料配方:爱尔兰威士忌1.5盎司,柠檬汁0.5盎司,石榴糖浆1茶匙,玫瑰花蕾1朵。

制作工具或设备:调酒壶,鸡尾酒杯。

制作过程:

(1)将材料依次加入调酒壶中,摇匀,滤到鸡尾酒杯中。

(2)用玫瑰花蕾装饰即可。

风味特点:色如玫瑰,口味极其柔和,酒香清淡,入口平和。

6. 加州柠檬(California Lemon)

原料配方:威士忌1.5盎司,柠檬汁2/3盎司,莱姆汁1/3盎司,石榴糖浆1茶匙,砂糖1茶匙,苏打水200毫升。

制作工具或设备:调酒壶,海波杯。

制作过程:

(1)把冰块和材料放入调酒壶中摇匀。

(2)倒入加入冰块后海波杯中,再加入苏打水至八分满。

风味特点:色如琥珀,口感舒畅,清凉宜人。

7. 威士忌雾(Whisky Mist)

原料配方:威士忌2盎司,细碎冰1杯,柠檬皮1只。

制作工具或设备:古典酒杯。

制作过程:

(1)古典酒杯中倒满细碎冰,加入威士忌。

(2)挤少许柠檬皮汁于杯中。置于杯垫上。

风味特点:色泽金黄,雾气弥漫。

8. 老友(Old Pal)

原料配方:威士忌 2/3 盎司,金巴利 2/3 盎司,干味美思 2/3 盎司。

制作工具或设备:调酒壶,鸡尾酒杯。

制作过程:

(1)将各种材料加入到调酒壶中,摇匀。

(2)滤到鸡尾酒杯中,置于杯垫上。

风味特点:色泽金黄,微苦与辛辣相互交融。

9. 教父(God Father)

原料配方:威士忌 3/4 盎司,安摩拉多(Amaretto)1/4 盎司。

制作工具或设备:岩石杯、吧匙。

制作过程:把冰块放入杯中倒入材料轻搅即可。

风味特点:酒香浓厚,口味鲜甜,散发出一般芳香的杏仁味道。

10. 迈阿密海滩(Miami Beach)

原料配方:苏格兰威士忌酒 2/3 盎司,西柚汁 2/3 盎司,干味美思酒 2/3 盎司。

制作工具或设备:调酒壶,鸡尾酒杯。

制作过程:

(1)将所有材料入调酒壶中,加冰摇匀。

(2)倒入鸡尾酒杯中,装饰即可。

风味特点:色泽浅黄,口感爽快,口味清新。

11. 泰勒妈咪(Tailormammy)

原料配方:苏格兰威士忌酒 1.5 盎司,橙汁 0.5 盎司,姜汁汽水 1 听。

制作工具或设备:调酒壶,鸡尾酒杯。

制作过程:

(1)将所有材料入调酒壶中,加冰摇匀,滤入鸡尾酒杯。

(2)加八分满姜汁汽水,最后装饰即可。

风味特点:清凉解暑,沁人心脾。

12. 生锈钉(Rusty Nail)

原料配方:苏格兰威士忌 1 盎司,杜林标甜酒 1 盎司。

制作工具或设备:调酒壶,古典杯。

制作过程:将碎冰放入古典杯中,注入上述材料慢慢搅匀即成。

风味特点:四季皆宜,酒味芳醇,且有活血养颜之功效。

13. 日月潭库勒(Sun and Moon Cooler)

原料配方:苏格兰威士忌 1.5 盎司,绿薄荷酒 1/3 盎司,橙汁 1/3 盎司,苏打水 200 毫升。

制作工具或设备:调酒壶,哥连士杯。

制作过程:将碎冰放入哥连士杯中,注入上述材料慢慢搅匀即成。

风味特点:酒色似平静的湖水,清澈透明,口味清凉。

14. 百万富翁(Millionaire)

原料配方:苏格兰威士忌 1.5 盎司,君度酒 0.5 盎司,蛋清 1 只,石榴糖浆 1/3 盎司,菠萝 1 片。

制作工具或设备:调酒壶,鸡尾酒杯。

制作过程:

(1)将材料依次放入调酒壶中,摇匀。

(2)滤到鸡尾酒杯中,一片菠萝装饰。

风味特点:颜色微红,口味清爽,装饰特别,尽显百万富翁的魅力。

15. 情人之吻(Lover's Kiss)

原料配方:苏格兰威士忌 1 盎司,干味美思 1 盎司,橙汁 0.5 盎司,鲜橙 1 片。

制作工具或设备:调酒壶,鸡尾酒杯。

制作过程:

(1)将材料依次放入调酒壶中,摇匀。

(2)滤到鸡尾酒杯中,以鲜橙装饰。

风味特点:色泽金黄,口味微酸。

16. 热威士忌酒托地(Hot Whisky Toddy)

原料配方:威士忌 1.5 盎司,柠檬片 1 片,方糖 1 粒。

制作工具或设备:平底杯、搅拌长匙、吸管。

制作过程:

(1)把方糖放入温热的平底杯中,倒入少量热开水让它溶化。

(2)然后倒入威士忌,加点热开水轻轻搅匀。

(3)最后用柠檬做装饰,附上吸管。

风味特点:色泽金黄,口感温和,口味微酸甜。

17. 秋波(Glad Eye)

原料配方:威士忌1.5盎司,君度0.5盎司,橙汁0.5盎司,红、绿樱桃各1只。

制作工具或设备:调酒壶,鸡尾酒杯。

制作过程:

(1)将材料依次放入调酒壶中,加入冰块,摇匀,滤到鸡尾酒杯中。

(2)以红、绿樱桃装饰。

风味特点:色泽浅黄,具有鲜橙的口味。

18. 威士忌漂浮(Whisky Float)

原料配方:威士忌1.5盎司,矿泉水适量。

制作工具或设备:平底杯。

制作过程:

(1)将冰块放入杯中倒入矿泉水。

(2)采用吧匙引流法,慢慢在上面飘浮一层威士忌。

风味特点:色泽分层,清明透亮,口味融合。

19. 金色火焰(Gold Fire)

原料配方:威士忌酒1.5盎司,牙买加朗姆酒0.5盎司,鲜橙汁150毫升,柠檬汁50毫升,砂糖5克,石榴汁糖浆2滴。

制作工具或设备:调酒杯,海波杯。

制作过程:

(1)将上述材料注入调酒杯中,加碎冰搅匀,滤入海波杯。

(2)再加石榴汁糖浆2滴,搅拌均匀。

风味特点:颜色金黄,口感强烈刺激。

20. 茶香透夜(Tea at the Night)

原料配方:芝华士 1.5 盎司,低糖冰绿茶 200 毫升,碎冰 1/4 杯,苹果薄片 1 片。

制作工具或设备:粉碎机,海波杯。

制作过程:

(1)将冰块放入粉碎机里打碎,但注意不要过于细碎。

(2)在鸡尾酒杯里装上碎冰。

(3)倒入芝华士酒,再倒入绿茶,如喜欢还可以倒入少量苏打水。

风味特点:色泽金黄,口味清醇,具有芝华士的淡淡苹果香与花香。

21. 冰凉鸡尾酒(Iced Cocktail)

原料配方:威士忌 1.5 盎司,矿泉水 200 毫升。

制作工具或设备:海波杯。

制作过程:

(1)将冰块放入杯中倒入矿泉水。

(2)慢慢在上面浮一层威士忌。

风味特点:层次分明,口味清新。

22. 爱尔兰咖啡(Irish Coffee)

原料配方:爱尔兰威士忌 1 盎司,方糖 1 粒,热咖啡 1 杯,鲜奶油 25 毫升。

制作工具或设备:鸡尾酒杯。

制作过程:

(1)专用杯中先放入 1 盎司爱尔兰威士忌,加入方糖(或 2 小匙砂糖)。

(2)放在专用架上,用酒精灯加热至糖溶化。

(3)再倒入热咖啡约八分满。

(4)最后加入一层奶油。

风味特点:色泽层次分明,黑白对比,酒香浓烈,细腻和香醇相互交融。

23. 薄荷茱莉普（Pepper Juniper）

原料配方：威士忌 2 盎司，矿泉水 1 盎司，薄荷叶 3 片，砂糖 2 茶匙。

制作工具或设备：高脚玻璃杯，搅拌长匙，吸管。

制作过程：

（1）把威士忌以外的材料倒入杯中。

（2）一面压碎薄荷叶一面溶解砂糖之后，再倒入威士忌。

（3）用薄荷做装饰，最后附上吸管。

风味特点：薄荷的刺激香味能增添威士忌的至醇味道，让这种鸡尾酒喝起来倍觉清凉，是一种消除口中苦味的甘甜饮料。

24. 百龄坛复活者（Ballantine's Reanimator）

原料配方：威士忌百龄坛特醇 6/10 盎司，柠檬汁 4/10 盎司，墨西哥塔巴斯科辣椒酱（Tabasco）3 滴。

制作工具或设备：小高脚酒杯。

制作过程：

（1）在小高脚酒杯中依次倒入柠檬汁、辣酱。

（2）最后加入威士忌。

风味特点：色泽金黄，口味酸辣。

(三)以金酒为基酒的鸡尾酒配方

1. 马天尼（Martini）

原料配方：金酒 1.5 盎司，干味美思 5 滴。

制作工具或设备：调酒壶，鸡尾酒杯。

制作过程：

（1）将所有材料放入调酒壶中，加冰块摇匀后滤入鸡尾酒杯。

（2）用橄榄和柠檬皮装饰。

风味特点：色泽微黄，口味爽洁。

2. 红粉佳人（Pink Lady）

原料配方：金酒 1 盎司，蛋清 0.5 盎司，柠檬汁 0.5 盎司，红石榴糖浆 1/4 盎司，红樱桃 1 只。

制作工具或设备：调酒壶，鸡尾酒杯。

制作过程:

(1)加入基酒,倒入配料,摇至调酒壶外部结霜。

(2)倒入装饰樱桃的鸡尾酒杯,置于杯垫上。

风味特点:色泽粉红,口感细腻,口味微酸甜。

3. 白美人(White Beauty)

原料配方:干杜松子酒 1 盎司,君度酒 1/3 盎司,柠檬汁 0.5 盎司。

制作工具或设备:调酒壶,鸡尾酒杯。

制作过程:

(1)将材料和冰放入调酒壶摇匀。

(2)然后,注入鸡尾酒杯。

风味特点:色泽浅白,高贵优雅、纯净冷艳。

4. 蓝月亮(Blue Moon)

原料配方:干杜松子酒 4/3 盎司,香草紫罗兰利口酒 1/6 盎司,柠檬汁 0.5 盎司。

制作工具或设备:调酒壶,鸡尾酒杯。

制作过程:

(1)将材料和冰放入调酒壶摇匀。

(2)然后,注入鸡尾酒杯。

风味特点:这款鸡尾酒色彩呈明快的淡紫色,如一轮闪烁在夜空中的浪漫蓝月亮,极具视觉冲击效果。"蓝月亮"鸡尾酒的香味和色彩营造出一种慑人心魄的妖艳之美,有"饮用香水"的美誉。

5. 螺丝钻(Gimlet)

原料配方:烈性杜松子酒 1.5 盎司,酸橙汁 0.5 盎司。

制作工具或设备:调酒壶,鸡尾酒杯。

制作过程:

(1)将材料和冰放入调酒壶摇匀。

(2)然后,注入鸡尾酒杯。

风味特点:色泽金黄,下咽时有像被螯刺般的感觉,此酒因此而得名。

6. 百万美元(Million Dollar)

原料配方:干金酒 1.5 盎司,菠萝汁 0.5 盎司,甜味美思 1/3 盎司,柠檬汁 1/3 盎司,石榴糖浆 1 茶匙,菠萝片 1 片,鸡蛋 1 只。

制作工具或设备:调酒壶,阔口香槟玻璃杯。

制作过程:

(1)将鸡蛋清与蛋黄分开(只用鸡蛋清)。

(2)再将材料和冰放入调酒壶,用力摇匀。

(3)然后注入阔口香槟玻璃杯。

(4)最后用菠萝薄片装饰。

风味特点:这款鸡尾酒由菠萝汁和极其细腻的蛋清泡沫调制而成,色泽粉红、口感顺滑、丰富而细腻,适合女性饮用。

7. 蓝色珊瑚礁(The Blue Coral Reef)

原料配方:金酒 4/5,薄荷酒 1/5,红樱桃 1 个,柠檬切片 1 片。

制作工具或设备:调酒壶,鸡尾酒杯。

制作过程:

(1)将冰块置入调酒壶里约八分满,加入金酒、薄荷利口酒摇匀。

(2)然后用柠檬切片擦拭鸡尾酒杯杯口。

(3)将酒倒入后,樱桃沉底装饰。

风味特点:"蓝色珊瑚礁"其实并非蓝色,因为绿色薄荷酒的缘故而显得翠绿;一颗沉底的红樱桃就如同是静静躺在碧海中的热情珊瑚,而柠檬切片所擦拭过的杯口,传来舒爽的清香。

8. 橙花(Orange Blossom)

原料配方:辛辣金酒 1.5 盎司,柳橙汁 1.5 盎司,柳橙苦酒 1 滴。

制作工具或设备:调酒壶,鸡尾酒杯。

制作过程:

(1)将辛辣金酒、柳橙汁、柳橙苦酒倒入调酒壶中摇和。

(2)然后将摇和好的酒倒入鸡尾酒杯中。

风味特点:色泽浅黄,纯洁优雅,具有橙子的清香。

9. 环绕地球(Around the World)

原料配方:干金酒 1.5 盎司,绿薄荷酒 1/6 盎司,菠萝汁 0.5

盎司。

制作工具或设备:调酒壶,鸡尾酒杯。

制作过程:

(1)将材料和冰放入调酒壶摇匀。

(2)然后,注入鸡尾酒杯,装饰即成。

风味特点:色泽蔚蓝,澄清透明,口感清凉。

10. 阿拉斯加(Alaska)

原料配方:干金酒 1.5 盎司,修道院黄酒 0.5 盎司。

制作工具或设备:调酒壶,鸡尾酒杯。

制作过程:

(1)将材料和冰放入调酒壶摇匀。

(2)然后,注入鸡尾酒杯,装饰即成。

风味特点:色泽浅黄,口感冰凉。

11. 新加坡司令(Singapore Slings)

原料配方:金酒 1.5 盎司,君度酒 1/4 盎司,石榴糖浆 1 盎司,柠檬汁 1 盎司,苦精 2 滴,苏打水 150 毫升。

制作工具或设备:调酒壶,鸡尾酒杯。

制作过程:

(1)将各种酒料加冰块,摇匀后滤入哥连士杯内,并加满苏打水。

(2)用樱桃和柠檬片装饰。

风味特点:色泽艳丽,甜润可口,适宜暑热季节饮用。

12. 天堂(Paradise)

原料配方:金酒 1 盎司,杏仁白兰地 0.5 盎司,柳橙汁 0.5 盎司,柠檬汁 1/6 盎司。

制作工具或设备:调酒壶,鸡尾酒杯。

制作过程:

(1)将材料加入注满八分满冰块的调酒壶中摇匀。

(2)再倒入事先冰过的杯子里。

风味特点:这款鸡尾酒散发着淡淡的杏仁苦味,极具特色。轻轻喝上一口,一股幸福感油然而生,仿佛梦见了天堂一般。

13. 探戈（Tango）

原料配方：金酒1盎司,甜味美思0.5盎司,干味美思0.5盎司,橙味柑桂酒1/3盎司,橙汁1/3盎司。

制作工具或设备：调酒壶,鸡尾酒杯。

制作过程：

（1）将材料和冰块放入调酒壶中摇匀。

（2）然后注入鸡尾酒杯。

风味特点：色泽浅黄,口味刺激,犹如探戈热情奔放。

14. 地震（Earthquake）

原料配方：金酒1盎司,威士忌0.5盎司,茴香酒1/6盎司。

制作工具或设备：调酒壶,鸡尾酒杯。

制作过程：

（1）将材料和冰块放入调酒壶中摇匀。

（2）然后注入鸡尾酒杯。

风味特点：气味强烈,口有余香。

15. 大教堂（Abbey）

原料配方：金酒1盎司,橙汁0.5盎司,橙味苦酒1滴。

制作工具或设备：调酒壶,鸡尾酒杯。

制作过程：

（1）将材料和冰块放入调酒壶中摇匀。

（2）然后注入鸡尾酒杯。

风味特点：一杯在口,宛如在咀嚼水果一般,令人享受到迥然不同的风味,最宜于餐前饮用。

16. 黑夜之吻（Kiss in the Dark）

原料配方：金酒1盎司,樱桃白兰地0.5盎司,干味美思1茶匙。

制作工具或设备：调酒壶,鸡尾酒杯。

制作过程：将材料和冰块放入调酒壶中摇匀,然后注入鸡尾酒杯。

风味特点：这款鸡尾酒外形娇艳,如一颗黑暗中璀璨的深红色宝石,散发出樱桃特有的甜酸味和迷人的香气以及干味美思中香草的味道。

17. 白玫瑰（White Roses）

原料配方：金酒 1 盎司，樱桃白兰地 0.5 盎司，橙汁 1 茶匙，柠檬汁 1 茶匙，蛋清 1/2 只。

制作工具或设备：调酒壶，鸡尾酒杯。

制作过程：将材料和冰块放入调酒壶中摇匀，然后注入鸡尾酒杯。

风味特点：轻盈的蛋清泡沫，犹如一朵洁白的玫瑰花盛开，散发出迷人的花香。这款鸡尾酒气质高雅，口味平和，餐后饮用，能生津止渴。

18. 警犬（Sleuthhound）

原料配方：金酒 1 盎司，干味美思 1/3 盎司，甜味美思 0.5 盎司，草莓 2 只。

制作工具或设备：搅拌机，鸡尾酒杯。

制作过程：将材料和冰块放入搅拌机中打匀，然后注入鸡尾酒杯。

风味特点：色泽浅红，酒香与水果香相互交融，令人口舌生津。

19. 巴黎人（Parisian）

原料配方：金酒 1 盎司，干味美思 1 盎司，黑加仑利口酒 1 盎司，柠檬皮 1 只。

制作工具或设备：调酒壶，鸡尾酒杯。

制作过程：

（1）将材料和冰块放入调酒壶中摇匀。

（2）然后注入鸡尾酒杯，用柠檬皮挤汁淋在酒面上。

风味特点：色泽浪漫，在干杜松子酒和干味美思的混合体中，能品尝到一丝黑加仑轻柔的芳香。

20. 珍贵之心（Precious Heart）

原料配方：金酒 1 盎司，鸡蛋清 0.5 盎司，水蜜桃利口酒 1/3 盎司，葡萄柚 1/3 盎司，柠檬皮 1 只。

制作工具或设备：调酒壶，鸡尾酒杯。

制作过程：

（1）将材料和冰块放入调酒壶中摇匀，然后注入鸡尾酒杯。

（2）用柠檬皮装饰。

风味特点:色泽浅黄,入口即化,具有多种水果的香味。

21. 春天歌剧(Spring Opera)

原料配方:金酒 1.5 盎司,樱桃利口酒 0.5 盎司,水蜜桃利口酒 0.5 盎司,柠檬汁 1 茶匙,橙汁 2 茶匙,绿樱桃 1 只。

制作工具或设备:调酒壶,鸡尾酒杯。

制作过程:

(1)将材料和冰块放入调酒壶中摇匀。

(2)然后注入鸡尾酒杯,用绿樱桃沉底装饰。

风味特点:色泽艳丽,充满了季节感,仿佛春天就要来临。

22. 玛丽公主(Princess Mary)

原料配方:辛辣金酒 1 盎司,可可甜酒 1 盎司,鲜奶油 1 盎司,豆蔻粉 0.5 克。

制作工具或设备:调酒壶,鸡尾酒杯。

制作过程:

(1)将辛辣金酒,可可甜酒,鲜奶油倒入调酒壶中,剧烈地摇和。

(2)然后,将摇和好的酒倒入鸡尾酒杯中,撒一些豆蔻粉在上面。

风味特点:色泽清雅,口味微甜细腻。

23. 开胃酒(Aperitif)

原料配方:辛辣金酒 1 盎司,杜本内酒 2/3 盎司,橙汁 0.5 盎司。

制作工具或设备:调酒壶,鸡尾酒杯。

制作过程:

(1)将辛辣金酒,杜本内酒、橙汁等倒入调酒壶中摇匀。

(2)然后,将摇和好的酒倒入鸡尾酒杯中。

风味特点:色泽浅红,清爽而微苦,果味浓厚,香味独特。

24. 假日绿洲(Holiday's garden)

原料配方:杜松子酒 1 盎司,薄荷酒 1 盎司,柠檬汁 5 毫升,菠萝汁 0.5 盎司,香槟酒 2 盎司,柠檬片 1 片,冰块 25 克。

制作工具或设备:调酒壶,鸡尾酒杯。

制作过程:

(1)先将碎冰块放入调酒壶中,再加入杜松子酒、薄荷酒、柠檬汁和菠萝汁,用力摇匀,倒入杯中。

(2)将香槟酒调入上述酒中,稍加搅拌即可。

(3)将柠檬片斜放酒中。

风味特点:色泽翠绿鲜艳,香气芬芳悠长,口感甜爽滑润,是夏季的理想佳品。

25.布浪克斯(Bronx)

原料配方:杜松子酒 0.5 盎司,味美思 0.5 盎司,橘子汁 1.5 盎司,橘子片 1 片,红樱桃 1 个,冰块 25 克。

制作工具或设备:调酒杯,阔口高型玻璃杯。

制作过程:

(1)将碎冰块放入调酒杯中,加入杜松子酒、味美思和橘子汁,用调酒棒搅拌均匀后,倒入酒杯中。

(2)最后取橘子汁、红樱桃放入上述酒杯中。

风味特点:深杏黄色,味香而甜,略有橘子味。

26.新加坡香味(Singapore's aroma)

原料配方:杜松子酒 1.5 盎司,柠檬汁 2/3 盎司,白兰地酒 0.5 盎司,白砂糖 10 克,柠檬汽水 5 盎司,橘子 2 片,红樱桃 1 个,荔枝 2 个,冰块 25 克。

制作工具或设备:调酒壶,直身玻璃水杯。

制作过程:

(1)将杜松子酒、柠檬汁、糖倒入调酒壶中。

(2)摇匀后注入酒杯,再加冰块。

(3)用柠檬汽水冲满,轻轻搅和。

(4)然后徐徐注入白兰地酒,搅匀。

(5)最后将橘子、红樱桃、荔枝放入酒杯中。

风味特点:酒味醇厚,果香爽口,适宜夏天饮用。

27.三叶草(Oxalis)

原料配方:杜松子酒 3 盎司,山楂汁 2 盎司,石榴汁 5 毫升,柠檬皮 1 片,柠檬片 1 片,红樱桃 1 个,冰块 25 克。

制作工具或设备:调酒杯,直身玻璃水杯。

制作过程：

(1)用柠檬皮将杯口轻擦一遍。

(2)将碎冰块放入调酒杯中,再放入杜松子酒、山楂汁、石榴汁、用调酒棒搅匀后,倒入酒杯中。

(3)最后取柠檬片、红樱桃放入上述酒杯中。

风味特点：色泽粉红,味香稍带酸甜。

28. 雪飘飘(Snowflake Flying)

原料配方：金酒 1.5 盎司,君度酒 1/3 盎司,柠檬汁 0.5 盎司,蛋清 0.5 盎司,冰块 100 克,柠檬 1 个,白砂糖少量。

制作工具或设备：调酒壶,三角杯。

制作过程：

(1)将柠檬切半,以杯的边缘压在柠檬上转一圈,杯子倒放在撒有白砂糖的盘子上,轻轻转动杯子,使杯缘沾上糖。

(2)不锈钢调酒壶内依次加入冰块、金酒、君度酒、柠檬汁、蛋清,双手紧握调酒壶,用力摇晃至混合为止。

(3)将酒倒入杯中至满。倒酒时注意别沾到杯口的白糖。

风味特点：色泽浅黄,杯口的白糖如同飘落的积雪,入口清凉细腻。

29. 吉布森鸡尾酒(Gibson)

原料配方：孟买蓝宝石金酒(Bombay Sapphire) 9/10 盎司,味美思干白(Martini Extra Dry) 1/10 盎司,醋渍的葱头 2 个。

制作工具或设备：调酒杯,马天尼杯。

制作过程：

(1)在装有半杯冰块的调酒杯中倒入配料并搅拌。

(2)过滤至马天尼酒杯中。

(3)将两个醋渍的葱头用小棒串起,放入杯中或置于杯沿上。

风味特点：色泽澄清,口味爽快,具有马天尼的风味。

30. 蓝宝石(Sapphire Crush)

原料配方：孟买蓝宝石特级金酒 2 盎司,金橘 4 个,青柠汁 2 盎司,粗糖 2 吧匙。

制作工具或设备:调酒壶,岩石杯。

制作过程:

(1)将金橘放入摇酒壶的底部,同糖和青柠汁一起捣成糊状。

(2)加入碎冰和金酒,混合,过滤至岩石杯中。

(3)用金橘装饰。

风味特点:色泽澄清,口味微酸辣。

31. 蒙面魔鬼(Masked Devil)

原料配方:孟买蓝宝石特级金酒 1.5 盎司,香瓜利口酒 1.5 盎司,干辣椒 1 个,柠檬香茅枝 1 个,甜瓜 1 个。

制作工具或设备:调酒壶,马天尼杯。

制作过程:

(1)将甜瓜、干辣椒和柠檬香茅放入摇酒壶的底部揉软。

(2)加入冰和余下的配料,小心地摇起泡沫并过滤至冰镇的马天尼杯中。

(3)要用两次过滤这款鸡尾酒。

(4)拿住两只干辣椒的顶端部分,从根部剪开一个小口,然后将其安放在杯子的边缘上。

风味特点:色泽浅黄,口味酸辣刺激,装饰特别。

32. 柠檬炸弹(Lemon Bomb)

原料配方:孟买蓝宝石特级金酒 2/3 盎司,意大利柠檬酒 1/3 盎司,柠檬凝乳 1 吧匙。

制作工具或设备:调酒壶,马天尼杯。

制作过程:

(1)各种配料放入加了冰的摇酒壶中摇起泡沫。

(2)过滤至冷却的马天尼杯中。

(3)用柠檬叶装饰。

风味特点:色泽浅黄,口味刺激,具有柠檬的清香。

(四)以朗姆酒为基酒的鸡尾酒配方

1. 黛克瑞(Daiquiri)

原料配方:朗姆酒 1.5 盎司,柠檬汁或橙汁 0.5 盎司。

制作工具或设备:调酒壶,鸡尾酒杯。

制作过程:

(1)将朗姆酒、橙汁等倒入调酒壶中摇匀。

(2)然后,将摇和好的酒倒入鸡尾酒杯中。

风味特点:色泽浅黄,口味酸甜,清凉解暑。

2. 最后之吻(The Last Kiss)

原料配方:朗姆酒 1.5 盎司,白兰地 1/3 盎司,柠檬汁 1/6 盎司。

制作工具或设备:调酒壶,鸡尾酒杯。

制作过程:

(1)将朗姆酒、白兰地、柠檬汁等倒入调酒壶中摇匀。

(2)然后,将摇和好的酒倒入鸡尾酒杯中。

风味特点:色泽浅红,口味酸甜,意犹未尽。

3. 迈阿密(Miami)

原料配方:朗姆酒 1.5 盎司,白薄荷酒 2/3 盎司,柠檬汁 1 茶匙。

制作工具或设备:调酒壶,鸡尾酒杯。

制作过程:

(1)将朗姆酒、白薄荷酒、柠檬汁等倒入调酒壶中摇匀。

(2)然后,将摇和好的酒倒入鸡尾酒杯中。

风味特点:色泽澄清透明,具有薄荷和柠檬的清香。

4. X. Y. Z

原料配方:朗姆酒 1.5 盎司,君度 1/3 盎司,柠檬汁 1/3 盎司。

制作工具或设备:调酒壶,鸡尾酒杯。

制作过程:

(1)将朗姆酒、君度酒、柠檬汁等倒入调酒壶中摇匀。

(2)然后,将摇和好的酒倒入鸡尾酒杯中。

风味特点:色泽透明,具有橙子和柠檬的清香。这款鸡尾酒的名字源于英文的最后 3 个字"X. Y. Z",意思是"没有比这更好的了"。

5. 自由古巴(Cuba Liberation)

原料配方:深色朗姆酒 1 盎司,柠檬汁 0.5 盎司,可乐 1 听,柠檬 1 片。

制作工具或设备:海波杯。

制作过程:

(1)在海波杯中加冰块至八分满。

(2)量 1 盎司深色朗姆酒与 0.5 盎司柠檬汁于杯中,注入可乐至 8 分满,用吧叉匙轻搅 2~3 下。

(3)夹柠檬片于杯口,放入调酒棒,置于杯垫上。

风味特点:色泽棕黑,具有柠檬的香味。

6. 迈泰(Mai Tai)

原料配方:白色朗姆酒 1 盎司,深色朗姆酒 0.5 盎司,白柑橘香甜酒 0.5 盎司,莱姆汁 0.5 盎司,糖水 0.5 盎司,红石榴糖浆 1/3 盎司,红樱桃 1 只,凤梨片 1 只。

制作工具或设备:调酒壶,古典酒杯。

制作过程:

(1)调酒壶中装 1/2 冰块,量白色朗姆酒、深色朗姆酒、白柑橘香甜酒、莱姆汁、糖水、红石榴糖浆等倒入,摇至外部结霜。

(2)将调酒壶中材料和较完整的冰块一起倒入古典酒杯,置于杯垫上。

风味特点:色泽浅红,口味具有各种果香和甘蔗的香味。"Mai Tai"乃澳大利亚塔西提岛土语,意思是"好极了"。

7. 百家地(Bacardi)

原料配方:百家地朗姆酒 1/5 盎司,鲜柠檬汁 1/4 盎司,石榴糖浆 3/4 盎司。

制作工具或设备:调酒壶,鸡尾酒杯。

制作过程:

(1)将冰块置于调酒壶内,注入酒、石榴糖浆和柠檬汁充分摇匀。

(2)滤入鸡尾酒杯,以红樱桃一颗点缀。

风味特点:色泽粉红,口味清甜。百家地,顾名思义,必须使用百家地公司生产的朗姆酒调制该鸡尾酒。

8. 上海(Shanghai)

原料配方:暗褐色朗姆酒 1 盎司,鲜柠檬汁 2/3 盎司,石榴糖浆

1/2 茶匙,茴香利口酒 1/3 盎司。

制作工具或设备:调酒壶,鸡尾酒杯。

制作过程:将冰块置于调酒壶内,注入酒、石榴糖浆和柠檬汁充分摇匀,滤入鸡尾酒杯。

风味特点:色泽暗红,暗褐色朗姆酒的焦糖味与茴香利口酒的香甜味相互交融。

9. 极光(Aurora)

原料配方:淡色朗姆酒 1.5 盎司,柑橘利口酒 1/3 盎司,覆盆子利口酒 1/3 盎司。

制作工具或设备:调酒壶,鸡尾酒杯。

制作过程:将冰块置于调酒壶内,注入各种材料充分摇匀,滤入鸡尾酒杯。

风味特点:色泽澄清透明,口味平和。Aurora 音译为欧若拉,是罗马神话里的曙光女神,她化身为月桂树,象征着王者和胜利。她的灵魂成为奥林匹斯的曙光女神,出现在黎明前和晨光出现的一瞬。

10. 绿眼睛(Green Eyes)

原料配方:金色朗姆酒 1 盎司,甜瓜利口酒 1 盎司,菠萝汁 1 盎司,椰奶 0.5 盎司,柳橙汁 0.5 盎司。

制作工具或设备:搅拌机,鸡尾酒杯。

制作过程:

(1)将冰块置于搅拌机内,注入各种材料充分打匀。

(2)滤入鸡尾酒杯。

风味特点:色泽浅绿,口味绵长醇厚,清凉爽朗。

11. 天蝎宫(Scorpio)

原料配方:无色朗姆酒 1.5 盎司,白兰地 1 盎司,柠檬汁 2/3 盎司,柳橙汁 2/3 盎司,莱姆汁 0.5 盎司,柠檬片 1 片,莱姆片 1 片,红樱桃 1 粒。

制作工具或设备:调酒壶,高脚玻璃杯,吸管。

制作过程:

(1)将冰块和材料依序倒入调酒壶内摇匀,倒入装满细碎冰的杯中。

（2）用柠檬、莱姆、红樱桃做装饰,附上一根吸管。

风味特点:这种鸡尾酒正如其名,是一种非常"危险"的鸡尾酒,因为它喝起来的口感很好,等到发现不对的时候,已经相当醉了。

12. 蓝色夏威夷(Blue Hawaii)

原料配方:浅色朗姆酒 1.5 盎司,蓝色柑橘酒 2/3 盎司,菠萝汁 2 盎司,柠檬汁 0.5 盎司。

制作工具或设备:调酒壶,鸡尾酒杯。

制作过程:

（1）调酒壶内加入一半冰块,再把上述材料倒入一起摇匀后,倒入鸡尾酒杯内。

（2）放一片菠萝及一颗红樱桃为装饰。

风味特点:色泽蔚蓝迷人,碎冰犹如海水拍打礁石绽放的浪花,玻璃杯杯口装饰的菠萝衬托出特有的南国风情。

13. 古巴人(Cuban)

原料配方:浅色朗姆酒 1.5 盎司,杏仁白兰地酒 0.5 盎司,柳橙汁 1/3 盎司,石榴糖浆 2 茶匙。

制作工具或设备:调酒壶,鸡尾酒杯。

制作过程:

（1）摇酒器内加入冰块,再把上述材料倒入一起摇匀后,倒入鸡尾酒杯内。

（2）杯口装饰即可。

风味特点:色泽浅红,口味热情奔放。

14. 哈瓦那海滩(Havana Club)

原料配方:淡质朗姆酒 1 盎司,菠萝汁 1 盎司,白糖浆 1 茶匙。

制作工具或设备:调酒壶,鸡尾酒杯。

制作过程:

（1）调酒壶内加入冰块,再把上述材料倒入一起摇匀后,倒入鸡尾酒杯内。

（2）杯口装饰即可。

风味特点:色泽浅黄,味道绵软,充满热带沙滩风情。

15. 水晶蓝(Crystal Blue)

原料配方:哈瓦那俱乐部朗姆酒(透明朗姆酒)15 毫升,蓝香橙利口酒 15 毫升,蜜桃利口酒 15 毫升,葡萄柚汁 15 毫升,甜味樱桃 1 颗。

制作工具或设备:调酒壶,鸡尾酒杯。

制作过程:

(1)将材料和冰放入调酒壶,摇匀。

(2)然后,注入鸡尾酒杯。

(3)用酒签刺好的甜味樱桃装饰。

风味特点:色如水晶般清澈,口味微酸甜。

16. 百家地安诺(Bacardiano)

原料配方:百家地朗姆酒 1.5 盎司,加利安诺酒 1 茶匙,柠檬汁 0.5 盎司,石榴糖浆 1/2 茶匙,红樱桃 1 只。

制作工具或设备:调酒壶,鸡尾酒杯。

制作过程:

(1)将上述材料加冰摇匀后滤入杯中。

(2)以一只樱桃沉底装饰。

风味特点:该款鸡尾酒的基酒最好选用百家地公司生产的透明朗姆酒和意大利的加利安诺酒调制而成。集石榴糖浆的甜味和柠檬汁的酸味与清香于一身,入口清爽柔和,备受青睐。

17. 斯汤丽(Stanley)

原料配方:淡质朗姆酒 1 盎司,干金酒 1 盎司,柠檬汁 1 茶匙,石榴糖浆 1 茶匙。

制作工具或设备:调酒壶,鸡尾酒杯。

制作过程:

(1)将上述材料加冰摇匀后滤入鸡尾酒杯中。

(2)杯口装饰即可。

风味特点:色泽浅黄,口感辛辣,入喉有强烈的灼烧感。

18. 椰林清风(Wind in the Coco Forest)

原料配方:朗姆酒(Ronrico Rum)1 盎司,菠萝汁 3 盎司,椰奶 2.5

盎司,青柠汁 1 盎司,椰茸 5 克,冰 25 克。

制作工具或设备:调酒壶,鸡尾酒杯。

制作过程:

(1)将各种材料加冰摇匀,倾入高身杯,椰茸撒在面上。

(2)杯边再饰以菠萝角块、樱桃即成。

风味特点:色泽纯白,口味清凉。

19. 牙买加冰咖啡(Jamaica Iced Coffee)

原料配方:牙买加棕兰姆酒 1/2 盎司,冰咖啡 5 盎司,7UP 汽水 250 毫升,冰块 25 克。

制作工具或设备:鸡尾酒杯。

制作过程:

(1)杯中先放入冰块。

(2)再倒入 5 盎司已加糖之冰咖啡、1/2 盎司牙买加棕兰姆酒。

(3)最后加满 7UP 汽水。

风味特点:色泽棕黑,味醇而浓烈,后劲很足。

20. 蛋蜜咖啡(Honey-egg Coffee)

原料配方:白朗姆酒 0.5 盎司,蓝山咖啡 150 毫升,蛋黄 1 个,蜂蜜 1/3 盎司,鲜奶油 25 克。

制作工具或设备:鸡尾酒杯。

制作过程:

(1)先将蜂蜜倒入杯中,再倒入热咖啡约七分满。

(2)然后加入白朗姆酒,最后挤上一层鲜奶油,打入蛋黄即可上桌。

风味特点:色泽棕黄,口味醇浓,口感绵软。

21. 莫吉托(Mojito)

原料配方:百加得白朗姆酒 5/10 盎司,砂糖 2 茶匙,青柠汁 2/10 盎司,苏打水 3/10 盎司,薄荷叶 3 片。

制作工具或设备:海波杯。

制作过程:

(1)将薄荷叶放入杯底,加入少量苏打水和砂糖,用捣缒将其捣碎,直到砂糖完全溶解。

(2)加入青柠汁、碎冰,白朗姆酒和苏打水,轻轻地搅拌。

(3)用薄荷枝点缀。

风味特点:色泽浅绿,具有柑橘的芳香、薄荷的清香。

22.百加得海明威(Bacardi Hemingway)

原料配方:朗姆酒黑百加得2盎司,青柠汁0.5个,葡萄柚汁1/3盎司,樱桃酒1/3盎司。

制作工具或设备:调酒壶,岩石玻璃杯。

制作过程:

(1)各种配料放入加了冰的调酒壶中,摇匀。

(2)过滤至岩石玻璃杯中。

(3)用樱桃装饰。

风味特点:色泽浅红,口味清香。

23.草莓黛克利(Strawberry Daiquiri)

原料配方:朗姆酒百加得5/10盎司,草莓利口酒3/10盎司,柠檬汁2/10盎司,草莓3个。

制作工具或设备:调酒壶,马天尼杯。

制作过程:

(1)各种配料同碎冰一起放入调酒壶中。

(2)倒入马天尼杯中。

(3)用草莓和薄荷叶装饰。

风味特点:色泽浅红,装饰美观。

24.百加得波纹快艇(Bacardi Wave cutter)

原料配方:百加得朗姆酒1盎司,蔓越橘汁2/3盎司,橙汁2/3盎司。

制作工具或设备:岩石玻璃杯。

制作过程:

(1)将岩石玻璃杯中加入冰,倒入朗姆酒和果汁,搅拌混合。

(2)可以用蔓越橘来装饰。

风味特点:色泽浅黄,口味微酸。

（五）以特基拉酒为基酒的鸡尾酒配方

1. 玛格丽特（Margarita）

原料配方:特基拉酒 1 盎司,橙皮香甜酒 1/2 盎司,鲜柠檬汁 1 盎司。

制作工具或设备:调酒壶,玛格丽特杯。

制作过程:

（1）先将玛格丽特杯用一片柠檬擦拭杯口。

（2）然后倒置沾上一圈精盐待用。

（3）最后将上述材料加冰摇匀后滤入杯中即可。

风味特点:色泽浅白,口味清爽。

2. 蓝色玛格丽特（Blue Margarita）

原料配方:特基拉酒 1 盎司,蓝色柑香酒 0.5 盎司,砂糖 1 茶匙,细碎冰 3/4 杯,盐适量。

制作工具或设备:调酒壶,玛格丽特杯。

制作过程:

（1）用盐将杯子做成雪糖杯型。

（2）然后,将冰块和材料倒入调酒壶内,摇匀倒入杯中即可。

风味特点:鲜艳亮丽,口味清爽。

3. 冰镇玛格丽特（Iced Margarita）

原料配方:特基拉酒 1 盎司,白柑橘香甜酒 1 盎司,莱姆汁 1 盎司。

制作工具或设备:碎冰机,搅拌机,玛格丽特杯。

制作过程:

（1）制作盐口鸡尾酒杯(切柠檬一片,夹取之擦湿鸡尾酒杯口,铺薄盐在圆盘上,将杯口倒置,轻沾满盐备用)。

（2）量特基拉酒、白柑橘香甜酒、莱姆汁,倒入搅拌机内。

（3）用碎冰机打碎适量冰块,加入搅拌机内。

（4）打匀倒入盐口杯,置于杯垫上。

风味特点:色泽浅白如雪,冰凉爽口提神。

4. 特基拉日出（Tequila Sunrise）

原料配方：特基拉酒 1 盎司，橙汁 2 盎司，石榴糖浆 1/2 盎司。

制作工具或设备：鸡尾酒杯、吧匙。

制作过程：

（1）在高脚杯中加适量冰块，量入特基拉酒，兑满橙汁。

（2）然后沿杯壁放入石榴糖浆，使其沉入杯底。

（3）并使其自然升起呈太阳喷薄欲出状。

风味特点：色泽艳丽，层次清晰，酸甜可口。

5. 特基拉日落（Tequila Sunset）

原料配方：特基拉酒 1 盎司，柠檬汁 1 盎司，石榴糖浆 1 茶匙。

制作工具或设备：鸡尾酒杯，调酒壶。

制作过程：

（1）将上述各种材料摇匀。

（2）滤入装满碎冰的鸡尾酒杯中。

风味特点：本款鸡尾酒热情似火的色彩宛如度假地日落时分的夕阳，瑰丽而短暂。清酸的柠檬汁使特其拉酒独特的味道变得入口温和清爽，甜甜的味道也深受女性的青睐。

6. 墨西哥人（Mexican）

原料配方：特基拉酒 1 盎司，菠萝汁 0.5 盎司，石榴糖浆 1 滴。

制作工具或设备：鸡尾酒杯，调酒壶。

制作过程：

（1）将上述各种材料摇匀。

（2）滤入鸡尾酒杯中。

风味特点：淡雅的色彩宛如墨西哥人朝夕相处的仙人掌花。口感宜人、酸甜的菠萝汁令你满口生香，石榴糖浆让你感受绵绵的清甜，这就是"墨西哥人（Mexican）"。

7. 斗牛士（Matador）

原料配方：特基拉酒 1 盎司，菠萝汁 1.5 盎司，柳橙汁 0.5 盎司。

制作工具或设备：古典杯，调酒壶。

制作过程：将上述各种材料摇匀，滤入古典杯中。

风味特点:Matador 之意为斗牛士,墨西哥斗牛盛行。本款鸡尾酒用墨西哥特产特基拉酒做基酒,故名。特其拉酒酒精度高,入喉爽利,令人难以忘怀。

8. 恩恋百老汇(Broadway Thirst)

原料配方:特基拉酒 1 盎司,柠檬汁 1/3 盎司,柳橙汁 2/3 盎司,白糖浆 1 茶匙。

制作工具或设备:鸡尾酒杯,调酒壶。

制作过程:将上述各种材料摇匀,滤入鸡尾酒杯中。

风味特点:色泽浅黄,口味酸甜。

9. 旭日东升(Rising Sun)

原料配方:特基拉酒 1 盎司,修道院黄酒 2/3 盎司,柳橙汁 2/3 盎司,野红梅杜松子酒 1 茶匙。

制作工具或设备:鸡尾酒杯,调酒壶。

制作过程:

(1)将酒杯做成雪糖杯型。

(2)然后,上述各种材料摇匀。

(3)滤入鸡尾酒杯中,以一只红樱桃装饰。

风味特点:香烈的野红梅杜松子酒,口味细腻的修道院黄酒,加上清香的柳橙汁,组成了一款典雅的鸡尾酒,口味均衡,耐人回味,沉淀在杯底的甜味樱桃正如一轮正在升起的红日。

10. 查帕拉(Chapala)

原料配方:龙舌兰酒 1 盎司,柠檬汁 0.5 盎司,橙汁 0.5 盎司,石榴糖浆 0.5 盎司,橙花汽水 2 滴。

制作工具或设备:鸡尾酒杯,调酒壶。

制作过程:

(1)将材料倒入调酒壶中摇匀。

(2)注入盛有 2 块方冰的酸酒杯中。

(3)用柠檬薄片和橙子薄片装饰。

风味特点:色泽橙红,充满酸甜果香。

11. 野莓龙舌兰（Wide Cherry Agave）

原料配方:龙舌兰 1 盎司,野莓琴酒 0.5 盎司,小黄瓜条 1 条,柠檬汁 0.5 盎司。

制作工具或设备:调酒壶,岩石杯,吸管。

制作过程:

(1)将材料放入调酒壶中摇匀,倒入装有碎冰的岩石杯中。

(2)附上吸管与小黄瓜即可。

风味特点:色泽澄清,提神解渴。

12. 草莓龙舌兰（Strawberry Agave）

原料配方:龙舌兰酒(Tequila)2 盎司,中型熟透的草莓 3~4 个,碎冰 25 克,新鲜柠檬汁 1 盎司,草莓糖浆 2/3 盎司,盐 0.05 克,新鲜磨碎的黑胡椒 0.05 克。

制作工具或设备:果汁机,鸡尾酒杯。

制作过程:

(1)草莓洗净后拭干,必要时留下半个最后作装饰。剩下的草莓摘去叶、蒂,放入果汁机中。

(2)把碎冰也放进果汁机,再加入柠檬汁、草莓糖浆、龙舌兰酒、盐和胡椒,在强速下打 6~8 秒,直到打匀为止。

(3)把打好的饮料倒进事先冰镇过的酒杯里。

(4)把半个草莓切开,插在杯缘即可。

风味特点:色泽粉红,清凉提神。

13. 西瓜马天尼（Watermelon Martini）

原料配方:龙舌兰酒奥美加银(Olmeca Blanco)2 盎司,西瓜糖浆 1 盎司,柑曼怡甜酒 2/3 盎司,菠萝汁 2 盎司,蔓越橘汁 2 盎司。

制作工具或设备:调酒壶,马天尼鸡尾酒杯。

制作过程:

(1)各种配料放入加了冰的摇酒壶中,摇匀。

(2)过滤至马天尼杯中。

(3)用西瓜片装饰。

风味特点:色泽粉红,口味酸甜。

14. 奥美加甜酸（Olmeca Sweet&Sour）

原料配方：龙舌兰酒奥美加金 2 盎司，红石榴浆 3 滴，塔巴斯克辣椒酱（Tabasco）3 滴。

制作工具或设备：调酒壶，鸡尾酒杯。

制作过程：

（1）各种配料放入加了冰的摇酒壶中，摇匀。

（2）过滤至鸡尾酒杯中。

风味特点：色泽粉红，口味酸辣。

15. 奥美加福赞（Olmeca Frozen）

原料配方：龙舌兰酒奥美加银 2 盎司，柠檬汁 3 滴。

制作工具或设备：鸡尾酒杯。

制作过程：

（1）将龙舌兰酒冰镇。

（2）倒入小酒杯中，加上柠檬汁。

风味特点：色泽清凉透明，口味清爽。

16. 奥美加辣椒（Olmeca Chilli）

原料配方：龙舌兰酒奥美加金 2 盎司，墨西哥塔巴斯科辣椒酱（Tabasco）3 滴，干辣椒粉 0.05 克。

制作工具或设备：鸡尾酒杯。

制作过程：

（1）将龙舌兰酒倒入小高脚杯中。

（2）加入辣椒粉和几滴辣酱即可。

风味特点：色泽清凉透明，口味爽辣。

(六)以伏特加酒为基酒的鸡尾酒配方

1. 咸狗（Salty Dog）

原料配方：伏特加 1 盎司，葡萄柚汁 1 听。

制作工具或设备：海波杯。

制作过程：

（1）制作盐口海波杯（切柠檬一片，夹取之擦湿高飞球杯口，铺薄盐在圆盘上，将杯口倒置，轻沾满盐备用）。

（2）在盐口海波杯中加冰块至八分满。

（3）量伏特加于杯中，注入葡萄柚汁至八分满。

（4）用吧叉匙轻搅 5~6 下。

（5）放入调酒棒，置于杯垫上。

风味特点：色泽浅黄，提神解渴。

2. 烈焰之吻（Kiss of the Fire）

原料配方：伏特加 2/3 盎司，野红莓杜松子酒 2/3 盎司，干味美思 2/3 盎司，柠檬汁 2 大滴，砂糖适量。

制作工具或设备：调酒壶，玻璃杯。

制作过程：

（1）用柠檬切片切口将鸡尾酒杯湿润，将酒杯倒放在铺有砂糖的平底器皿上，让砂糖黏附在杯口，最后擦去多余的糖粒，装饰成积雪状。

（2）然后，把材料和冰放入调酒壶，摇匀。

（3）注入鸡尾酒杯。

风味特点：伏特加酒酒性浓烈，如烈火一样，这款鸡尾酒在伏特加酒内添加了萃取药草精华的味美思酒，因此，一接触到嘴唇就有一股强烈刺激的灼热感，似烈焰燃烧。

3. 莫斯科的骡子（Moscow's Mule）

原料配方：伏特加 1.5 盎司，姜汁啤酒 3 盎司，柳橙 1 块。

制作工具或设备：哥连士杯。

制作过程：

（1）将冰块倒入哥连士杯中，依次加入伏特加酒和姜汁啤酒。

（2）柳橙挤汁后一起沉入杯底。

风味特点："莫斯科之骡"鸡尾酒有姜汁啤酒、伏特加和柳橙调和而成，口味清新爽口。

4. 俄罗斯人（Russian）

原料配方：伏特加 2/3 盎司，琴酒 2/3 盎司，深色可可酒 2/3 盎司。

制作工具或设备：调酒壶，鸡尾酒杯。

制作过程：

（1）用八分满冰块放入调酒壶中。

（2）然后，倒入配料，摇至外部结霜。

（3）倒入鸡尾酒杯，置于杯垫上。

风味特点：色泽浅褐透明，口味甜爽。

5. 黑俄（Black Russian）

原料配方：伏特加 1 盎司，咖啡利口酒 0.5 盎司。

制作工具或设备：搅拌长匙、岩石杯。

制作过程：

（1）将伏特加倒入加有冰块的杯中。

（2）倒入利口酒，轻轻搅匀。

风味特点：色泽浅黑，口味甜香。

6. 芭芭拉（Barbara）

原料配方：伏特加 1 盎司，可可利口酒 0.5 盎司，生奶油 0.5 盎司。

制作工具或设备：调酒壶、鸡尾酒杯。

制作过程：

（1）将材料和冰放入调酒壶，用力摇匀。

（2）然后注入鸡尾酒杯。

风味特点：奶油味浓，口感柔滑，色彩素净。

7. 螺丝刀（Screw Driver）

原料配方：伏特加 1.5 盎司 鲜橙汁 4 盎司。

制作工具或设备：哥连士杯。

制作过程：

（1）将碎冰置于哥连士杯中，注入酒和橙汁，搅匀。

（2）以鲜橙点缀之 。

风味特点：色泽金黄，具有橙子的香味。在伊朗油田工作的美国工人以螺丝起子将伏特加及柳橙汁搅匀后饮用，故而取名为螺丝起子。

8. 琪琪（Chi Chi）

原料配方:伏特加 1.5 盎司,菠萝汁 1.5 盎司,椰奶 2/3 盎司,白糖浆 1/3 盎司,菠萝片 1 片,甜味樱桃 1 颗。

制作工具或设备:调酒壶、浅碟型香槟杯。

制作过程:

（1）将材料和冰放入调酒壶摇匀。

（2）注入到装满碎冰的玻璃杯中。

（3）以菠萝片和樱桃装饰。

风味特点:色泽乳白,口味爽甜。"琪琪"源自法语的"丝丝"（CHICHI:原指罩衫的折褶）,到了美国就发音为"琪琪"。"琪琪"在美国俚语里为"棒"和"时髦"之意。"琪琪"鸡尾酒出自于美国夏威夷。

9. 蓝泻湖（The Blue Lagoon）

原料配方:伏特加酒 1 盎司,蓝色橙味利口酒 2/3 盎司,鲜柠檬汁 2/3 盎司,糖粉 1 茶匙。

制作工具或设备:调酒壶,鸡尾酒杯。

制作过程:

（1）将材料放入调酒壶中摇匀。

（2）倒入加满碎冰的鸡尾酒杯中。

风味特点:色泽浅蓝,晶莹透明。据说,蓝泻湖是一个由火山熔岩形成的咸水湖,富含矿物质。

10. 血腥玛丽（Bloody Mary）

原料配方:伏特加 1.5 盎司,番茄汁 4 盎司,辣酱油 1/2 茶匙,精盐 1/2 茶匙,黑胡椒 1/2 茶匙。

制作工具或设备:老式杯、吧匙。

制作过程:

（1）在老式杯中放入两块冰块,按顺序在杯中加入伏特加和番茄汁,然后再撒上辣酱油、精细盐、黑胡椒等。

（2）最后放入一片柠檬片,用芹菜杆搅匀即可。

风味特点:这是一款世界流行鸡尾酒,甜、酸、苦、辣四味俱全,富有刺激性,夏季饮用可增进食欲。号称"喝不醉的番茄汁"。

11. 雪国(Yukiguni)

原料配方:伏特加 2/3 盎司,白色柑香酒 1/3 盎司,柠檬汁 2 茶匙,薄荷樱桃 1 只,砂糖少量。

制作工具或设备:调酒壶,鸡尾酒杯。

制作过程:

(1)将伏特加、白色柑香酒、柠檬汁倒入调酒壶中摇和。

(2)然后倒入沾了糖边的酒杯中。

(3)最后用薄荷樱桃沉底装饰。

风味特点:此酒颜色淡白,杯口装饰用砂糖作雪景,点睛之笔是沉入杯底的薄荷樱桃。雪国鸡尾酒表现的是常青树的绿色。

12. 公牛(Bull Shot)

原料配方:伏特加 1 盎司,牛肉汤 2 盎司。

制作工具或设备:调酒壶,岩石杯。

制作过程:

(1)将冰块和材料倒入调酒壶中摇匀。

(2)然后倒入加有冰块的杯中。

风味特点:这是一种将酒与汤结合在一起的特殊鸡尾酒,色泽金黄,口味独特。

13. 伏尔加船夫(Volga Boatman)

原料配方:伏特加 2/3 盎司,樱桃白兰地 2/3 盎司,橙汁 2/3 盎司。

制作工具或设备:调酒壶,鸡尾酒杯。

制作过程:

(1)将冰块和材料倒入调酒壶中摇匀。

(2)然后倒入加鸡尾酒杯中。

风味特点:色泽浅红,口味卓绝。

14. 伙伴(Partner)

原料配方:伏特加 1 盎司,淡质朗姆酒 0.5 盎司,橙汁 0.5 盎司。

制作工具或设备:调酒壶,鸡尾酒杯。

制作过程:

(1)将冰块和材料倒入调酒壶中摇匀。

(2)然后倒入鸡尾酒杯中。

风味特点:这款鸡尾酒一般在志同道合的朋友聚会时饮用,清爽的口味就像彼此间纯真的友情一样。

15.吉祥猫(Manekineko)

原料配方:伏特加2/3盎司,香蕉利口酒1/3盎司,葡萄柚汁2/3盎司,蓝柑桂酒1茶匙,红樱桃1只。

制作工具或设备:调酒壶,鸡尾酒杯。

制作过程:

(1)将冰块和材料倒入调酒壶中摇匀。

(2)然后倒入鸡尾酒杯中,红樱桃沉底装饰。

风味特点:这款鸡尾酒果味丰富,有椰汁、鸡蛋果、香蕉,还有葡萄柚等,充满着吉祥的寓意。

16.俄国咖啡(Russian Cafe)

原料配方:皇冠伏特加2/3盎司,奶油2/3盎司,香草利口酒2/3盎司,香草糖浆1/6盎司,冰咖啡3盎司。

制作工具或设备:调酒壶,鸡尾酒杯。

制作过程:

(1)将材料和冰放入调酒壶,摇匀。

(2)然后注入盛有冰块的高冷直酒杯,轻轻倒入冰咖啡,使杯中饮品分为两层。

(3)最后插入两根彩色塑料吸管,一般用石斛兰装饰在杯口。

风味特点:皇冠伏特加口感清新爽朗,仿佛夏日里迎面而来的阵阵凉风。香草利口酒甘甜芳香,加上冰咖啡的苦酸,使这款鸡尾酒风味浓郁,堪称酷暑中的上佳饮品。

17.爱情追逐者(Load Runner)

原料配方:伏特加1盎司,安摩拉多酒0.5盎司,椰奶0.5盎司,肉豆蔻粉0.05克。

制作工具或设备:调酒壶,鸡尾酒杯。

制作过程：

（1）将材料和冰放入调酒壶，用力摇匀。

（2）然后注入鸡尾酒杯。

（3）在酒面撒上适量的肉豆蔻粉。

风味特点：这款鸡尾酒以伏特加为基酒，另添加椰奶和安摩拉多（Amaretto）酒，因此入口清淡，受到女性的追捧。

18. 哈威撞墙（Harvey Wallb anger）

原料配方：伏特加 1.5 盎司，橙汁 6 盎司，加里安诺 2 茶匙。

制作工具或设备：调酒壶，鸡尾酒杯。

制作过程：

（1）将材料和冰放入调酒壶，用力摇匀。

（2）然后注入鸡尾酒杯。

风味特点：色泽金黄，具有各种香草的香味。

19. 午夜暖阳（Midnight Sun）

原料配方：伏特加 1.5 盎司，绿甜瓜利口酒 1 盎司，橙汁 2/3 盎司，柠檬汁 1/3 盎司，石榴糖浆 1 茶匙，苏打水适量，柠檬片 1 片，甜味樱桃 1 颗。

制作工具或设备：调酒壶，鸡尾酒杯。

制作过程：

（1）将材料和冰放入调酒壶、摇匀。

（2）然后注入鸡尾酒杯中，用冰镇苏打水注满酒杯。

（3）轻轻调匀后，将石榴糖浆沿杯内壁慢慢倒入酒杯内，使之沉在杯底。

（4）最后，用酒签刺好的柠檬片和甜味樱桃装饰。

风味特点：在极地地区，仲夏或严冬的深夜，太阳依然高照。这款鸡尾酒就是要让人有一种如见午夜暖阳的体会。仲夏之夜，慵懒的阳光静静地泼洒在北极地区苍翠的原始森林，简直是一幅印象画，忧伤而凄美。此酒宜于在浪漫的午夜饮用。

20. 艳阳天（Sunny Day）

原料配方：伏特加 1 盎司，白兰地 0.5 盎司，橘子汁 0.5 盎司，柠檬片 1 片,红樱桃 1 个,山楂汁 5 毫升,冰块 25 克。

制作工具或设备:调酒壶,香槟酒玻璃杯。

制作过程:

(1)先将碎冰块放入调酒壶中,再加入伏特加、白兰地、橘子汁和山楂汁,用力摇匀,倒入酒杯中。

(2)将柠檬片、红樱桃放入酒中。

风味特点:色泽橘黄透红,香气芬芳悠长,口感甜爽滑润。

21. 奇异世界(Magic World)

原料配方:伏特加酒 1 盎司,猕猴桃果酒 1 盎司,橘子汁 2 盎司,橙味甜酒 1/3 盎司,猕猴桃 3 片,冰块 10 克。

制作工具或设备:调酒壶,郁金香玻璃杯。

制作过程:

(1)先将碎冰块放入调酒壶中,再加上猕猴桃果酒、伏特加酒、橘子汁和橙味甜酒,混合摇匀。

(2)将猕猴桃放入杯中(紧靠杯壁),然后倒入摇匀的酒。

风味特点:清新醒目,有安脑怡神的作用。

22. 红魔鬼(Red Devil)

原料配方:伏特加 1 盎司,君度橙酒 1/2 盎司,南方安逸 1/2 盎司,红石榴汁 2/3 盎司,莱姆汁 1 盎司,柳橙汁 1 盎司,冰块 25 克。

制作工具或设备:调酒壶,鸡尾酒杯。

制作过程:将材料放入 SHAKE 壶中,加冰块,SHAKE 后倒入杯中即可。

风味特点:色泽红艳,口味爽甜。

23. 西柚鸡尾酒(Grapefruit Juice Cocktail)

原料配方:伏特加 1.5 盎司,蓝色香橙酒 1 盎司,橙角 1 只,樱桃 1 只。

制作工具或设备:调酒壶,高身水杯。

制作过程:

(1)把伏特加及 Curacao Blue 倒入高身水杯,加冰后倒入高身杯,加冰后倒入西柚汁至满,搅匀。

（2）加入橙角及樱桃。

风味特点：色泽浅蓝，清凉可口。

24. 草莓达瓦（Strawberry Dawa）

原料配方：柠檬伏特加 2 盎司，草莓 3 颗，青柠切成片 1 个，草莓糖浆 1 毫升。

制作工具或设备：岩石杯杯。

制作过程：

（1）在岩石杯底部将草莓，青柠片和糖浆混合捣烂，用碎冰加满杯子。

（2）加入伏特加搅匀。

（3）杯中可以放一根捣棒，最后用一颗切开的草莓装饰。

风味特点：色泽素雅，口味清淡。

25. 鹦鹉头宾治（Parrot's Head Punch）

原料配方：伏特加 1.5 盎司，西番莲利口酒 1 盎司，西瓜汁 2 盎司，曼越橘汁 1 盎司，红柚汁 1.5 盎司，红柚片 1 片。

制作工具或设备：飓风杯。

制作过程：

（1）在盛有冰块的飓风杯中，倒入各种配料，摇匀。

（2）用红柚片装饰，插入长吸管饮用。

风味特点：色泽艳丽，柚味浓郁。

26. 蜂蜜红茶（Black Tea with Honey）

原料配方：伏特加酒 1 盎司，红茶包 1 包，果酱 5 克，热开水 200 毫升，蜂蜜 30 克。

制作工具或设备：玻璃水杯。

制作过程：

（1）红茶用热开水泡开备用。

（2）在玻璃杯中放入果酱、蜂蜜、伏特加酒，注入热红茶，搅拌均匀即可。

风味特点：色泽浅黄，茶香酒香交融。

27. 俄罗斯咖啡（Russian Coffee）

原料配方:伏特加酒 1 盎司,鸡蛋黄 1 个,巧克力 15 克,牛奶 2 盎司,砂糖 5 克,咖啡 0.5 杯,奶油 2 勺,巧克力碎屑 15 克。

制作工具或设备:玻璃水杯。

制作过程:

(1)首先将一个鸡蛋黄打碎,放进平底锅中,然后加入巧克力、少量牛奶,加热熔化后,再倒入一小杯伏特加酒(Vodka),最后加一小勺砂糖,混合均匀。

(2)先在咖啡杯中准备好滚烫的浓浓的半杯咖啡,再倒入混合了鸡蛋、巧克力和伏特加的牛奶。

(3)最后在液体表面装饰两勺奶油,并撒上巧克力碎屑。

风味特点:咖啡香浓,营养丰富。

28. 莫斯科热红茶（Moscow Black Tea）

原料配方:伏特加酒 1 盎司,红茶 2 克,热开水 140 毫升,果酱 5 克,蜂蜜 1 盎司。

制作工具或设备:玻璃水杯。

制作过程:

(1)按红茶泡制法制取红茶汁 130 毫升。

(2)将玻璃杯用热开水烫一下,放入果酱、蜂蜜和酒,注入热的红茶汁,用长匙搅匀,即可饮用。

风味特点:醇香浓郁,饮之令人精神振奋。

29. 神风（Kamikaze）

原料配方:维波罗瓦伏特加(Wyborowa) 1/3 盎司,柠檬汁 1/3 盎司,波士白橙利口酒 1/3 盎司。

制作工具或设备:调酒壶,马天尼鸡尾酒杯。

制作过程:

(1)在装满冰的摇酒壶中倒入柠檬汁、利口酒和伏特加,摇匀起泡沫。

(2)过滤马天尼酒杯中。

(3)将柠檬皮的汁挤入杯中。

风味特点:色泽浅白,口味淡雅。

30.草莓凯皮路斯加(Strawberry Caipirowska)

原料配方:伏特加维波罗瓦(Wyborowa) 1.5 盎司,砂糖 2 吧匙,草莓 6 个,酸橙 0.5 个。

制作工具或设备:古典杯。

制作过程:

(1)把半个酸橙切碎,并与草莓和砂糖在古典杯内混合。

(2)杯内加满碎冰。

(3)倒入伏特加,搅拌均匀。

风味特点:色泽艳丽,口味甜酸。

31.玫瑰马天尼(Rose Martini)

原料配方:玫瑰果露(Monin Rose) 1 盎司,伏特加 2 盎司。

制作工具或设备:调酒壶,马天尼杯。

制作过程:

(1)各种配料放入加了冰的摇酒壶中,摇匀。

(2)过滤至冰镇的马天尼杯中,用玫瑰花装饰。

风味特点:色泽浅红,装饰雅致。

32.W 一鸡尾酒(The W Cocktail)

原料配方:伏特加维波罗瓦(Wyborawa)1.5 盎司,君度利口酒1/3 盎司,甜果汁 1 滴。

制作工具或设备:调酒壶,马天尼杯。

制作过程:

(1)将配料在装满冰的摇酒壶中摇匀。

(2)过滤到马天尼杯中。

风味特点:色泽浅红,口味清爽。

33.奇异舒特(Kiwi Shooter)

原料配方:绝对伏特加(Absolut)1.5 盎司,糖浆 1 滴,猕猴桃 1 个。

制作工具或设备:调酒壶,马天尼杯。

制作过程:

(1)将称猴桃同糖浆一起在摇酒壶的底部捣碎。

(2)朝摇酒壶中加入伏特加和少许冰摇匀。

(3)混合并过滤至小酒杯中。

风味特点:色泽浅绿,具有猕猴桃新鲜的果味。

34. 荔枝天尼(Lichee Fruitini)

原料配方:绝对伏特加2盎司,干味美思0.5盎司,荔枝3~4颗。

制作工具或设备:调酒壶,马天尼杯。

制作过程:

(1)在摇酒壶的底部将荔枝和糖浆一起捣碎。

(2)将伏特加、味美思和少许冰倒入摇酒壶中。

(3)混合并倒入冰镇的马天尼杯中。

(4)过滤鸡尾酒时要两次过滤以滤出荔枝块。

(5)用荔枝和柠檬皮装饰。

风味特点:色泽浅白,具有荔枝的新鲜香味。

35. 时髦曲奇(Smart Cookie)

原料配方:伏特加维波罗瓦(Wyborowa)1.5盎司,白可可利口酒1盎司,奶油利口酒1盎司,榛子利口酒(Frangelico)1盎司。

制作工具或设备:调酒壶,马天尼杯。

制作过程:

(1)将配料加入填满冰的摇酒壶中。

(2)过滤至冰镇马天尼杯中。

(3)挤干一块橙皮并把它投入酒杯中。

风味特点:色泽浅白,具有各种坚果的香味。

36. 哥萨克王子(Cossack Prince Eristoff)

原料配方:皇太子伏特加(Eristoff)0.5盎司,青柠汁0.5盎司,红石榴浆(Grenadine)1毫升。

制作工具或设备:调酒壶,高脚杯。

制作过程:

(1)各种配料放入加了冰的摇酒壶中,摇匀。

(2)过滤至高脚杯中。

（3）鸡尾酒中要撒上一些柠檬皮的碎末。

风味特点：色泽浅红，口味微酸甜。

37. 绝对蓝湖（Absolute Blue Lagoon）

原料配方：绝对伏特加（Absolut）2/10 盎司，蓝橙皮酒（Blue Curagao）1/10 盎司，七喜（Seven Up）7/10 盎司。

制作工具或设备：海波杯。

制作过程：

（1）在海波杯中放入几块冰。

（2）倒入绝对伏特加和蓝橙皮酒，混合。

（3）加入七喜，用樱桃和橙皮装饰。

风味特点：色泽浅蓝，晶莹透明，口味清甜。

38. 柠檬滴（Lemon Drop）

原料配方："灰鹅牌"柠檬伏特加 8/10 盎司，柠檬汁 1/10 盎司，糖浆 1/10 盎司。

制作工具或设备：海波杯。

制作过程：

（1）各种配料放入加了冰的摇酒壶中，摇匀。

（2）过滤至冰镇的马天尼杯中。

（3）柠檬皮做的螺旋装饰。

风味特点：色泽浅白，口味清冽。

39. 东方天尼（Oriental-tini）

原料配方：维波罗瓦玫瑰伏特加（Wyborowa Rose）1.5 盎司，日本清酒 1 盎司，荔枝汁 1 盎司。

制作工具或设备：马天尼杯。

制作过程：

（1）在一半装有冰的酒杯中混合原料。

（2）然后过滤至冰镇的马天尼杯中。

（3）将去皮的荔枝放入鸡尾酒中。

风味特点：色泽浅白，具有荔枝的味道。

40. 法国马天尼(French Martini)

原料配方:绝对伏特加(柠檬味)(Absolut Citron)2/3 盎司,君度橙味酒(Cointreau) 1/3 盎司。

制作工具或设备:调酒壶,马天尼杯。

制作过程:

(1)各种配料放入加了冰的调酒壶中,摇匀。

(2)过滤至冰镇的马天尼杯中,用樱桃装饰。

风味特点:色泽清雅,口味爽口。

41. 香蕉碎冰(Banana Crush)

原料配方:绝对伏特加 1/3 盎司,香蕉泥 1/3 盎司,白可可酒 1/3 盎司。

制作工具或设备:调酒壶,马天尼杯。

制作过程:

(1)各种配料放入加了碎冰的摇酒壶中,摇匀并倒入(不须过滤)岩石玻璃杯中。

(2)用香蕉片装饰。

风味特点:色泽浅黄,具有香蕉的香味。

42. 可能会热(May be Hot)

原料配方:伏特加(Absolut) 2/3 盎司,橙汁 1/3 盎司,陈年酒醋(Balsamico Vinegar)3 滴。

制作工具或设备:调酒壶,马天尼杯。

制作过程:

(1)各种配料放入加了冰的摇酒壶中摇起泡沫。

(2)过滤至加了冰的古典杯中。

(3)用黄瓜圈装饰。

风味特点:色泽浅黄,具有橙汁的香味。

43. 赤龙(Red Dragon)

原料配方:伏特加 1 盎司,柑曼怡甜酒(Grand Marnier) 1 盎司,石榴汁 1/3 盎司,红果泥 1 盎司,冰茶饮料 110 毫升。

制作工具或设备:调酒壶,海波杯。

制作过程：

(1)在填满冰的摇酒壶中将原料混合。

(2)过滤至海波杯中。

风味特点：色泽浅红,口味清凉解暑。

(七)以啤酒为基酒的鸡尾酒配方

1. 红眼(Red Eye)

原料配方：啤酒 1/2 杯,番茄汁 1/2 杯。

制作工具或设备：吧匙,坦布勒杯。

制作过程：

(1)在坦布勒杯中倒入冰冷的啤酒和番茄汁。

(2)用吧匙慢慢地调和均匀。

风味特点：色泽浅红,口味清凉解暑。

2. 红鸟(Red Bird)

原料配方：啤酒 1/2 杯,番茄汁 1/2 杯,柠檬汁 1 盎司。

制作工具或设备：吧匙,坦布勒杯。

制作过程：

(1)将啤酒倒入鸡尾酒杯中注到一半。

(2)剩下的一半用番茄汁、柠檬汁注满,搅拌均匀。

风味特点：色泽浅红,口味清凉解暑。

3. 鸡蛋啤酒(Egg in the Beer)

原料配方：啤酒 1 杯,蛋黄 1 只。

制作工具或设备：吧匙,坦布勒杯。

制作过程：将蛋黄倒入鸡尾酒杯中,用吧匙打散,用啤酒注满。

风味特点：此酒是用啤酒和蛋黄调制而成的,泡沫丰富,营养全面,而且具有细腻的口感。

4. 黑丝绒(Black Velvet)

原料配方：黑啤酒 1/2 杯,香槟 1/2 杯。

制作工具或设备：吧匙,坦布勒杯。

制作过程：从酒杯两侧同时倒入啤酒和香槟至八分满。

风味特点：色泽浅褐,口味协调。

5. 乳酸啤酒(Calpis Beer)

原料配方:啤酒 180 毫升,阿尼赛特茴香酒 1/3 盎司,卡鲁皮斯 2/3 盎司。

制作工具或设备:吧匙,坦布勒杯。

制作过程:将啤酒之外的材料注入啤酒杯,轻轻搅匀,加满啤酒。

风味特点:阿尼赛特茴香酒是用茴香等药草、香草浸泡制成的利口酒,使这款鸡尾酒具有独特的香味。与卡鲁皮斯乳酸饮料配合极佳,口味圆润,感觉舒畅。

6. 草莓啤酒(Strawberry Beer)

原料配方:啤酒 190 毫升,草莓利口酒 1 盎司,苏打水 2 盎司。

制作工具或设备:吧匙,坦布勒杯。

制作过程:将材料注入啤酒杯,轻轻搅匀。

风味特点:草莓利口酒味道香甜,口感很好。用苏打水稀释,再加入啤酒,酒精度就更低了,是一款色彩华丽、女士钟爱的鸡尾酒。

7. 冰淇淋啤酒(Ice Cream Beer)

原料配方:啤酒一瓶,巧克力冰淇淋球两个,冰块 50 克。

制作工具或设备:吧匙,坦布勒杯。

制作过程:

(1)先将啤酒置于冰箱的冷藏室内冷却,取出后放置片刻,即可将小冰块放入啤酒杯中,再倒入啤酒。

(2)然后放进巧克力冰淇淋球,搅拌均匀后便可饮用。

风味特点:香味浓郁,爽口清凉,解渴消暑。

8. 番茄啤酒(Tomato Beer)

原料配方:啤酒一瓶,番茄汁 3 盎司,芹菜汁 0.5 盎司。

制作工具或设备:吧匙,坦布勒杯。

制作过程:

(1)将小冰块放入杯内,倒入冷却过的啤酒,最后将番茄汁、芹菜汁冲入。

(2)搅匀后即可饮用。

风味特点:色泽艳丽,略有酸味,提神解暑,而且维生素 C 含量丰富。

9. 啤酒咖啡（Beer Coffee）

原料配方：烘焙的冷咖啡 1/2 杯，冷啤酒 1/2 杯，冰块 25 克。

制作工具或设备：吧匙，坦布勒杯。

制作过程：在杯中注入中烘焙的咖啡，再注入极端冰冷的啤酒。

风味特点：色泽浅褐，口味清凉刺激。

10. 桃子啤酒（Peach Beer）

原料配方：啤酒 170 毫升，桃味利口酒 1 盎司，石榴糖浆 10 毫升。

制作工具或设备：吧匙，啤酒杯。

制作过程：将桃味利口酒注入啤酒杯，加满冰镇啤酒，轻轻搅匀，再滴入石榴糖浆。

风味特点：水灵灵的桃子香味与啤酒的味道混合在一起，是一款水果味的鸡尾酒。

11. 啤酒奶（Beer Milk）

原料配方：鲜啤酒 150 毫升，鲜牛奶 150 毫升，冰块 100 克。

制作工具或设备：吧匙，坦布勒杯。

制作过程：

（1）将鲜啤酒、鲜牛奶、冰块倒入杯中，搅匀。

（2）适量注入啤酒，以免泡沫溢出。

风味特点：泡沫丰富，乳白甜爽，口感清新。

12. 绿茶啤酒（Green Tea Beer）

原料配方：啤酒 180 毫升，绿茶水 50 毫升，柠檬糖浆 25 毫升，鲜柠檬汁 15 毫升。

制作工具或设备：吧匙，坦布勒杯。

制作过程：将啤酒，绿茶水，柠檬糖浆，鲜柠檬汁混合搅匀，冰后即可。

风味特点：色泽浅黄，口味清爽。

13. 太空啤酒（Space Beer）

原料配方：啤酒 150 毫升，苏打汽水 150 毫升，碎冰块 50 克。

制作工具或设备：吧匙，坦布勒杯。

制作过程:将碎冰块放入杯中,然后把冰过的啤酒、汽水向后倒入,调配而成。

风味特点:色泽淡黄,气味芳香,入口爽快,在夏天饮用可以消暑解渴,振奋精神。

14. 菊花啤酒(Daisy Beer)

原料配方:啤酒150毫升,菊花露150毫升,碎冰块50克。

制作工具或设备:吧匙,坦布勒杯。

制作过程:先将碎冰块放入杯中,然后把冰过的啤酒和菊花露倒入,调匀后即可饮用。

风味特点:色泽金黄,气味芳香,入口清凉,适宜女士们饮用。

(八)以葡萄酒为基酒的鸡尾酒配方

1. 基尔(Kirl)

原料配方:干白葡萄酒2盎司,黑醋粟利口酒1/3盎司。

制作工具或设备:吧匙,鸡尾酒杯。

制作过程:

(1)在鸡尾酒杯中倒入冰镇的干白葡萄酒。

(2)然后倒入黑醋粟利口酒,搅拌均匀。

风味特点:色泽浅黄,口味爽快。

2. 翠竹(Bamboo)

原料配方:干雪利口酒1.5盎司,干味美思0.5盎司,橙味苦酒1大滴。

制作工具或设备:调酒杯,滤冰器,调酒匙,鸡尾酒杯。

制作过程:

(1)将冰镇的各种材料放在调酒杯中,搅拌均匀。

(2)过滤到鸡尾酒杯中。

风味特点:这款"翠竹"鸡尾酒的味道有点像竹子里清冽的汁液,因此得名。

3. 香槟鸡尾酒(Champagne)

原料配方:香槟酒2盎司,苦酒1滴,方糖1块。

制作工具或设备:调酒杯,滤冰器,调酒匙,鸡尾酒杯。

制作过程：

（1）将冰镇的各种材料放在调酒杯中，搅拌均匀。

（2）过滤到鸡尾酒杯中。

风味特点：香槟鸡尾酒（Champagne）以香槟为基酒调制而成，气质高雅。

4. 含羞草（Mimosa）

原料配方：香槟酒 1/2 杯，橙汁 1/2 杯。

制作工具或设备：吧匙，鸡尾酒杯。

制作过程：将冰镇的橙汁放在鸡尾酒杯中，然后，慢慢注入香槟酒。

风味特点：色泽金黄，口味淡雅。这种以香槟为基酒的鸡尾酒，被喻为世上最美味、最豪华的柳橙汁。

5. 迸发（Spurt）

原料配方：葡萄酒 3 盎司，苏打水适量。

制作工具或设备：吧匙，鸡尾酒杯。

制作过程：

（1）将冰镇的葡萄酒倒在鸡尾酒杯中。

（2）然后，慢慢注入苏打水。

风味特点：这款鸡尾酒 20 世纪 80 年代在美国大行其道，由苏打水和干白葡萄酒混合而成，苏打水令口中葡萄酒的味道不时随气泡迸出，故名。

6. 交响曲（Symphony）

原料配方：白葡萄酒 3 盎司，蜜桃利口酒 0.5 盎司，石榴糖浆 1 茶匙，白糖浆 2 茶匙。

制作工具或设备：调酒杯，吧匙，鸡尾酒杯。

制作过程：

（1）将冰镇的材料倒在调酒杯中。

（2）然后，轻轻搅拌均匀，滤入鸡尾酒杯中。

风味特点：这款鸡尾酒魅力十足，由白葡萄酒和蜜桃利口酒调和，酸味清爽，口味丰富，犹如在酒杯中演奏的一首交响乐。

7. 葡萄酒库勒（Wine Cooler）

原料配方：白葡萄酒 3 盎司，橙汁 1 盎司，石榴糖浆 0.5 盎司，君度 1/3 盎司。

制作工具或设备：调酒杯，吧匙，鸡尾酒杯。

制作过程：

（1）将冰镇的材料倒在调酒杯中。

（2）然后，轻轻搅拌均匀，滤入装满碎冰的鸡尾酒杯中。

风味特点：色泽浅红，透明晶亮。

8. 心灵之吻（Soul Kiss）

原料配方：干味美思 2/3 盎司，甜味美思 2/3 盎司，杜本内酒 1/3 盎司，橙汁 1/3 盎司。

制作工具或设备：调酒杯，吧匙，鸡尾酒杯。

制作过程：

（1）将冰镇的材料倒在调酒杯中。

（2）然后，轻轻搅拌均匀，滤入鸡尾酒杯中。

风味特点：这款橙黄色的鸡尾酒由两种味美思和杜本内酒调制而成的。其风味似乎诉说着恋人之间的缠绵，使两颗心灵相互碰撞，产生爱的火花。

9. 玫瑰人生（Rose）

原料配方：干味美思 1.5 盎司，樱桃白兰地 2/3 盎司，石榴糖浆 1 滴。

制作工具或设备：调酒杯，吧匙，鸡尾酒杯。

制作过程：

（1）将冰镇的材料倒在调酒杯中。

（2）然后，轻轻搅拌均匀，滤入鸡尾酒杯中。

风味特点：这款鸡尾酒由干味美思和樱桃白兰地搅拌而成。一如玫瑰般高贵华丽，展示着绚丽的人生。

10. 航海者（Navigator）

原料配方：波特葡萄酒 2 盎司，酸莓果苏打水适量。

制作工具或设备：调酒杯，吧匙，鸡尾酒杯。

制作过程:

(1)将冰镇的材料倒在调酒杯中。

(2)然后,轻轻搅拌均匀,滤入鸡尾酒杯中。

风味特点:这是一款在葡萄牙非常流行的鸡尾酒。用酸莓果苏打水掺兑波特葡萄酒制成的鸡尾酒,色彩夺目、口味清凉,宛如航海者盛夏中的一杯渴望。

11. 蓝色香槟(Blue Champagne)

原料配方:冰凉的香槟酒150毫升,中型冰块8块,新鲜柠檬汁5毫升,蓝橙皮酒(Blue Curacao)20毫升,伏特加20毫升,甜柠檬糖浆20毫升。

制作工具或设备:调酒壶,隔冰器,冰镇过的香槟酒杯。

制作过程:

(1)把冰块放进调酒壶中。

(2)加进柠檬汁、蓝橙皮酒、伏特加和甜柠檬糖浆,阖上调酒壶,用力摇动约8秒钟。

(3)透过隔冰器把调好的酒倒进冰镇过的酒杯里,再倒进香槟酒至八分满。

(4)最后轻轻放进装饰用的樱桃即可。

风味特点:色泽浅蓝,口味清凉。

12. 火山(Volcano)

原料配方:冰凉的香槟酒150毫升,木莓香甜酒5毫升,蓝香橙皮酒5毫升。

制作工具或设备:冰镇过的香槟酒杯。

制作过程:

(1)把5毫升冰凉的木莓香甜酒和5毫升的蓝橙皮酒倒进冰镇过的酒杯里。

(2)再倒进香槟酒至八分满。挤进一小块柳橙,也可视各人喜好放柳橙皮于饮料中。若想制造特别的气氛,可以把木莓香甜酒和蓝橙皮酒在杯中点燃,然后用香槟酒浇熄。

风味特点:色泽高贵,口味清凉。

13. 胡桃咖啡（Walnut Coffee）

原料配方:雪利酒 1/3 盎司,咖啡 2 盎司,牛奶 2 盎司,泡沫鲜奶油 30 克,胡桃 15 克。

制作工具或设备:海波杯。

制作过程:

(1)把咖啡和热牛奶倒入杯中,注入雪利酒。

(2)上面浮放泡沫鲜牛奶,再用煎好的胡桃作装饰。

风味特点:这是一种有浓郁胡桃香味、甜美可口的名品咖啡。

14. 仿意式冻咖啡（Frozen Coffee）

原料配方:红葡萄酒 1.5 盎司,冷咖啡 150 毫升,清糖浆 1 盎司,柠檬皮 2 小块。

制作工具或设备:制冰盒,海波杯。

制作过程:

(1)将冷咖啡与清糖浆调匀,倒入制冰盒进冰箱冷冻室。

(2)冻结后的咖啡冰用干净毛布包上,敲碎,装在高脚杯中。

(3)淋上 20 毫升红葡萄酒,面上用柠檬皮装饰,并插入吸管,即可饮用。

风味特点:冰凉爽口,提神醒脑。

15. 凤梨冰酒（Pineapple Cooler）

原料配方:冰镇白葡萄酒 3 盎司,凤梨汁 3 盎司,生鲜柠檬汁 0.5盎司,细砂糖 1 茶匙,汽泡水 150 毫升,柠檬皮扭成螺旋状 1 个。

制作工具或设备:调酒壶,海波杯。

制作过程:

(1)除了柠檬皮和汽泡水之外,将所有材料与碎冰倒入调酒壶,充分摇匀后,过滤倒入装有冰块的冷却鸡尾酒杯。

(2)接着加入汽泡水,轻轻予以搅拌。

(3)最后再放上柠檬皮作为装饰。

风味特点:色泽浅黄,口感清凉刺激。

16. 玛查格兰咖啡（Mazagreen Coffee）

原料配方:热咖啡 0.5 杯,红葡萄酒(Red Wine)2.5 盎司,柠檬片

1 片,肉桂棒 1 只,糖包 1 只。

制作工具或设备:咖啡杯。

制作过程:

(1)红葡萄酒(Red Wine)先温热。

(2)再倒入半杯热咖啡中,随即放入一片柠檬片、一支肉桂棒,即可附糖包上桌。

风味特点:色泽浅褐,酸、甜、苦,诸味俱陈,适合饭前饮用。

(九)以清酒为基酒的鸡尾酒配方

1. 清酒马天尼(Saketini)

原料配方:日本清酒 0.5 盎司,金酒 1.5 盎司。

制作工具或设备:调酒杯、吧匙、鸡尾酒杯。

制作过程:

(1)将冰镇的材料倒在调酒杯中。

(2)然后,轻轻搅拌均匀,滤入鸡尾酒杯中。

(3)装饰物可根据口味使用橄榄或柠檬皮。

风味特点:色泽浅白,口味清冽。

2. 清酒酸(Sake Sour)

原料配方:日本清酒 1.5 盎司,柠檬汁 0.5 盎司,砂糖 1 茶匙,苏打水适量。

制作工具或设备:调酒壶,鸡尾酒杯。

制作过程:

(1)将材料倒在调酒壶中,然后,摇匀。

(2)滤入鸡尾酒杯中,最后,慢慢注入苏打水。

风味特点:口味清新、提神醒目,这是清酒酸(Sake Sour)的特色,饮后使人神清气爽。

3. 武士(Samurai)

原料配方:清酒 1.5 盎司,莱姆汁 0.5 盎司。

制作工具或设备:搅拌长匙、岩石杯。

制作过程:杯中放 2~3 个冰块,倒入上述材料轻轻搅拌即可。

风味特点:不习惯清酒口味的人不妨喝这种鸡尾酒试试看,莱姆汁青涩的香味可以抑制清酒独特口味,使它较容易入口,相当受欢迎。

4.梦幻勒曼湖(Fantastic Leman)

原料配方:清酒 3/10 盎司,樱桃酒 1/20 盎司,柠檬汁 1/20 盎司,汤力水 4/10 盎司,蓝色柑香酒 2 毫升,白色柑香酒 1/5 盎司。

制作工具或设备:调酒壶,高脚玻璃杯。

制作过程:

(1)将清酒、冰块、白色柑香酒、樱桃酒与柠檬汁倒入调酒壶中。

(2)摇荡后倒入杯中,加满汤力水。

(3)再将蓝色柑香酒慢慢沿杯边倒入杯底。

风味特点:这是一种杯中呈现蓝色浓淡层次的美丽鸡尾酒,口味清凉。

5.白露金玉(Gold Jade)

原料配方:梅牌清酒 3 盎司,纯牛奶 1 盎司。

制作工具或设备:调酒壶,高脚玻璃杯。

制作过程:

(1)用一调酒壶(也可用有盖的大口瓶)放入冰块。

(2)再先放纯牛奶后放入清酒,用力摇匀,滤去冰块,倒入鸡尾酒杯。

(3)用牙签串一颗红樱桃,搁在杯沿作为点缀。

风味特点:色泽乳白,点缀诱人。

6.日本飞斯(Japan Fizz)

原料配方:梅牌清酒 3 盎司,鸡蛋清 1 个,金酒 0.5 盎司,柠檬汽水 150 毫升。

制作工具或设备:调酒壶,高脚玻璃杯。

制作过程:

(1)用一调酒壶(也可用有盖的大口瓶)放入冰块,将鸡蛋清、金酒、梅牌清酒依次倒入壶中,盖上盖、用力摇匀。

(2)滤去冰块,倒入高脚玻璃杯中,冲入柠檬汽水,用一吸管插一片柠檬作为点缀。

风味特点:色泽浅白,具有柠檬的清香。

7. 樱花（Sakura）

原料配方：清酒 1 盎司，西瓜甜酒 0.5 盎司，香橙甜酒 0.5 盎司，石榴糖浆 0.5 盎司，新鲜柠檬汁 0.5 盎司，冰杯 25 克。

制作工具或设备：调酒壶，马天尼杯。

制作过程：

（1）使用调酒壶加入适量的冰块，依序将上述材料倒入，摇晃均匀。

（2）倒入已冰杯完全的马天尼杯中即可。

风味特点：色泽嫣红，口味鲜甜。

8. 烈日（Grand Sun）

原料配方：日本清酒 1 盎司，柑曼怡甜酒 1/3 盎司，鲜榨的橙汁 3 盎司，荔枝利口酒 10 毫升，石榴糖浆 5 毫升。

制作工具或设备：调酒壶，马天尼杯。

制作过程：

（1）使用调酒壶加入适量的冰块，依序将上述材料倒入，摇晃均匀。

（2）倒入已冰杯完全的马天尼杯中即可。

风味特点：色泽橙红，口味酸甜。

9. 无花果密语（The Sacred Fig）

原料配方：清酒 2 盎司，自制波特酒（port）无花果糖浆 1 盎司，鲜青柠汁 2/3 盎司，金巴利（Campari）开胃酒 1/6 盎司。

制作工具或设备：利口酒杯，吧匙。

制作过程：

（1）将冰块置于杯中。

（2）把所有材料量入摇杯中摇匀，倒进酒杯中。

（3）最后用柠檬装饰即可。

风味特点：色呈浅紫，口味酸甜，爽口开胃。

（十）以利口酒为基酒的鸡尾酒配方

1. 天使之吻（Angle's Kiss）

原料配方：可可甜酒 4/5 盎司，鲜奶油 1/5 盎司，樱桃 1 个。

制作工具或设备:搅拌长匙,利口酒杯。

制作过程:

(1)采用引流法将可可甜酒从杯侧轻轻注入利口酒杯中。

(2)然后,用同样方法将奶油轻轻注入利口酒杯中,使其漂浮在酒面上产生分层的效果。

(3)最后,用酒签刺穿的樱桃横在杯口装饰。

风味特点:"天使之吻"鸡尾酒口感甘甜而柔美,如丘比特之箭射中恋人的心。取一颗甜味樱桃置于杯口,在乳白色鲜奶油的映衬下,恍似天使的红唇,这款鸡尾酒因此得名。

2. 青草蜢(Green Grass Hopper)

原料配方:白色可可酒 2/3 盎司,绿色薄荷香甜酒 2/3 盎司,鲜奶油 2/3 盎司。

制作工具或设备:调酒壶,鸡尾酒杯。

制作过程:调酒壶内加上一半的冰块,再把上述材料倒入一起摇匀后,倒入鸡尾酒(Cocktail Glass)杯内。

风味特点:此款鸡尾酒颜色翠绿,一如草地上跳动的精灵——青草蜢。

3. 快快吻我(Kiss Me Quickly)

原料配方:茴香酒 2 盎司,君度酒 1/3 盎司,苦酒 2 滴,苏打水 150 毫升。

制作工具或设备:调酒壶,鸡尾酒杯。

制作过程:

(1)调酒壶内加上冰块,再把上述材料倒入一起摇匀后。

(2)倒入鸡尾酒(Cocktail Glass)杯内,最后注入苏打水。

风味特点:情义绵绵、深情款款,风味特别,充满诱惑,这是注定为情人打造的一款鸡尾酒。

4. 樱花盛开(Cherry Blossom)

原料配方:橙味利口酒 1/2 茶匙,红石榴糖浆 2 茶匙,柠檬汁 1/3 盎司,樱桃白兰地酒 1 盎司,白兰地酒 0.5 盎司。

制作工具或设备:调酒壶,鸡尾酒杯。

制作过程:

(1)把以上材料和冰块放进调酒壶内,摇匀。

(2)最后滤入鸡尾酒杯内。

风味特点:色彩绯红如盛开的樱花,漫天飞舞,弥漫着春天的信息。

5. 彩虹(Rainbow)

原料配方:红石榴糖浆 1 盎司,绿薄荷酒 1 盎司,蓝香橙 1 盎司,君度酒 1 盎司,白兰地酒 1 盎司。

制作工具或设备:利口酒杯,吧匙。

制作过程:采用引流法依次将红石榴糖浆、绿薄荷酒、蓝香橙、君度酒、白兰地酒等从吧匙的背面,沿着酒杯的侧壁慢慢注入,使之产生分层的效果。

风味特点:此酒是根据材料酒的密度不同,采用合适的调制方法,使之达到分层的效果,一如天上雨后的彩虹,色彩绚丽。

6. 金巴利苏打(Campari Soda)

原料配方:金巴利酒 1.5 盎司,苏打水 150 毫升。

制作工具或设备:哥连士杯。

制作过程:在酒杯中放入冰块,先倒如金巴利酒,最后注入苏打水。

风味特点:金巴利酒是一种苦味酒（Bitter),酒的苦味来自苦橘子皮和龙胆,是世界上最受欢迎的苦味酒了。经过苏打水的稀释口味更加醇和,诱人食欲。

7. 薄荷富莱普(Peppermint Frape)

原料配方:薄荷酒 1.5 盎司,薄荷叶 1 枝。

制作工具或设备:浅碟香槟杯。

制作过程:

(1)在酒杯中放入碎冰,注入薄荷酒。

(2)最后放上薄荷叶点缀。

风味特点:颜色碧绿,溢满薄荷的清香,更有刨冰的清凉,是一款适合夏季饮用的鸡尾酒。

8. 寡妇之吻（Widow's Kiss）

原料配方：香草利口酒 1 盎司，黄色修道院酒 0.5 盎司，苹果白兰地 0.5 盎司，苦酒 1 滴。

制作工具或设备：调酒壶、鸡尾酒杯。

制作过程：

（1）将各种材料，放入调酒壶中摇匀。

（2）滤入鸡尾酒杯中。

风味特点：虽说有点孤独，但从寡妇之吻（Widow's Kiss）鸡尾酒中，你会体会到个中滋味，美味与魅力同在，希望与激情长存。

9. 媚眼（Grad Eye）

原料配方：茴香利口酒 1 盎司，绿薄荷酒 0.5 盎司。

制作工具或设备：调酒壶，鸡尾酒杯。

制作过程：

（1）将各种材料，放入调酒壶中摇匀。

（2）滤入鸡尾酒杯中。

风味特点：色泽浅绿，口味清凉。"回眸一笑百媚生，六宫粉黛无颜色"，媚眼（Grad Eye）鸡尾酒也极具这样的魅力！

10. 金色梦想（Golden Dream）

原料配方：加里安诺 1 盎司，君度酒 0.5 盎司，鲜奶油 0.5 盎司，柳橙汁 1 盎司。

制作工具或设备：调酒壶，鸡尾酒杯。

制作过程：调酒壶内加入一半的冰块，再把上述材料倒入一起摇匀后，倒入鸡尾酒（Cocktail Glass）杯。

风味特点：色泽金黄，具有各种香草的香味。

11. 波西米亚狂想曲（Bohemian Dream）

原料配方：杏仁白兰地 1 盎司，石榴糖浆 1/6 盎司，柠檬汁 1/6 盎司，柳橙汁 2/3 盎司，苏打水 150 毫升。

制作工具或设备：调酒壶，鸡尾酒杯。

制作过程：

（1）调酒壶内加入一半的冰块，再把上述材料倒入一起摇匀后。

（2）倒入鸡尾酒（Cocktail Glass）杯，最后注入苏打水。

风味特点：色泽橙红，口味酸甜。

12. 黄鹦鹉（Yellow Parrot）

原料配方：彼诺茴香酒 0.5 盎司，修道院黄酒 0.5 盎司，杏味白兰地 0.5 盎司。

制作工具或设备：调酒壶，鸡尾酒杯。

制作过程：将材料和冰放入调酒壶，摇匀，然后注入鸡尾酒杯。

风味特点：黄鹦鹉即是黄色的鹦鹉，这款鸡尾酒大概因其浓稠的黄色仿佛如鹦鹉的茸毛而得名吧。但是可爱的名字背后却是高达 30 度的酒精度数。外表温柔，内心刚烈，也是黄鹦鹉（Yellow Parrot）的特色！

13. 西瓜鸡尾酒冰沙（Watermelon Cocktail Frozen）

原料配方：西瓜香甜酒 1.5 盎司，莱姆酒 0.5 盎司，伏特加 1 盎司，糖水 1 盎司，鲜果沙冰粉 1 匙，冰块 300 克，西瓜 1 小片，薄荷叶 3 片。

制作工具或设备：碎冰机，鸡尾酒杯。

制作过程：

（1）将 300 克冰块置入碎冰机内。

（2）加入西瓜香甜酒、莱姆酒。

（3）再加入伏特加、糖水。

（4）加入鲜果冰沙粉 1 匙于碎冰机内。

（5）然后开动碎冰机，将冰块搅打至绵细。

（6）将冰沙倒入杯内，饰入西瓜、薄荷叶。

风味特点：色泽艳丽，晶莹透亮，爽口宜人。

14. 百合安娜冰咖啡（Ana Coffee）

原料配方：绿薄荷酒（GreenCremeDeMenthe）1/2 盎司，碎冰 50 克，冰咖啡 1 杯，鲜奶油 25 克，巧克力糖浆 1 盎司，七彩米 5 克。

制作工具或设备：碎冰机，鸡尾酒杯。

制作过程：

（1）杯中先放入碎冰约八分满，再倒入已加糖的冰咖啡、薄荷酒。

（2）上面再旋转加入一层鲜奶油。

（3）最后挤上适量巧克力糖浆及少许七彩米即可。

风味特点:彩色多样的巧克力米,使造型更富变化。搅拌均匀后呈现美丽的翡翠色,喝时更可品尝透心凉的迷人滋味。

15. 彩虹冰淇淋冰咖啡（Rainbow Ice Cream Coffee）

原料配方:紫罗兰酒（ParfaitAmour）1/2 盎司,冰咖啡 1 杯,鲜奶油 1 盎司,冰块 50 克。

制作工具或设备:调酒壶,鸡尾酒杯。

制作过程:

（1）先在调酒壶中放入已加糖的冰咖啡,再加入 1/2 盎司紫罗兰酒、1/2 盎司鲜奶油,最后加满冰,摇匀。

（2）完成后倒入杯中,上加鲜奶油即可。

风味特点:色彩美丽,味道芳香,分层享用,相当具有吸引力。

16. 冰冷的情彩（Iced Shadow）

原料配方:蓝橙利口酒 1 盎司,柠檬汁 0.5 盎司,汤力水 150 毫升。

制作工具或设备:调酒壶,鸡尾酒杯。

制作过程:

（1）在杯子中放入冰块,将少量柠檬汁和香橙利口倒入杯中,再慢慢倒入蓝橙利口酒。

（2）以汤力水灌顶,在杯边上点缀柠檬片。

风味特点:色泽浅蓝,口味柔和。

17. 香草天堂咖啡（Vanilla Paradise Coffee）

原料配方:香草香甜酒 1 盎司,香草奶精粉 1 茶匙,意大利咖啡 150 毫升,鲜奶油 25 毫升,香草粉 1/4 茶匙。

制作工具或设备:调酒壶,鸡尾酒杯。

制作过程:

（1）香草香甜酒倒入杯中,加入意大利咖啡至八分满。

（2）加入香草奶精粉,挤上一层鲜奶油,再撒上香草粉。

风味特点:色泽浅褐,口味香甜。

18. 爱丽丝热奶茶(Hot Milk Tea of Alice)

原料配方:百利甜酒 1 盎司,威士忌 1/3 盎司,奶精粉 5 克,热开水 300 毫升,蜂蜜 1 盎司,红茶包 2 个。

制作工具或设备:煮锅,鸡尾酒杯。

制作过程:

(1)锅中倒入热开水、蜂蜜、威士忌、百利甜酒、奶精粉,以大火煮至溶解。

(2)放入红茶包,以小火煮 1~2 分钟,熄灭后取出茶包。

(3)最后倒入壶中,出品搭配杯子、碟。

风味特点:色泽浅红,香气袭人。

19. 香草咖啡(Vanilla Coffee)

原料配方:香草酒 1.5 盎司,香草奶精粉 1 茶匙,曼特宁咖啡 150 毫升,鲜奶油 25 毫升,豆蔻粉 1/4 茶匙。

制作工具或设备:咖啡杯。

制作过程:香草酒倒入杯中,加入曼特宁咖啡至八分满,加入香草奶精粉,挤上一层鲜奶油,再撒上豆蔻粉。

风味特点:色泽浅褐,香醇适口。

20. 罗马冰咖啡(Roma Iced Coffee)

原料配方:意大利冰咖啡 1 杯,杏仁酒(Amaretto)1/2 盎司,鲜奶 3 盎司,冰块 50 克。

制作工具或设备:咖啡杯。

制作过程:

(1)杯中先放入已加糖的意大利冰咖啡。

(2)再倒入杏仁酒、鲜奶搅拌均匀。

(3)最后加满冰块即成。

风味特点:杏仁酒独特的香味,味香浓醇,适合餐后饮用。

21. 卡尔亚冰咖啡(Kaya Coffee)

原料配方:白橙皮酒 1/4 盎司,冰咖啡 1 杯,7UP 汽水 150 毫升,鲜奶油 25 毫升,巧克力薄片 10 克。

制作工具或设备:咖啡杯。

制作过程：

（1）杯中先放入白橙皮酒（TripleSec），加满冰块，再倒入已加糖的冰咖啡。

（2）随后倒入 7UP 汽水至八分满。

（3）上面再旋转加入一层鲜奶油。

（4）再撒上少许削薄的巧克力片即可。

风味特点：风味清新柔顺，味道甘甜，适合餐后饮用。

22. 美国佬（Americano）

原料配方：马天尼甜红味美思（Martini Rosso）5/10 盎司，金巴利（Campari）5/10 盎司，苏打水 150 毫升，柑橘圈 1 个。

制作工具或设备：古典杯。

制作过程：

（1）将味美思和金巴利倒入装满冰的古典杯中。

（2）按个人口味加入一定量的苏打水。

（3）加上旋转的柑橘圈作装饰。

风味特点：色泽浅红，清爽微苦。

23. 甘露牛奶（Kahlua&Milk）

原料配方：甘露咖啡利口酒（Kahlua）2 盎司，牛奶 150 毫升，冰块 25 克。

制作工具或设备：海波杯。

制作过程：

（1）根据口味准备牛奶。

（2）在海波杯中加入冰块。

（3）倒入利口酒和牛奶，充分混合。

风味特点：色泽乳白，口味甜浓，具有咖啡的味道。

24. 香草白俄罗斯（Vanilla White Russian）

原料配方：甘露咖啡利口酒 6/10 盎司，灰鹅香草伏特加 3/10 盎司，凝乳 1/10 盎司。

制作工具或设备：调酒壶，岩石杯。

制作过程：

（1）在填满冰的摇酒壶中将原料混合。

（2）过滤至预先加了几块冰的岩石杯中。

（3）配以香草荚和薄荷枝作装饰。

风味特点：色泽浅褐，具有咖啡和牛奶的香味。

（十一）以中国酒为基酒的鸡尾酒配方

1. 中国马天尼（Chinatini）

原料配方：茅台酒3盎司，玫瑰露1盎司，青橄榄1只。

制作工具或设备：调酒壶，鸡尾酒杯。

制作过程：

（1）将茅台酒和玫瑰露酒放入调酒壶中摇匀，滤入鸡尾酒杯。

（2）杯口用柠檬皮擦拭，橄榄沉底装饰。

风味特点：色泽清洌，具有茅台的酱香味。

2. 长城之光（The Light of the Great Wall）

原料配方：竹叶青1.5盎司，金奖白兰地0.5盎司，柠檬汁1.5盎司，石榴糖浆1茶匙。

制作工具或设备：调酒壶，鸡尾酒杯。

制作过程：

（1）将材料和冰放入调酒壶，摇匀。

（2）然后滤入鸡尾酒杯。

风味特点：酒液色美、味道酸甜，适合于四季饮用。

3. 水晶之恋（Crystal Love）

原料配方：洋河大曲2盎司，中国干白葡萄酒1/3盎司，红樱桃1只。

制作工具或设备：调酒壶，鸡尾酒杯。

制作过程：

（1）将材料和冰放入调酒壶，摇匀。

（2）然后滤入鸡尾酒杯。

（3）红樱桃沉底装饰。

风味特点：味道甘美、香气幽雅，清澈透明如水晶一般，象征着两个人的纯洁爱情。

4. 熊猫(Panda)

原料配方:茅台酒 1 盎司,柳橙汁 1 盎司,蛋黄 1 只,白砂糖 1 茶匙。

制作工具或设备:调酒壶,鸡尾酒杯。

制作过程:

(1)将材料和冰放入调酒壶,摇匀。

(2)然后滤入鸡尾酒杯。

(3)最好用竹叶装饰。

风味特点:酒液黄色、淳厚宜人,具有幽雅的酱香气息。

5. 中国古典(China Classic)

原料配方:桂花陈酒 1 盎司,茅台酒 1 盎司,红樱桃 1 只。

制作工具或设备:调酒壶,鸡尾酒杯。

制作过程:

(1)将材料和冰放入调酒壶,摇匀。

(2)然后滤入鸡尾酒杯。

(3)红樱桃沉底装饰。

风味特点:融桂花香与酱香于一体,口味典雅。

6. 雪花(Snowflake)

原料配方:五粮液 1 盎司,莲花白 1 盎司,菊花酒 1 盎司,鲜牛奶 1 盎司,红樱桃 1 只。

制作工具或设备:调酒壶,鸡尾酒杯。

制作过程:

(1)将材料和冰放入调酒壶,摇匀。

(2)然后滤入鸡尾酒杯。

(3)红樱桃在杯口装饰。

风味特点:酒香味浓,洁白如雪花,是四季饮用的佳品。

7. 中国彩虹(China Rainbow)

原料配方:红石榴糖浆 1 盎司,蓝色利口酒 1 盎司,绿色薄荷利口酒 1 盎司,金奖白兰地 1 盎司。

制作工具或设备:利口酒杯。

制作过程:将红石榴糖浆、蓝色利口酒、绿色薄荷利口酒、金奖白兰地等依次从利口酒杯杯壁注入酒杯,使之产生分层效果。

风味特点:色彩分明、艳丽,仿佛如天上彩虹。

8. 一代红妆(A generation of Beauty)

原料配方:竹叶青 1.5 盎司,中国白葡萄酒 4 盎司,酸橙汁 1 盎司,石榴糖浆 1 盎司,苏打水 150 毫升。

制作工具或设备:调酒壶,鸡尾酒杯。

制作过程:

(1)将各种材料放入调酒壶中摇匀。

(2)滤入鸡尾酒杯。

(3)最后,注入苏打水。

风味特点:酒液红艳、果香四溢,适合女士饮用。

9. 一江春绿(Green Spring in the River)

原料配方:竹叶青 1.5 盎司,干味美思 1 盎司,绿薄荷酒 0.5 盎司。

制作工具或设备:调酒壶,鸡尾酒杯。

制作过程:将各种材料放入调酒壶中摇匀后,滤入鸡尾酒杯。

风味特点:酒液碧绿,干性爽口,清静幽香,是女士们的理想饮品。

10. 太空星(Star of the Outer Space)

原料配方:莲花白酒 1 盎司,鲜橙 1 只,红樱桃 1 只,吸管 1 支。

制作工具或设备:浅碟型香槟酒杯。

制作过程:

(1)将鲜橙洗净擦干,用小刀从橙子顶部 4/5 处切开,分成两个部分,较大的部分用吧匙掏空成容器。

(2)果肉榨汁后与莲花白酒混合注入。

(3)小的部分上面掏一个小洞,插入串有红樱桃的吸管,然后一起盖在大的部分上面,使之还如一个完整的鲜橙。

(4)最后,将其放入浅碟型香槟酒杯中。

风味特点:色泽浅黄,造型别致,如星星围绕着太阳转动,所以取名"太空星"。

11. 桂花飘香(Sweet – scented Osmanthus's Fragrance)

原料配方:桂花陈酒 1.5 盎司,鲜橙汁 2 盎司,郎酒 0.5 盎司,樱桃番茄 1 只。

制作工具或设备:调酒壶,鸡尾酒杯。

制作过程:

(1)将各种材料放入调酒壶中摇匀。

(2)滤入鸡尾酒杯,用樱桃番茄刻花装饰。

风味特点:具有桂花色和香气,口感柔和,是秋季饮用的时令饮品。

12. 东方之珠(Pearl of the Orient)

原料配方:玫瑰露酒 1 盎司,香橙利口酒 0.5 盎司,柠檬汁 0.5 盎司,石榴糖浆 3 滴,蛋清 1/3 只。

制作工具或设备:调酒壶,鸡尾酒杯。

制作过程:

(1)将各种材料放入调酒壶中摇匀后,滤入鸡尾酒杯。

(2)用樱桃沉底装饰。

风味特点:这款鸡尾酒诞生于 1997 年香港回归之时,酒液微红,兼有多种果香,适合女士饮用。

13. 雪花点红(Cherry in the Snowflake)

原料配方:五粮液酒 0.5 盎司,莲花酒 0.5 盎司,菊花酒 5 毫升,淡牛奶 0.5 盎司,红樱桃 1 个,白砂糖 10 克,冰块 25 克。

制作工具或设备:调酒壶,鸡尾酒杯。

制作过程:

(1)先将碎冰块放入调酒壶中,再加入五粮液酒、莲花酒、菊花酒、糖和淡牛奶,用力混合摇匀至起泡沫。

(2)然后倒入酒杯中。

(3)将红樱桃轻放在酒表面上。

风味特点:酒香浓郁,甜味爽口。

14. 菊花奶露(Daisy & Milk)

原料配方:菊花酒 2 盎司,鲜牛奶 6 盎司,豆蔻粉 0.5 克,红樱桃 1

个。

制作工具或设备:调酒壶,鸡尾酒杯。

制作过程:

(1)将菊花酒倒入酒杯内,加入鲜牛奶(预先冰镇),搅拌均匀。

(2)再将豆蔻粉撒在酒液表层。

(3)将红樱桃放在杯内中央。

风味特点:酒性温和,奶味浓郁,风味独特,四季适宜。

15. 桂花香橙露(Sweet Osmanthus & Orange)

原料配方:桂花酒 4 盎司,鲜橙汁 4 盎司,碧绿酒 1/5 盎司,芫荽(香菜)1 株,冰块 30 克。

制作工具或设备:阔口矮型玻璃杯。

制作过程:

(1)将碎冰块堆成圆球形放入酒杯内,慢慢注入桂花酒、鲜橙汁,再取 1 枝饮管插在冰堆中央,小心地注入碧绿酒。

(2)然后用芫荽 1 株插放酒内作为点缀。

风味特点:酒味香醇浓郁,四季皆宜饮用。

16. 水仙花(A Narcissus)

原料配方:汾酒 4 盎司,莲花酒 1/3 盎司,鲜柠檬 1 片,冰块 25 克,柠檬汁 3 盎司,白砂糖 15 克,鲜橙 1 片。

制作工具或设备:阔口矮型玻璃杯。

制作过程:

(1)先将汾酒、莲花酒放入酒杯中,加入糖、碎冰块搅拌均匀,再放入柠檬汁,搅匀。

(2)取柠檬片和鲜橙片轻放在酒液表面层上,插入吸管即可。

风味特点:酒香味美扑鼻,适宜于四季饮用。

17. 兰花草(An Orchid)

原料配方:五粮液酒 0.5 盎司,薄荷酒 1 盎司,菠萝汁 1 盎司,草莓汁 1 盎司,牛奶 1/3 盎司,鸡蛋清 5 毫,冰块 10 块,白砂糖 25 克。

制作工具或设备:调酒壶,威士忌酸味酒杯。

制作过程:

（1）先将碎冰块放入调酒壶，再加入薄荷酒、菠萝汁，混合摇匀后，倒入杯中。

（2）将五粮液酒、草莓汁和糖倒入调酒壶中摇匀，然后取一长匙放入上述杯中，使长匙接近酒液，再将摇匀的五粮液酒和草莓汁及糖慢慢沿匙背注入。注意保持两种酒上下混淆。

（3）将牛奶、鸡蛋清放入碗内、用抽条（或筷子）将其抽打散发，徐徐倒入杯中。

风味特点：色泽艳丽，层次分明，口味柔和，是青年妇女夏季的理想饮用佳品之一。

18. 红太阳（Red Sun）

原料配方：茅台酒 0.5 盎司，糯米酒 1 盎司，淡牛奶 3 盎司，白砂糖 15 克，鲜柠檬 1 片，红樱桃 1 个，冰块 25 克。

容器 香槟酒玻璃杯。

制作工具或设备：调酒壶，威士忌酸味酒杯。

制作过程：

（1）先将碎冰块放入调酒壶中，再加入茅台酒、糯米酒、淡牛奶和糖混合，即用力将调酒壶摇动，至酒起泡沫后倒入杯中。

（2）将鲜柠檬片的汁液挤入酒中。

（3）取红樱桃轻放在酒液白色泡沫上，插入吸管即可。

风味特点：红白分明，色泽美观，味道芬芳，适宜四季饮用。

19. 经典（Classic）

原料配方：桂花酒 60 毫升，茅台酒 40 毫升，苏打水 1 听，红樱桃 1 个。

制作工具或设备：广口矮装玻璃杯。

制作过程：

（1）将桂花酒放入酒杯中，再加入茅台酒充分搅拌。

（2）最后倒入苏打水至杯口，再放入红樱桃作为点缀。

风味特点：酒味醇厚香美，适用冬季饮用。

20. 四川熊猫（Sichun Panda）

原料配方：茅台酒 1 盎司，蛋清 5 克，白砂糖 5 克，橘子香精 1 滴，红樱桃1个,冰块10克。

制作工具或设备:调酒壶,三角鸡尾酒玻璃杯。

制作过程:

(1)将碎冰块放入调酒壶中,再加入茅台酒、生鸡蛋清、糖和橘子香精,用力摇匀至起泡沫,然后倒入酒杯中。

(2)以红樱桃放入杯中装饰。

风味特点:甘美爽口,酒香浓郁,是中式鸡尾酒中具有代表性的佳品之一。

21. 美梦(A Fond Dream)

原料配方:西凤酒2/3盎司,曲酒1盎司,桂花酒1盎司,白砂糖25克,柠檬皮1片,玫瑰花1朵,橄榄1个,冰块15克。

制作工具或设备:调酒壶,三角鸡尾酒玻璃杯。

制作过程:

(1)先将碎冰块放入调酒杯内,加入西凤酒、大曲酒、桂花酒和糖,搅拌均匀直至酒液冰冻,然后注入酒杯里,并把柠檬皮扭拧出油滴在酒表面上。

(2)取柠檬皮擦酒杯缘,用插串上1朵玫瑰花及1个橄榄,花靠边,橄榄居中,放在酒液面上。

风味特点:酒质香醇,酒味浓郁,适宜冬季饮用。

22. 欢乐四季(Four Happy Seasons)

原料配方:竹叶青酒2盎司,大曲酒1盎司,桂花酒1盎司,柠檬汁1盎司,红樱桃1个,柠檬2片,冰块15克,菊花1朵。

制作工具或设备:调酒壶,阔口高型玻璃杯。

制作过程:

(1)先将冰块放在酒杯内,再加入竹叶青酒、大曲酒、桂花酒和柠檬汁,搅拌均匀,然后放入柠檬、樱桃。

(2)将1小朵菊花挂于杯边作为点缀。

风味特点:酒味醇香,适于春秋季节饮用。

(十二)其他鸡尾酒配方

1. 木瓜蛋奶露（A Papaya & Milk）

原料配方:木瓜酒 4 盎司,菊花酒 1 盎司,鲜鸡蛋 1 个,鲜牛奶 6 盎司,白砂糖 15 克,冰块 50 克。

制作工具或设备:调酒壶,阔口高型玻璃杯。

制作过程:

(1)将少量的碎冰块放入调酒壶内,注入木瓜酒,菊花酒和去壳的鸡蛋,用力摇匀到起泡沫为止。

(2)将碎块冰、鲜牛奶、白砂糖放入酒杯内,然后将酒壶内的酒和鸡蛋倒入酒杯,搅拌均匀即可。

风味特点:味道甜美,清香可口,富有营养,适合天气较凉的季节饮用。

2. 薄荷冰果（Peppermint & Iced Fruit）

原料配方:薄荷叶(大)3~4 片,水 2 杯,精制砂糖 100 克,糖水 2 大匙,薄荷利口酒 3 大匙,薄荷叶(装饰用)少量。

制作工具或设备:煮锅,阔口高型玻璃杯。

制作过程:

(1)锅中放入精制砂糖、糖水加热,温热后加入薄荷利口酒,搅拌至砂糖溶化。

(2)锅底贴近冰水,搅拌至黏稠后冷却。

(3)锅中加入切成小片的薄荷叶。

(4)将锅中溶液倒入冰盒,放入冰箱冷冻约 2 小时。

(5)从制冰器中取出,装杯,点缀些薄荷叶。

风味特点:色泽浅绿,晶莹清凉。

3. 牛奶潘趣酒（Milk Punch）

原料配方:白兰地 1 盎司,朗姆酒 1 盎司,牛奶 2 盎司,白糖 5 克,肉豆蔻碎屑 5 克。

制作工具或设备:调酒壶,威士忌酒杯。

制作过程:

(1)调酒壶加满冰块,倒入白兰地和朗姆酒摇匀,倒入威士忌酒杯里。

（2）加牛奶，视个人口味加糖，撒上肉豆蔻。

风味特点：色泽洁白，香气浓郁。

4. 冰茶（Iced Tea）

原料配方：琴酒 1/2 盎司，伏特加酒 1/2 盎司，兰姆酒 1/2 盎司，龙舌兰酒 1/2 盎司，柑橙酒 1/2 盎司，柠檬汁 1/2 盎司，果糖 1/2 盎司，可乐 150 毫升。

制作工具或设备：海波杯。

制作过程：

（1）在海波杯中加满冰块，加入各种材料搅拌均匀。

（2）最后注入可乐即可。

风味特点：色泽如红茶，口味刺激，口感清凉。

5. 彩虹酒（Rainbow）

原料配方：山多利石榴糖浆 1/6 盎司，汉密士瓜类利口酒 1/6 盎司，汉密士紫罗兰酒 1/6 盎司，汉密士白色薄荷酒 1/6 盎司，汉密士蓝色薄荷酒 1/6 盎司，山多利白兰地 1/6 盎司。

制作工具或设备：吧匙，利口杯。

制作过程：

（1）用吧匙勺底贴着杯壁。

（2）依序将配方将各种酒慢慢倒入杯中。

风味特点：层次清晰，颜色对比，宛如雨后彩虹。

6. 爱情咖啡（Lover's Coffee）

原料配方：卡布基诺咖啡 1 杯，咖啡酒（Kahlua）1/4 盎司，棕可可酒（Brown Creme Decacao）1/4 盎司，伏特加（Vodka）1/4 盎司，糖包 1 只。

制作工具或设备：吧匙，利口杯。

制作过程：

（1）卡布基诺咖啡中加入咖啡酒、棕可可酒、伏特加等，搅拌均匀。

（2）附糖包上桌即可。

风味特点:色泽棕褐,浓苦香醇。混合烈酒与香甜酒,将咖啡的风味充分激发,浓烈的劲道,适合喜爱冒险刺激的人午后、晚餐后饮用。

7. 柠檬咖啡(Lemon Coffee)

原料配方:浅烘焙咖啡粉 10 克,水量 120 毫升,白兰地 0.5 盎司,鲜柠檬 1 片。

制作工具或设备:吧匙,利口杯。

制作过程:

(1)调制热咖啡一杯。

(2)向咖啡杯内滴入白兰地 0.5 盎司。

(3)将一片薄切的柠檬浮在其上。

风味特点:色泽棕褐,具有浓郁的白兰地香味。

8. 红色卡拉达(Red Colada)

原料配方:波士红柑香酒 1 盎司,白朗姆酒 1 盎司,椰奶 2 盎司,菠萝汁 2 盎司,鲜奶油 1/3 盎司。

制作工具或设备:调酒壶,暴风杯。

制作过程:

(1)各种配料放入加了冰的摇酒壶中,摇匀。

(2)过滤至事先加了碎冰的暴风杯中,用青柠像片装饰。

风味特点:色泽浅红,具有甘蔗和各种水果的香味。

参考文献

[1]李祥睿. 调酒师手册[M]. 北京:化学工业出版社,2007.

[2]朱荣宽,隋华章. 家庭养生酒[M]. 上海:上海科学技术出版社,2004.

[3]赵树欣. 配制酒生产技术[M]. 北京:化学工业出版社,2008.

[4]陈熠. 中国药酒大全[M]. 上海:上海科学技术出版社,2003.

[5]李祥睿. 饮品与调酒[M]. 北京:中国纺织出版社,2008.

白兰地为基酒的鸡尾酒

亚历山大（Alexander）

侧车（Side Car）

尼古拉斯（Nicholasica）

马颈（Horse Neck）

威士忌为基酒的鸡尾酒

爱尔兰玫瑰（Irish Roses）

迈阿密海滩（Miami Beach）

曼哈顿（Manhattan）

纽约（New York）

金酒为基酒的鸡尾酒

红粉佳人（Pink Laday）

蓝色珊瑚礁（The Blue Coral Reef）

马天尼（Martini）

玛丽公主（Princess Mary）

朗姆酒为基酒的鸡尾酒

俄国咖啡（Russian Cafe）

上海（Shanghai）

自由古巴（Cuba Liber）

最后之吻（The Last Kiss）

特基拉酒为基酒的鸡尾酒

斗牛士（Matador）

蓝色玛格丽特（Blue Magarita）

特基拉日出（Tequlia Sunrise）

特基拉日落（Tequlia Sunset）

伏特加酒为基酒的鸡尾酒

俄国咖啡（Russian Cafe）

螺丝刀（Screw Driver）

血腥玛丽（Bloody Mary）

蓝泻湖（The Blue Lagoon）

啤酒为基酒的鸡尾酒

黑丝绒（Black Velvet）

红鸟（Red Bird）

红眼（Red Eye）

鸡蛋啤酒（Egg in the beer）

葡萄酒为基酒的鸡尾酒

逛发（Spritzer）

含羞草（Mimosa）

交响曲（Symphony）

玫瑰人生（Rose）

清酒为基酒的鸡尾酒

清酒马天尼（Saketini）

清酒酸（Sake Sour）

武士（Samurai）

无花果密语（The sacred fig.tif）

利口酒为基酒的鸡尾酒

彩虹（Rainbow）

金巴利苏打（Campari Soda）

金色梦想（Golden Dream）

天使之吻（Angle's Kiss）

中国酒为基酒的鸡尾酒（1）

桂花飘香
（Sweet-scented Osmanthus's Fragrance）

太空星（Star of the Outer Space）

一代红妆（A Generation of Beauty）

中国古典（China Classic）

中国酒为基酒的鸡尾酒（2）

雪花（Snowflake）

长城之光（The Light of the Great Wall）

一江春绿（Green Spring in the river）

水晶之恋（Crystal Love）